U0826797

主　编
刘哲军　汪　玉

副主编
孙　星　何　燕
张盼盼　徐　璐
任彦肖　王　晓
李根启

AutoCAD 室内设计基础与应用

AutoCAD 基础知识
AutoCAD 绘图环境
AutoCAD 辅助绘图功能
室内设计常用绘图命令
室内设计常用修改命令
图案与渐变色填充
文字和表格的创建与编辑
标注图形尺寸
创建块和使用块
图层、查询和设计中心
室内平面图设计
图纸布局与打印

江苏凤凰美术出版社

图书在版编目（CIP）数据

AutoCAD室内设计基础与应用 / 刘哲军, 汪玉主编
. -- 南京 : 江苏凤凰美术出版社, 2021.4
ISBN 978-7-5580-3912-6

Ⅰ. ①A… Ⅱ. ①刘… ②汪… Ⅲ. ①AutoCAD软件 - 高等职业教育 - 教材 Ⅳ. ①TP391.72

中国版本图书馆CIP数据核字（2021）第072190号

责任编辑　王左佐
助理编辑　唐　凡
书籍设计　魏宗光　徐　慧
责任监印　于　磊

书　　名　AutoCAD室内设计基础与应用
主　　编　刘哲军　汪　玉
出版发行　江苏凤凰美术出版社（南京市湖南路1号　邮编: 210009）
出版社网址　http://www.jsmscbs.com.cn
制　　版　南京新华丰制版有限公司
印　　刷　江苏圣师印刷有限公司
开　　本　889mm × 1194mm　1/16
印　　张　16.75
版　　次　2021年4月第1版　2021年4月第1次印刷
标准书号　ISBN　978-7-5580-3912-6
定　　价　78.00元

营销部电话　025-68155792　营销部地址　南京市湖南路1号

前言

美国 Autodesk 公司研发推出的 AutoCAD, 是一款在全球广泛应用，面向多种设计领域的计算机辅助设计软件。该软件为用户提供了丰富多样的二维平面绘图及三维空间建模功能。AutoCAD 是室内设计师必备的绘图工具，本书中我们不求事无巨细地将 AutoCAD 知识点全部讲解清楚，而是针对室内艺术设计专业或行业需要，以实例为“抓手”，帮助读者掌握 AutoCAD 室内艺术设计基本绘图工具和高级命令运用，通过项目实例梳理室内设计师的绘图流程和绘图过程中注意要点，规避易忽略、易出错的问题，使通过该教材学习后的学生能快速进行室内设计施工图绘制，达到室内设计岗位能力需求。

全书共分 12 章内容，最大的特点是以问题为导向，囊括 AutoCAD 室内设计绘图中所有知识要点，易识别、易查询，同时配有视频教学资源辅助学习，使全书所学内容直观，一目了然，真正成为教师好教、学生好学的工具型教材。本书由铜陵职业技术学院刘哲军、汪玉担任主编；铜陵职业技术学院孙星、何燕、张盼盼、徐璐、郑州理工职业学院任彦肖、郑州工程技术学院王晓、郑州工业应用技术学院李根启担任副主编。铜陵市建筑装饰协会水冢玉线上、铜陵白度装饰设计有限责任公司李汉中先生等参与编写和指导；在本书的编写过程中，编写人员经常在一起沟通交流，对本书内容的每一个知识点都进行了反复的推敲，从不同层次读者的角度出发，去揣摩知识点的难易程度。每一位编写人员都付出了艰辛的努力，在此对他们表示感谢，同时还要感谢江苏凤凰美术出版社编辑部的工作人员给予我们的建议和帮助。

本书为职业教育提质培优行动计划（2020—2023）校企“双元”合作开发职业教育规划教材；安徽省质量工程高水平高职专业“室内艺术设计”（2018ylzy178）；安徽省质量工程特色专业教学资源库（高职）“室内艺术设计专业教学资源库”（2020zyk43）；安徽省质量工程高水平专业群（高职）“铜陵职业技术学院动漫设计专业群”（2020zyq87）阶段成果。

本书既可作为高职高专艺术设计类专业以及大中专院校的非艺术设计类专业的教材，也可以作为社会各培训机构的培训教程，也可供初学者自学参考。由于时间仓促，书稿内容多，要将各知识点融会在各案例中，是项难度 相当大的工作，书中欠妥之处，在所难免，恳请广大读者批评指正。

目 录 contents

第一章 AutoCAD 基础知识

学习要点

1. 了解 AutoCAD 软件包。
2. 安装、启动与退出 AutoCAD2017。
3. 掌握 AutoCAD2017 工作空间的设置
4. 了解工具选项板的使用方法
5. 初步练习使用 AutoCAD

1. 初识 AutoCAD

1.1 AutoCAD 的概况

AutoCAD 是由美国 Autodesk 公司开发的通用计算机辅助绘图与设计软件包，具有完善的图形绘制功能、强大的图形编辑功能、可采用多种方式进行二次开发或用户定制、可进行多种图形格式的转换，具有较强的数据交换能力，同时支持多种硬件设备和操作平台。

AutoCAD 可以绘制任意二维和三维图形，并且同传统的手工绘图相比，用 AutoCAD 绘图速度更快、精度更高。AutoCAD 自 1982 年问世以来，已经进行了多次升级，功能日趋完善，已成为工程设计领域应用最为广泛的计算机辅助绘图与设计软件之一。

AutoCAD 绘图软件，因其绘图功能丰富、编辑功能强大、用户界面良好，受到广大技术人员的欢迎。目前该软件已成为国际上最为流行的、使用最广泛的计算机绘图软件之一。

1.2 AutoCAD 的发展简史

AutoCAD 的发展经过了五个阶段即初级阶段、发展阶段、高级发展阶段、完善阶段和进一步完善阶段。

从 1982 年推出最初的 AutoCAD1.0 版本，经历了十多次版本升级，到 2017 年发布了 AutoCAD2017 简体中文版，其功能不断加强，智能化水平不断提高。

AutoCAD2017 与以前的版本相比，在速度、数据共享和软件管理方面有显著的改进和提高，其二维绘图操作更加便捷高效，三维绘图功能得到扩展和增强。

按软件发布的年份分：AutoCAD2000、CAD2002、CAD2004、CAD2005、CAD2006、CAD2007、CAD2008、AutoCAD2010、AutoCAD2011、AutoCAD2012、AutoCAD2013、AutoCAD2014、AutoCAD2015、AutoCAD2016、AutoCAD2017（最高版本）。

按语言的版本分：中文版、英文版、繁体版、韩文版、日文版。

1.3 AutoCAD 应用领域

AutoCAD 的用途主要有：机械、建筑、装潢、工路、桥梁等。广泛应用于土木建筑、装饰装潢、城市规划、园林设计、电子电路、机械设计、服装鞋帽、航空航天、轻工化工等诸多领域。

2. AutoCAD2017 安装、启动和退出

2.1 AutoCAD2017 安装要求

在安装 AutoCAD2017 之前，需要查看系统需求，确保要安装 AutoCAD2017 的计算机满足系统需求。如果不满足系统需求，在 AutoCAD2017 内和操作系统级别中可能会出现很多问题，如表 1-1 所示。

表 1-1　AutoCAD2017 系统环境配置要求

操作系统	Microsoft®Windows®10（桌面操作系统） Microsoft Windows8.1 的更新 KB2919355 Microsoft Windows 7 SP1
CPU 类型	1 千兆赫（GHz）或更高频率的 32 位（x86）或 64 位（x64）处理器
内存	用于 32 位 AutoCAD2017：2GB（建议使用 3GB） 用于 64 位 AutoCAD2017：4GB（建议使用 8GB）
显示精度	1360×768（建议 1600×1050 或更高分辨率），真彩色。 125% 桌面缩放（120DPI）或更少（建议）。
显卡	Windows 显示适配器 1360×768 真彩色功能和 DirectX9。 建议使用与 DirectX11 兼容的显卡。
磁盘空间	安装 6.0GB
定点设备	MS-Mouse 兼容
数字化仪	支持 WINTAB
介质（DVD）	从 DVD 下载并安装

（续表）

浏览器	Windows Internet Explorer9.0（或更高版本）
.NETFramework	.NET Framework 版本 4.6
工具动画演示媒体播放器	Adobe Flash Player v10 或更高版本
网络	通过展开向导进行展开。 许可服务器以及运行依赖网络许可的应用程序的所有工作站都必须运行 TCP/IP 协议。 可以接受 Microsoft 或 Novell TCP/IP 协议堆栈。工作站上的主登录可以是 Netware 或 Windows。 除了应用程序支持的操作系统外，许可服务器还将在以下操作系统上运行：Windows Server® 2012、Windows Server 2012 R2、Windows Server 2008 和 Windows 2008 R2 Server Edition。 Citrix®XenApp™7.6、Citrix XenDesktop™7.6。

2.2 安装 AutoCAD2017

要使用产品，必须安装、注册和激活该产品，然后启动它。

AutoCAD2017 附带一张 DVD 或两张 CD，通过使用安装向导，简化了安装过程。

（1）将 AutoCAD2017 放入计算机的光驱中，双击 Setup 安装文件，进入安装界面，如图 1–1 所示。选择“安装”，按照提示往下进行，默认安装目录或自己设置安装目录，如图 1–2 所示，直到完成安装。

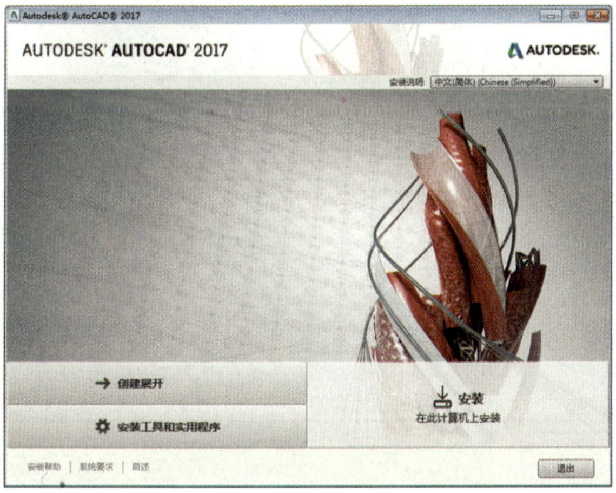

图 1–1 安装产品

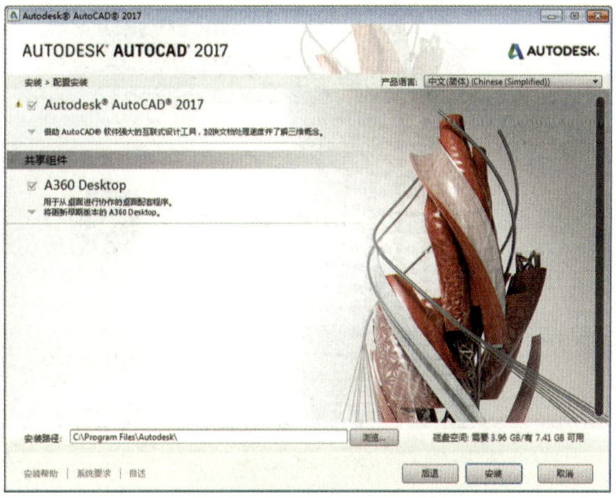

图 1–2 继续安装

（2）单击完成，如图 1–3 所示，到初始设置画面。单击“跳过”，点击“启动 AutoCAD2017”。

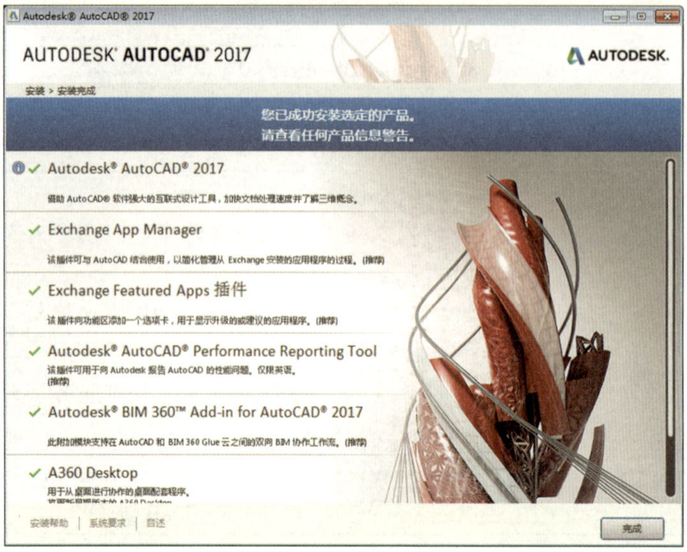

图 1-3 安装完成

（3）然后选择“激活”，如图 1-4 所示，输入激活码，单击“完成”，完成安装，下面就可以启动 AutoCAD2017 了，如图 1-5 所示。

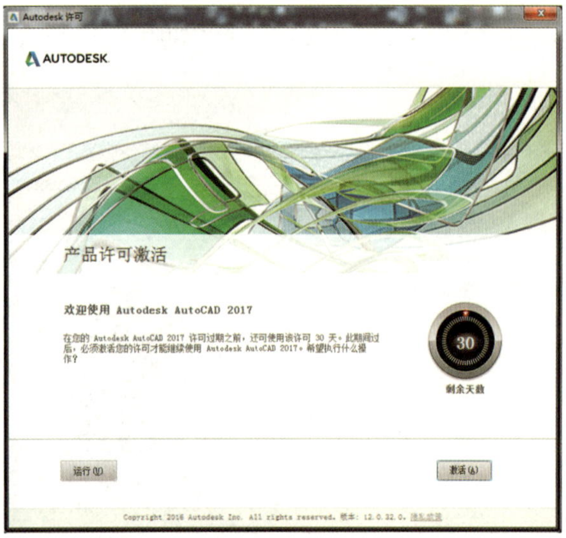

图 1-4 激活

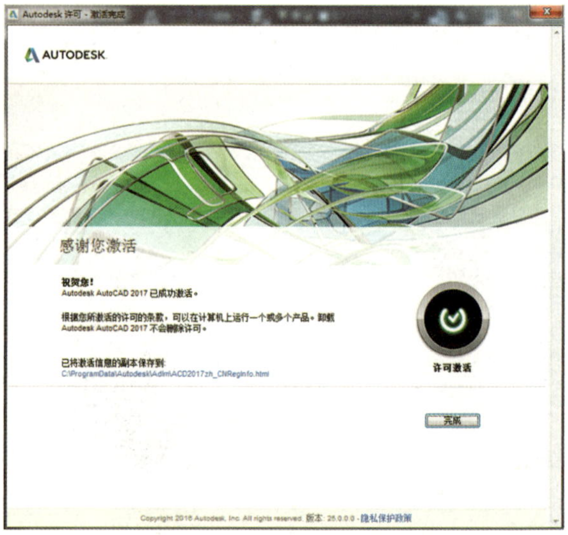

图 1-5 安装完成

2.3 启动与退出 AutoCAD2017

安装完成后就可以启动 AutoCAD2017 并开始使用它的新增功能和更新功能。可以通过下列方式启动 AutoCAD2017。

1. AutoCAD 的启动方式

（1）“开始”菜单，“开始” > “程序”找到 Autodesk 目录单击 AutoCAD2017 启动。

（2）在桌面找到 AutoCAD 快捷图标，双击图标即可启动程序，如图 1-6 所示。

图 1-6 运行程序开始界面

2. AutoCAD 的退出方式

在软件中完成操作之后，当不需要再使用时，就要关闭 AutoCAD2017，退出 AutoCAD 的方式有以下几种：

（1）单击软件的右上角关闭按钮。

（2）“文件” > “退出”或按快捷键“ALT+F4”。

（3）在 AutoCAD 命令下输入 Quit 或 Exit。

3. AutoCAD2017 默认工作界面

第一次启动 AutoCAD2017 应用程序后，将进入 AutoCAD2017 默认的“草图与注释”工作空间的界面，该界面主要由标题栏、功能区、绘图区、十字光标、命令行和状态栏这 6 个主要部分组成，如图 1-7 所示。

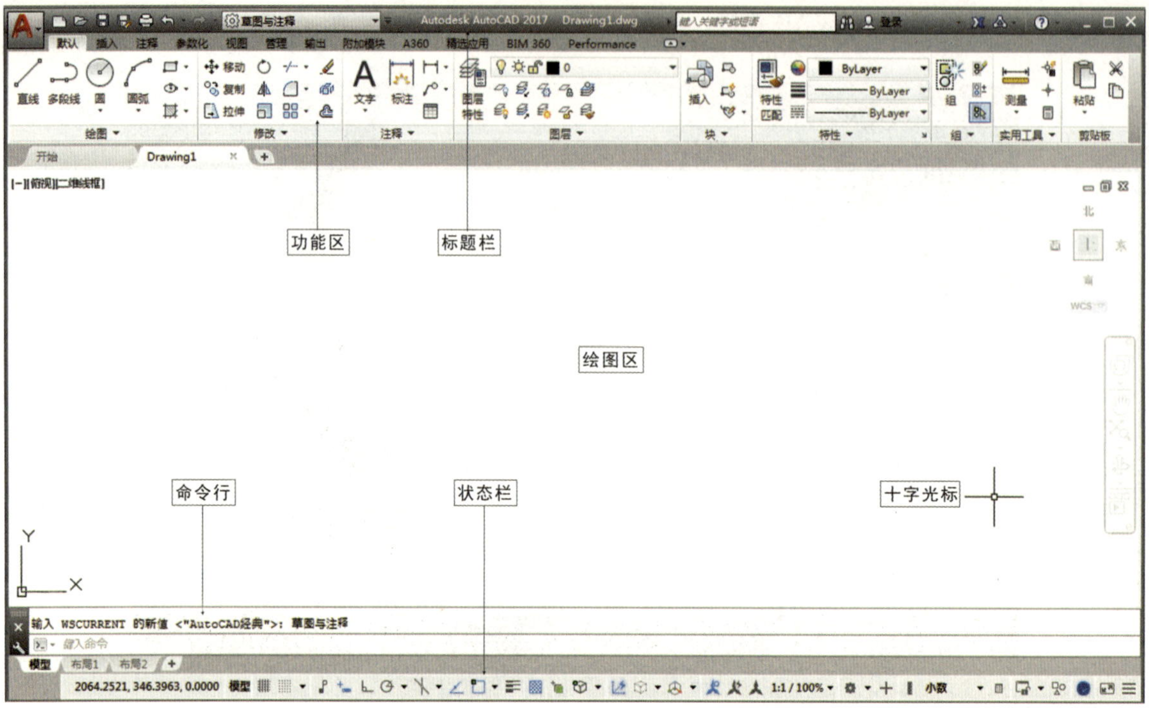

图 1-7AutoCAD2017 的软件界面

3.1 标题栏

标题栏位于界面的最上方，主要用于说明当前程序和图形文件的状态，主要包括程序图标、“快速访问”工具栏、程序名称、图形文件的文件名称和窗口控制按钮等，如图 1–8 所示。

图 1-8 标题栏

程序图标：标题栏最左侧是程序图标。单击该图标，可以展开 AutoCAD2017 用于管理图形文件的各种命令，如新建、打开、保存、打印和输出等。

“快速访问”工具栏：用于快速访问一些工具和命令。用户可以根据操作习惯将常用的工具和命令添加到“快速访问”工具栏中，以提高工作效率。

程序名称：即程序的名称及版本号，AutoCAD 表示程序名称，而 2017 则表示程序版本号。

文件名称：图形文件名称用于表示当前图形文件的名称，如图 1–8 所示中 Drawing1 为当前图形文件的名称，.dwg 表示文件的扩展名。

窗口控制按钮：标题栏右侧为窗口控制按钮，单击“最小化”按钮可以将程序窗口最小化；单击“最大化 / 还原”按钮可以将程序窗口充满整个屏幕或以窗口方式显示；单击“关闭”按钮可以关闭 AutoCAD2017 程序。

提示：单击“快速访问”工具栏右侧的双箭头按钮，弹出工作空间下拉列表，用户可在此切换不同的工作空间。

3.2 功能区

AutoCAD2017 的功能区位于标题栏的下方，功能面板上的每一个图标都形象地代表一个命令，用户只需单击图标按钮，即可执行相应的命令。默认情况下，AutoCAD2017 的功能区主要包括“默认”“插入”“注释”“视图”“参数化”“管理”和“输出”等几个部分，直观便捷，整个版面布局更加人性化，如图 1–9 所示。

图 1-9“功能区”面板

单击功能区右上方的“最小化为面板按钮”，可以在弹出的菜单中选择相应的选项，调整“功能区”的状态，如图 1–10 所示。选择“最小化为面板按钮”时，“功能区”中的工具将显示为图标，鼠标滑至相应按钮的上方，即可打开其他折叠的工具，如图 1–11 所示。

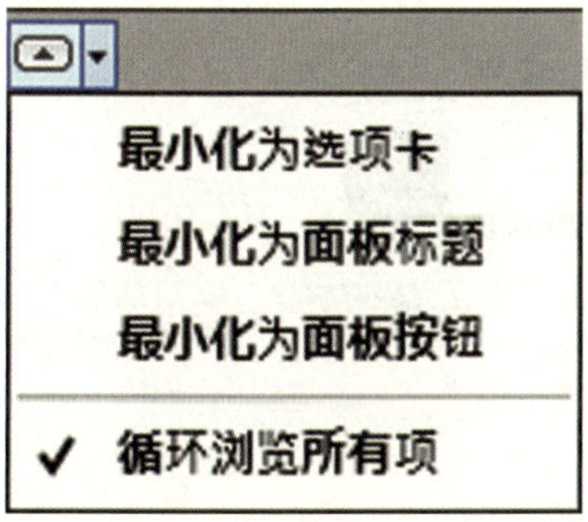

图 1-10“功能区”状态菜单

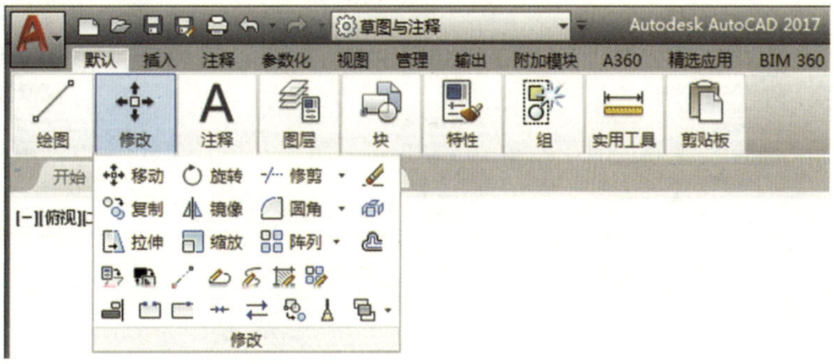

图 1-11“最小化为面板按钮”效果

3.3 绘图区

绘图区处于整个软件界面的正中央，是图形绘制与修改的区域，也被称为视图窗口。在绘图区，用户会看到一些参考线，这些参考线与手绘图形的参考线有一样的效果，可以根据这些参考线更加快捷地绘制图形。绘图区是一个无限延伸的空白区域，无论多大的图形，用户都可以在其中进行绘制。

在绘图区下方是一个模型与布局选项，用户可以在这里对模型空间与图纸空间进行切换。通常模型空间是用于绘制图形的，而布局空间也就是图纸空间，主要用于图形的输出，例如打印等，如图 1–12 所示。

图 1-12 图纸空间

默认情况下，绘图区背景颜色为 RGB（33、40、48），用户可以执行“工具 > 选项”命令，在弹出的“选项”对话框中选择“显示”选项卡，如图 1-13 所示。单击“颜色”按钮，在弹出的“图形窗口颜色”对话框中，选择“颜色”下拉列表中的“选择颜色”选项，如图 1-14 所示。

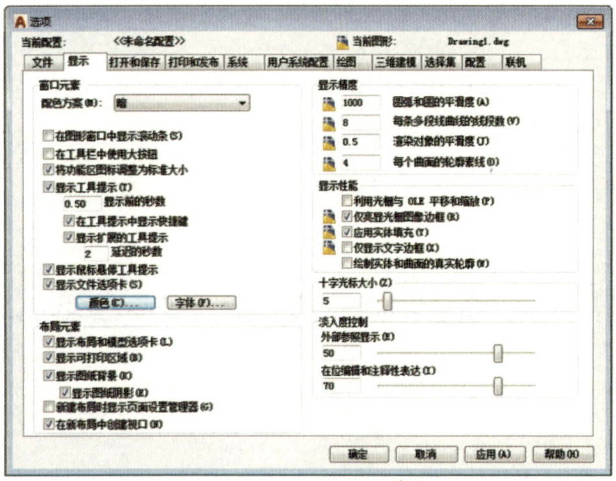

图 1-13“选项”对话框

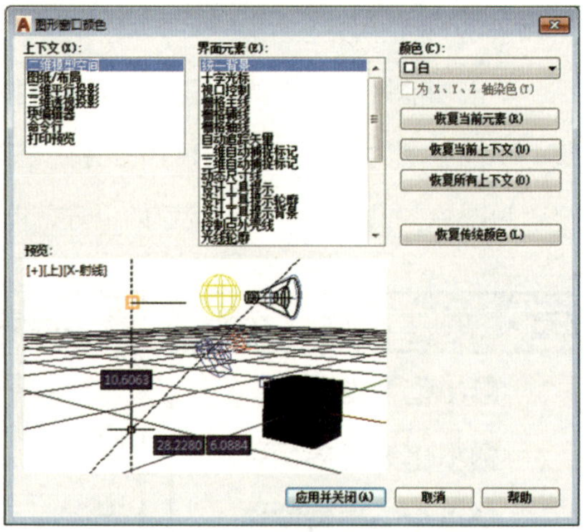

图 1-14“图形窗口颜色”对话框

3.4 十字光标

十字光标是 AutoCAD 绘图时所使用的光标，可以用来定位点、选择和绘制对象，使用鼠标绘制图形时，可以根据十字光标的移动，直观地看到图形的上下左右关系。

3.5 命令行

命令行位于界面的下方，主要用于输入命令以及显示正在执行的命令和相关信息。执行命令时，在命令行中输入相应操作的命令，按 Enter 键或空格键后系统将执行该命令；在命令的执行过程中，按 Esc 键可取消命令的执行，按 Enter 键确定参数的输入。命令行主要分为“命令输入窗口”和“命令历史窗口”两部分，如图 1-15 所示。在“命令历史窗口”单击滚动鼠标可以翻阅更多的历史记录。

图 1-15 命令行

在 AutoCAD2017 中，命令行可以更灵活地显示历史记录并访问最近使用的命令。用户可以将命令行固定或者浮动在 AutoCAD 上方，如图 1-16 所示。

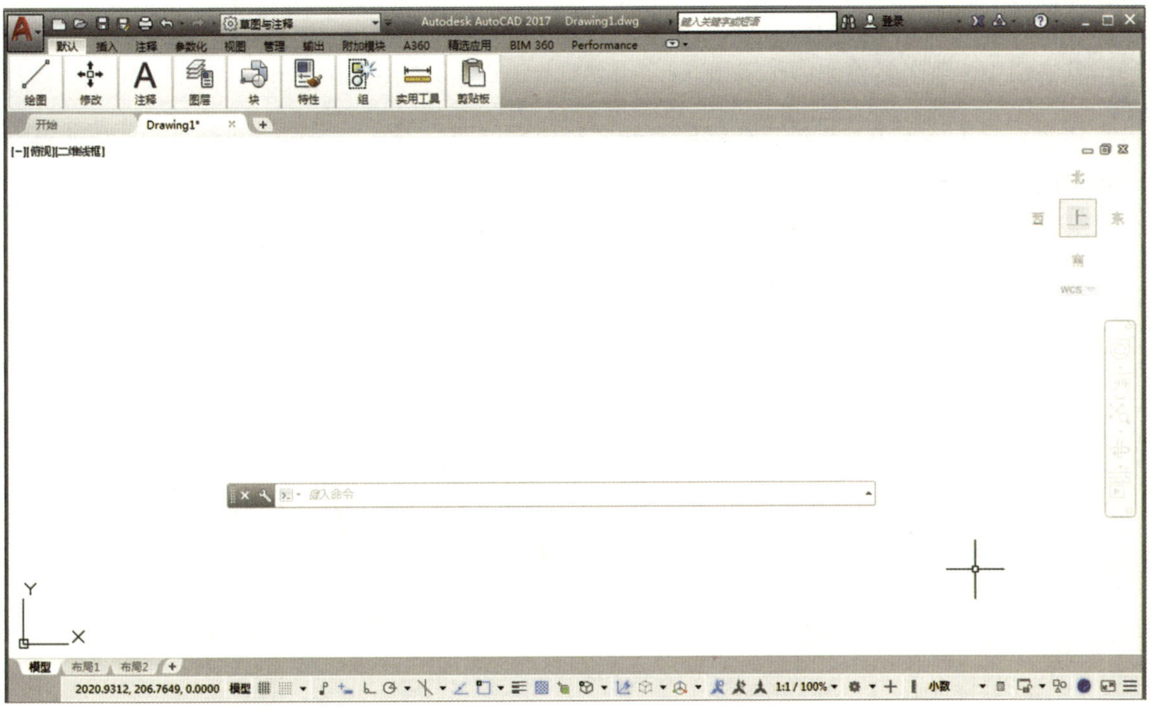

图 1-16 浮动命令行

单击命令行左侧的并拖动鼠标，可将命令行拖动到想要的位置，浮动命令行以单行显示，在 AutoCAD 窗口上方浮动并且呈半透明状态，可以在不影响绘图区的情况下显示多条历史记录。

单击命令行左侧的自定义按钮，通过弹出菜单的各选项，可使用户轻松访问提示历史记录的行数以及自动完成搜索内容和选项等命令，如图 1-17 所示。按 F2 键显示更多行的命令历史记录，如图 1-18 所示。

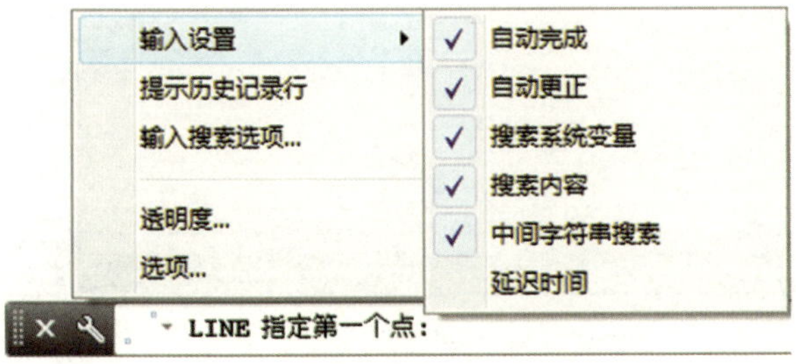

图 1-17 命令行自定义菜单

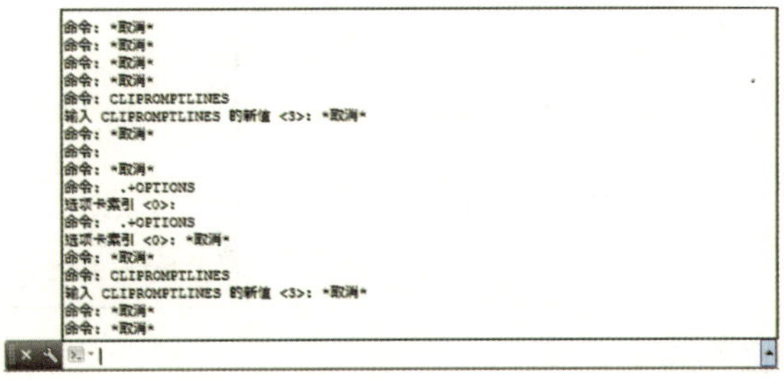

图 1-18 更多历史记录命令

3.6 状态栏

状态栏位于 AutoCAD2017 窗口下方，如图 1-19 所示。状态栏左边是“模型”和“布局”选项卡；右边包括多个经常使用的控制按钮，如捕捉、栅格、正交等，这些按钮均属于开 / 关型按钮，即单击该按钮一次则启用该功能，再单击一次则关闭该功能。

图 1-19 状态栏

状态栏中主要工具按钮的作用如下。

模型：单击该按钮，可以控制绘图空间的转换。当前图形处于模型空间时单击该按钮就可切换至图纸空间。

显示图形栅格：单击该按钮可以打开或关闭栅格显示功能，打开栅格显示功能后，将在屏幕上显示出均匀的栅格点。

捕捉模式：单击该按钮可以打开捕捉功能，光标只能在设置的“捕捉间距”上进行移动。

正交限制光标：单击该按钮，可以打开或关闭“正交”功能。打开“正交”功能后，光标只能在水平以及垂直方向上进行移动，方便地绘制水平以及垂直线条。

极轴追踪：单击该按钮可以启动“极轴追踪”功能。绘制图形时，移动光标可以捕捉设置的极轴角度上的追踪线，从而绘制具有一定角度的线条。

对象捕捉：单击该按钮可以启动“对象捕捉”功能，在绘图过程中可以自动捕捉图形的中点、端点、垂点等特征点。

对象捕捉追踪：单击状态栏上的该按钮，可以启动“对象捕捉追踪”功能。打开对象追踪功能后，当自动捕捉到图形中某个特征点时，再以这个点为基准点沿正交或极轴方向捕捉其追踪线。

自定义：单击状态栏上的该按钮，可以弹出用于设置状态栏工具按钮的菜单，其中带勾标记的选项表示该工具按钮已经在状态栏中打开，如图 1-20 所示。选择菜单中未选中的选项，可以将对应的工具按钮在状态栏中打开。

图 1-20 自定义状态栏工具按钮

4. 认识 AutoCAD2017 的工作空间

为满足不同用户的需要，AutoCAD2017 提供了“草图与注释”“三维基础”和“三维建模”这 3 种工作空间模式，用户可以根据需要选择不同的工作空间模式，AutoCAD 经典空间在 2017 版本中需要设置载入才可以选择。

4.1 草图与注释空间

默认状态下，打开“草图与注释”空间，其界面主要由“菜单浏览器”按钮、“功能区”选项板、快速访问工具栏、文本窗口与命令行、状态栏等元素组成，如图 1–21 所示。在该空间中，可以使用“绘图”“修改”“图层”“标注”“文字”和“表格”等面板方便地绘制二维图形。

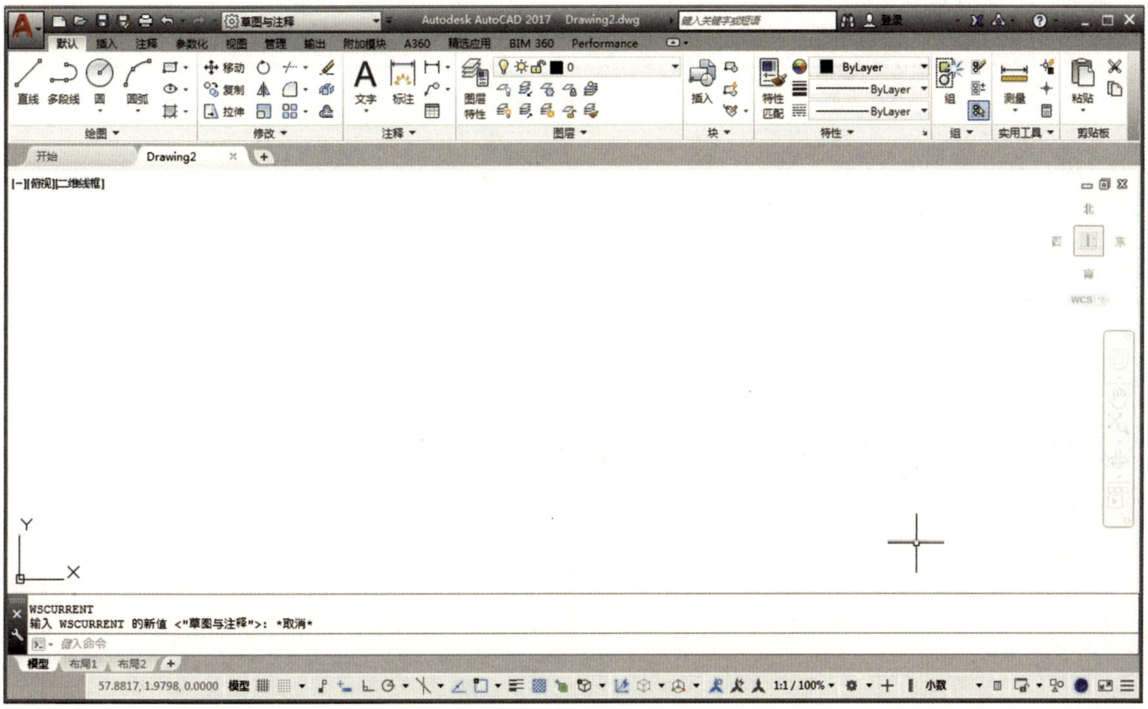

图 1–21 “草图与注释”空间

4.2 三维基础空间

在“三维基础”工作空间中可以方便地绘制基础三维图形，并且可以通过其中的“修改”面板对图形进行快速修改，如图 1–22 所示。

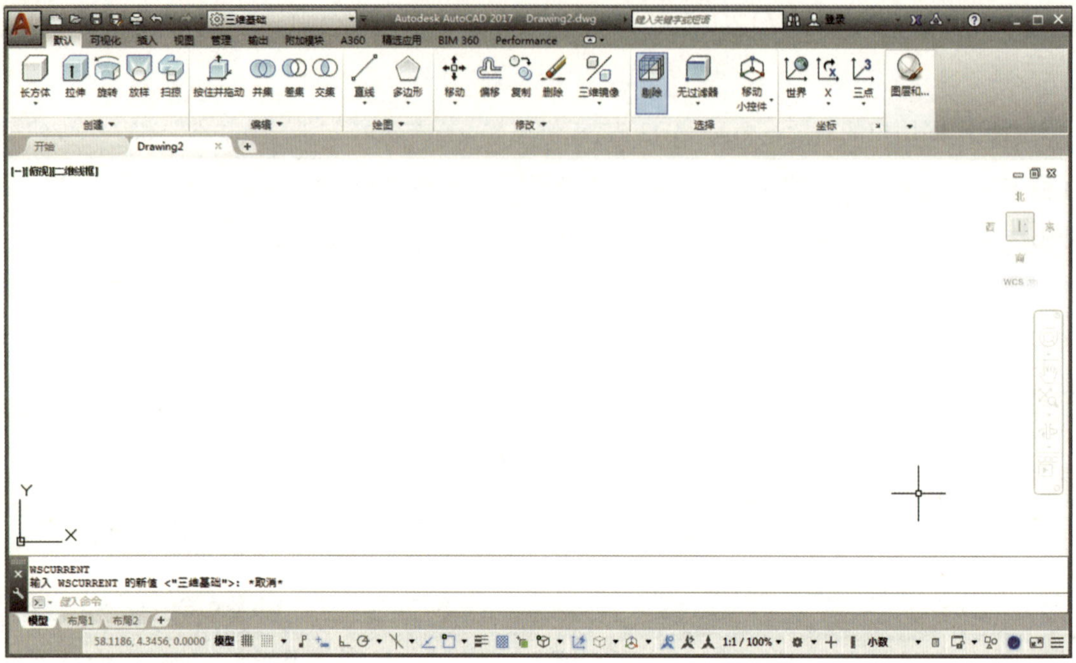

图 1-22 “三维基础” 空间

4.3 三维建模空间

使用“三维建模”空间，可以更加方便地在三维空间中绘制图形。在“功能区”选项板中集成了“三维建模”“视觉样式”“光源”“材质”“渲染”和“导航”等面板，从而为绘制三维图形、观察图形、创建动画、设置光源、为三维对象附加材质等操作提供了非常便利的环境，如图 1-23 所示。

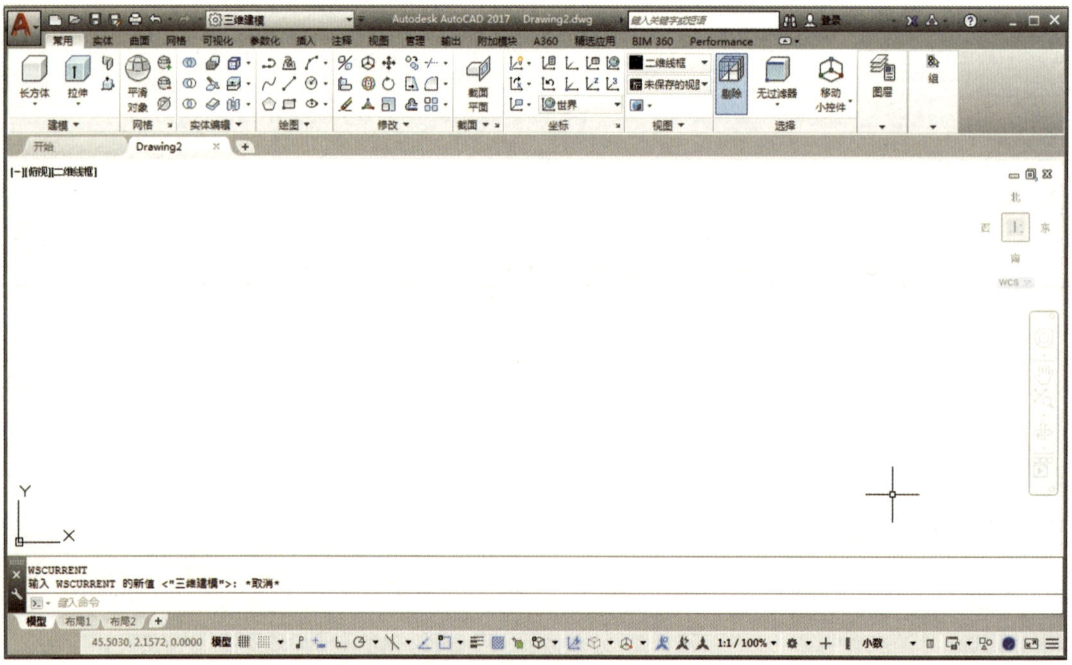

图 1-23 “三维建模” 空间

提示：就 AutoCAD 本身而言，二维与三维之间并没有什么区别，但对于大多数 AutoCAD 用户来说，二维与三维在操作上有很大的不同。其主要区别是：三维造型中，所创建对象除了有长度和宽度外，还有另外一个绘图方向，即所创建的对象具有高度。

4.4 AutoCAD 经典空间

对于习惯于 AutoCAD 传统界面的用户来说，可以使用“AutoCAD 经典”工作空间，其界面主要由“菜单浏览器”按钮、快速访问工具栏、菜单栏、工具栏、文本窗口与命令行、状态栏等元素组成，如图 1–24 所示。

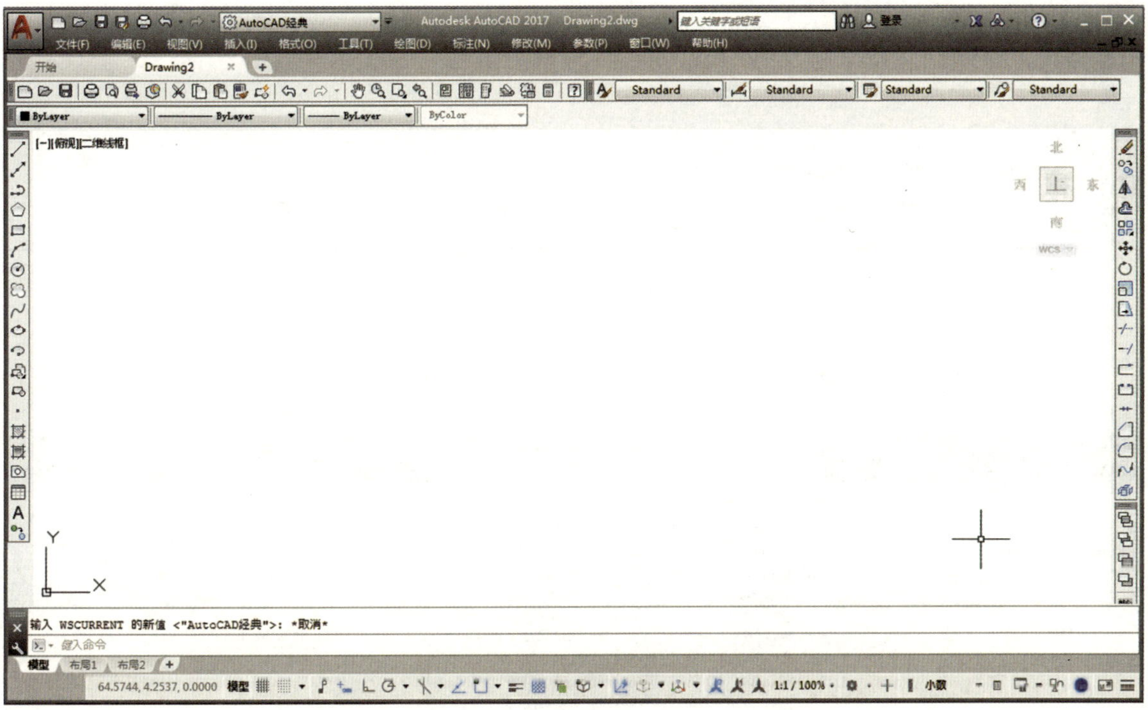

图 1–24 经典空间

提示：简单快速调出 AutoCAD2017 经典模式界面：

（1）打开 AutoCAD2017，单击快速访问工具栏上的“▾”，选择“显示菜单栏”，如图 1–25 所示。

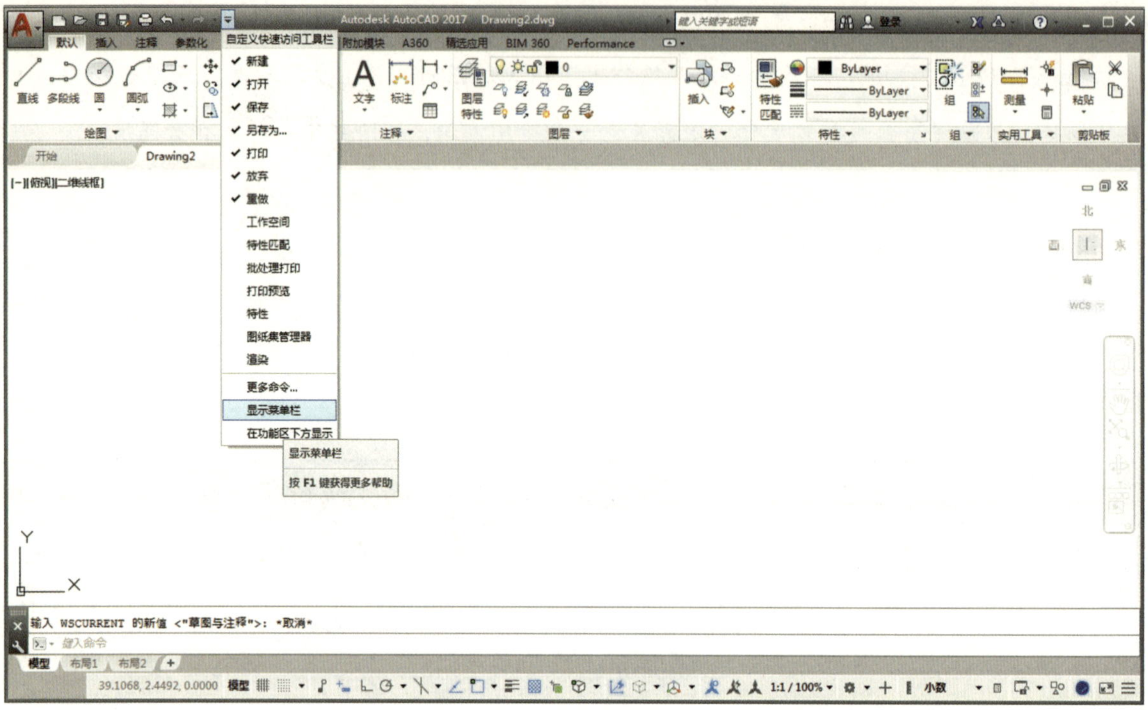

图 1-25 打开“显示菜单栏”

（2）选择“工具”>“选项板”>“功能区”命令将功能区关闭，如图 1-26 所示。

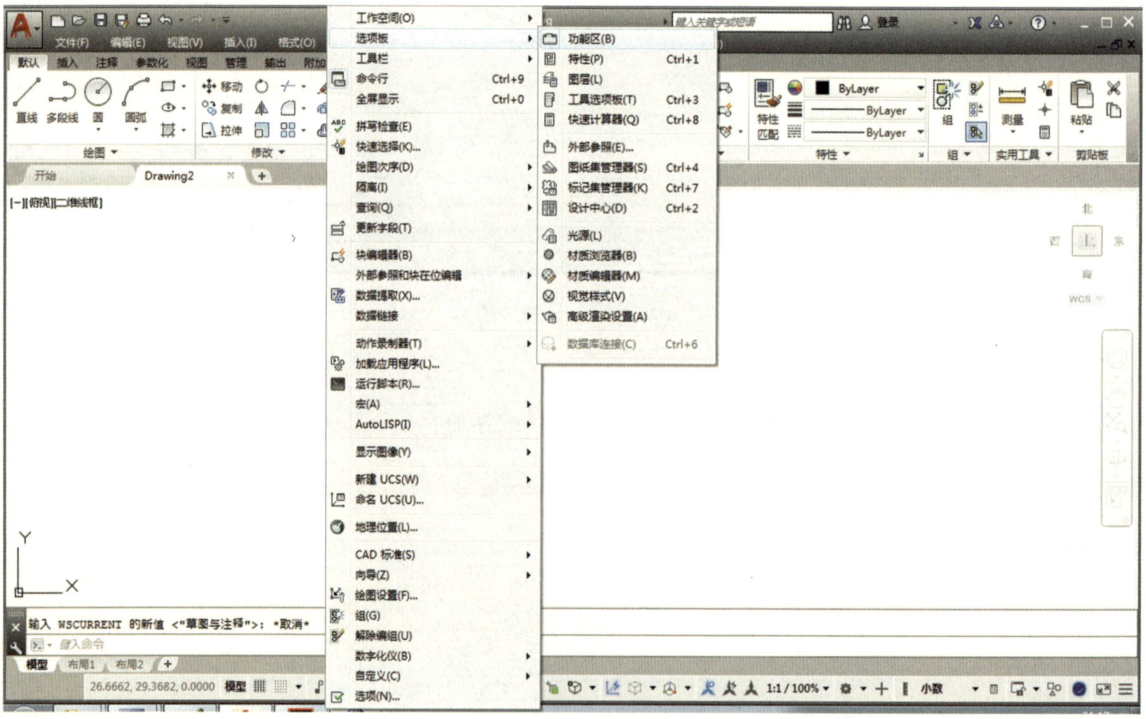

图 1-26 关闭“功能区”命令

（2）选择“工具”>“工具栏”>“AutoCAD”把修改、标准、样式、图层、特性、绘图、绘图次序勾上，如图 1–27 所示。

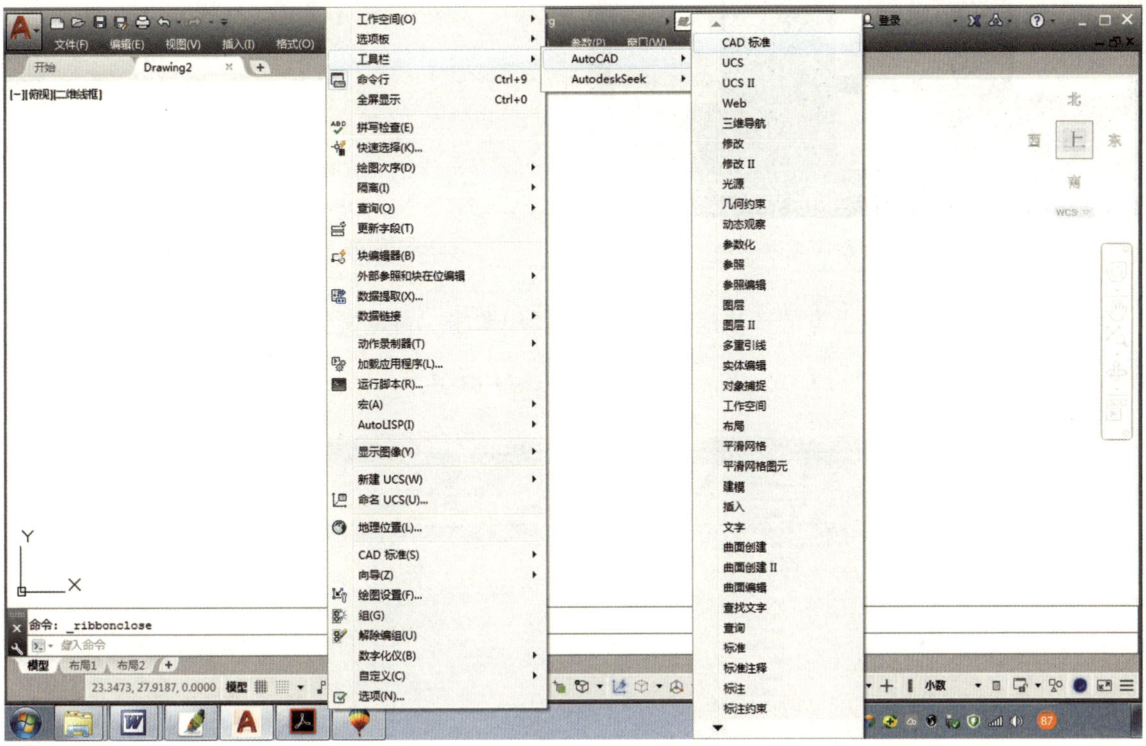

图 1–27 工具设置

（3）选择“工具”>“工作空间”>“将当前工作空间另存为”，命名为“AutoCAD 经典”，保存，如图 1–28 所示。

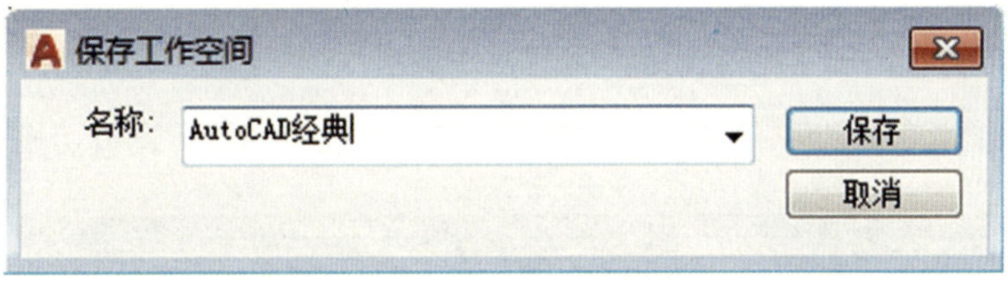

图 1–28“将当前工作空间另存为”对话框

课堂练习 1–1：切换工作空间。

源文件：无

快速切换工作空间通常有两种方法，即在“快速访问”工具栏中切换工作空间和在“状态栏”中切换工作空间。

（1）启动 AutoCAD 应用程序，然后在“开始”选项卡右方单击“新图形”按钮，如图 1–29 所示。即可进入默认的“草图与注释”工作空间，并新建一个名为 Drawing1.dwg 的图形文件，效果如图 1–30 所示。

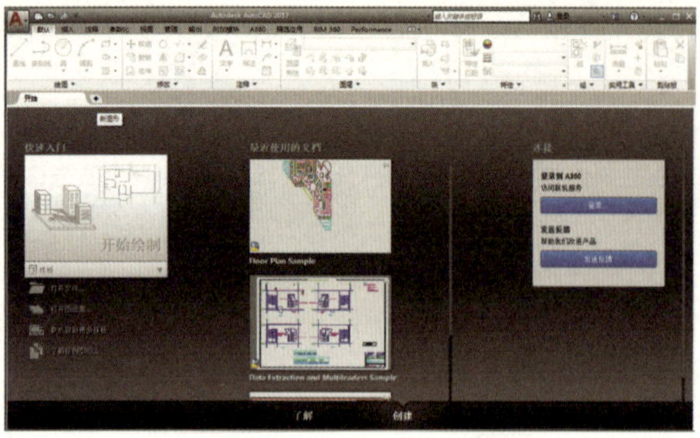

图 1-29 单击“新图形”按钮

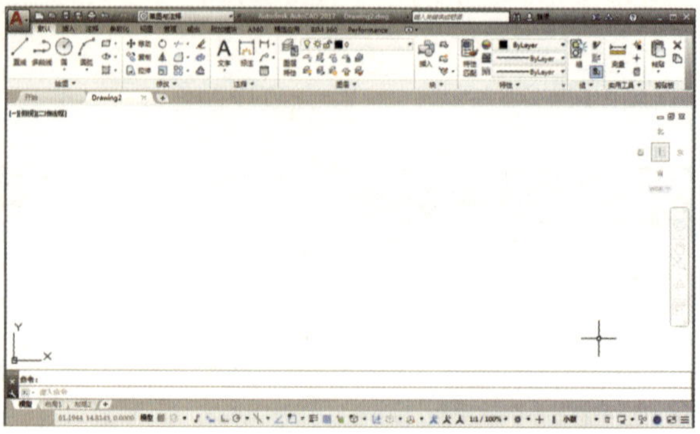

图 1-30 进入“草图与注释”工作空间

（2）在工作界面左上方的“快速访问”工具栏中单击“自定义快速访问工具栏”下拉按钮，在弹出的菜单中选择“工作空间”命令，如图 1-31 所示。

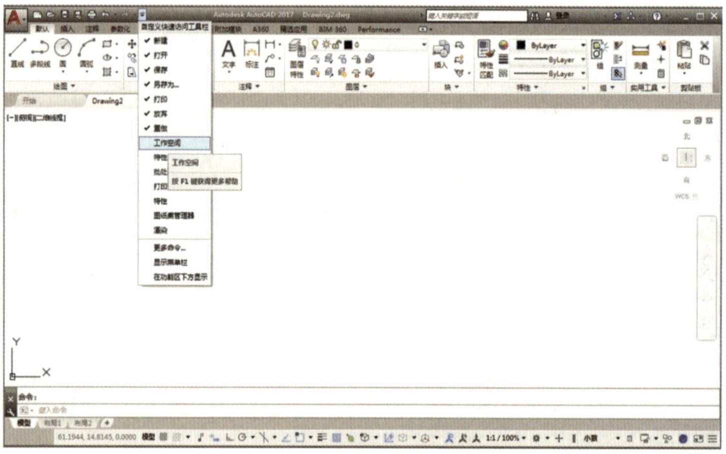

图 1-31 选择“工作空间”命令

（3）在工作界面左上方的“快速访问”工具栏中显示“工作空间”列表框后，单击“工作空间”下拉按钮，在弹出的“工作空间”下拉列表中选择需要的工作空间即可进行切换，如图 1-32 所示。

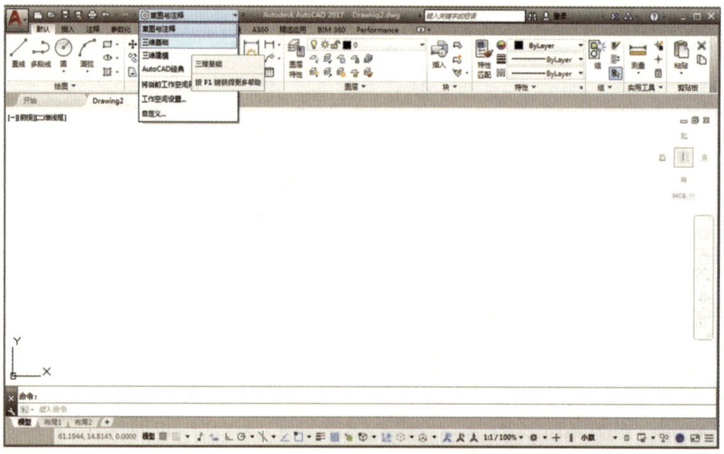

图 1-32 选择需要的工作空间

（4）在工作界面右下方的“状态栏”中单击“切换工作空间”按钮⚙，如图 1–33 所示。

图 1-33 单击“切换工作空间”按钮

（5）在弹出的“工作空间”下拉列表中选择需要的工作空间即可进行切换，如图 1–34 所示。

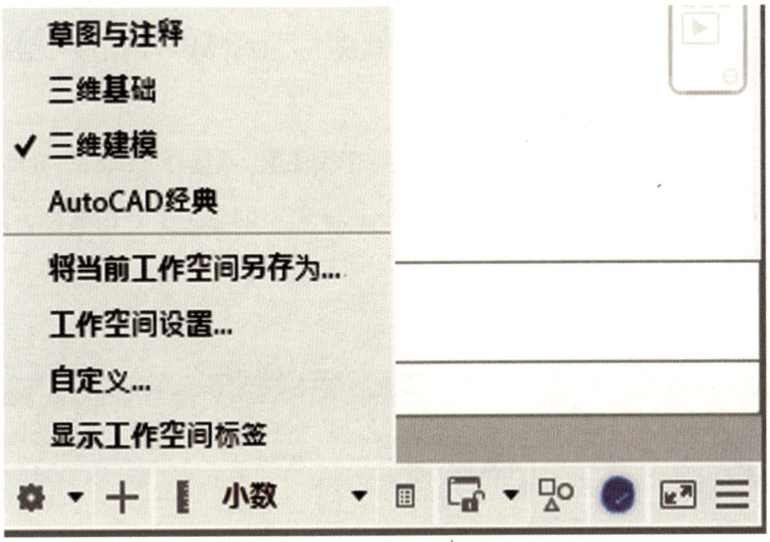

图 1-34 选择需要的工作空间

提示：在状态栏中单击“⚙▾”切换工作空间按钮，在弹出的菜单中选择“工作空间设置”命令，将打开“工作空间设置”对话框，可以设置菜单显示及顺序，如图 1–35 所示。

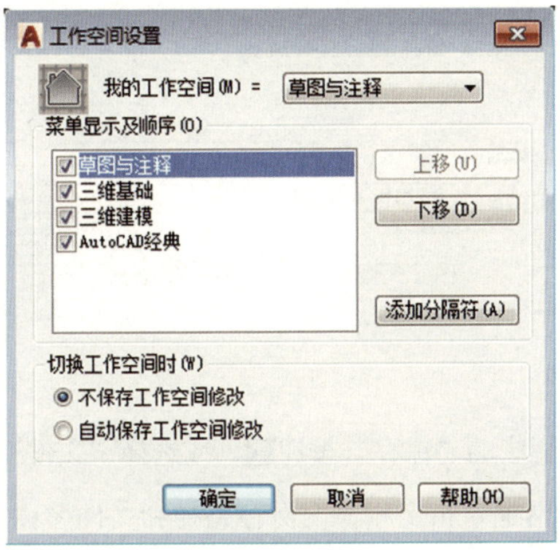

图 1-35“工作空间设置”对话框

5. AutoCAD 的文件管理

对文件进行管理，是使用 AutoCAD 进行绘图的重要内容。下面将学习使用 AutoCAD 新建文件、保存文件和打开文件等操作方法。

5.1 新建文件

启动 AutoCAD 应用程序，然后在“开始”选项卡右方单击“新图形”按钮，可以快速新建一个名为 drawing1.dwg 的图形文件。在新建图形文件的过程中，默认图形名会随着打开新图形的数目而变化。例如，在打开现有图形的情况下再打开另一个图形，则默认的图形名为 drawing2.dwg。

另外，单击“快速访问”工具栏中的“新建”按钮，或选择“文件”>“新建”菜单，打开“选择样板”对话框，在其中可以选择并打开 acad 选项创建一个空白文档，还可以选择其他样板文件作为新图形文件的基础，如图 1-36 所示。

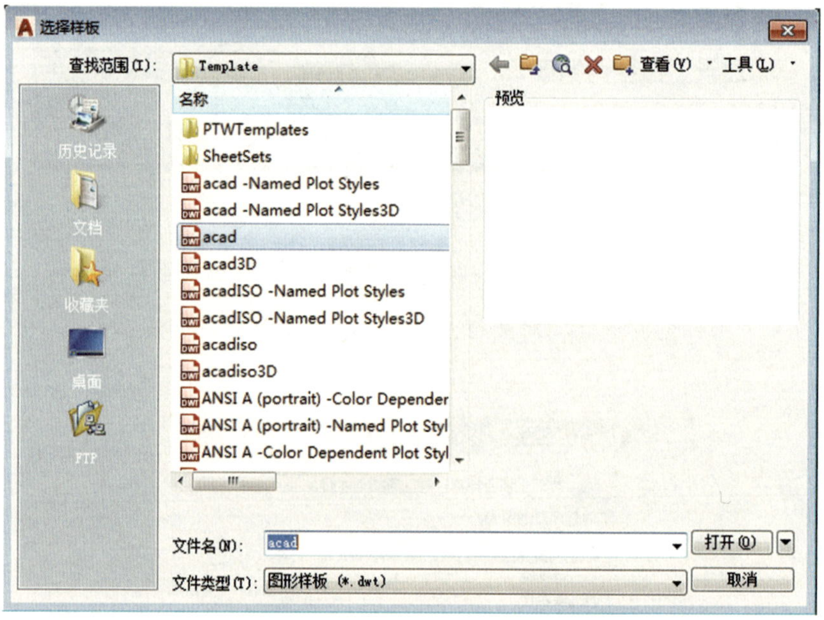

图 1-36 “选择样板”对话框

5.2 保存文件

单击“快速访问”工具栏中的“保存”按钮，或选择“文件”>“保存”菜单，打开“图形另存为”对话框。在该对话框中指定相应的保存路径和文件名称，然后单击“保存”按钮，即可保存图形文件，如图 1-37 所示。

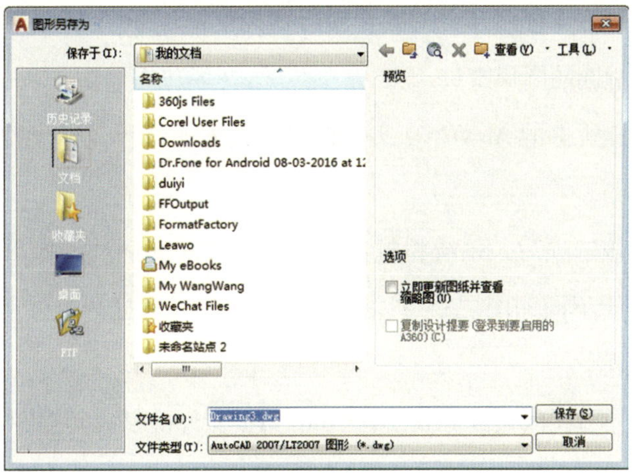

图 1-37“图形另存为”对话框

提示：

使用“保存”命令保存已经保存过的文档时，系统会直接以原路径和原文件名对已有文档进行保存。如果需要对修改后的文档进行重新命名，或更改文档的保存位置，则需要选择“文件”>“另存为”菜单。在打开的“图形另存为”对话框中重新设置文件的保存位置、文件名或保存类型，然后单击“保存”按钮即可。

5.3 打开文件

单击“快速访问”工具栏中的“打开”按钮，或选择“文件”>“打开”菜单，打开“选择文件”对话框，在该对话框中可以选择文件的位置并打开指定文件，如图 1-38 所示。单击“打开”按钮右侧的三角形按钮，可以选择打开文件的 4 种方式，即“打开”“以只读方式打开”“局部打开”和“以只读方式局部打开”，如图 1-39 所示。

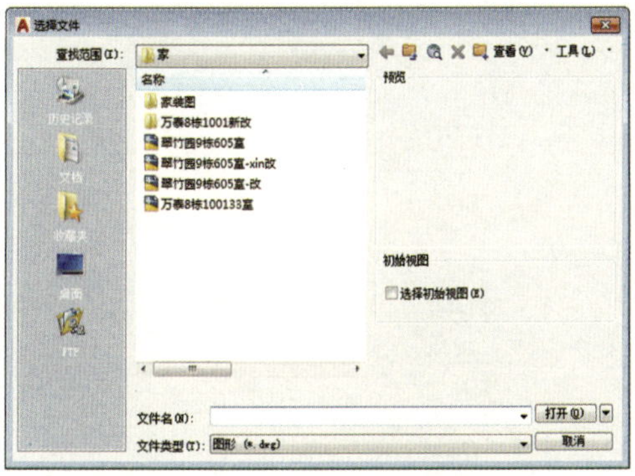

图 1-38“选择文件”对话框

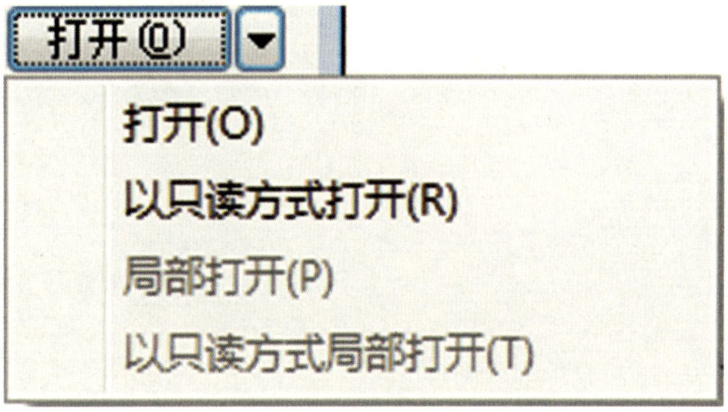

图 1-39 选择打开方式

“选择文件”对话框中的 4 种打开方式的含义分别如下：

“打开”：直接打开所选的图形文件。

“以只读方式打开”：所选的 AutoCAD 文件将以只读方式打开，打开后的 AutoCAD 文件不能直接以原文件名存盘。

“局部打开”：选择该选项后，系统将打开“局部打开”对话框。如果 AutoCAD 图形中包含不同的内容，并分别属于不同的图层，可以选择其中某些图层打开文件。采用该方式打开较复杂的文件可以提高工作效率。

“以只读方式局部打开”：以只读方式打开 AutoCAD 文件的部分图层图形。

5.4 关闭文件

单击应用程序窗口右上角的“关闭”按钮，可以退出应用程序，同时系统会自动关闭当前已经保存过的文件。如果要在不退出应用程序的情况下关闭当前编辑好的文件，可以选择“文件”>“关闭”菜单，或者单击图形文件窗口右上角的“关闭”按钮快速关闭文件。

第二章　AutoCAD 绘图环境

学习要点

1. 掌握设置绘图环境及系统参数
2. 使用命令及系统变量
3. 了解坐标系和坐标

1. 设置绘图环境

在 AutoCAD 中，用户可以创建工作空间以设置特定图形需要的绘图环境，尝试在不同的绘图环境下绘制图形，直至创建一种最适合自身习惯的绘图环境。

1.1 设置图形单位

在 AutoCAD 中绘制图形时，需要设置绘图单位，常用以下两种方法。

从菜单栏中选择“格式”>“单位”命令；或在命令行窗口中输入“UNITS”命令并按 Enter 键，弹出“图形单位”对话框，如图 2-1 所示。

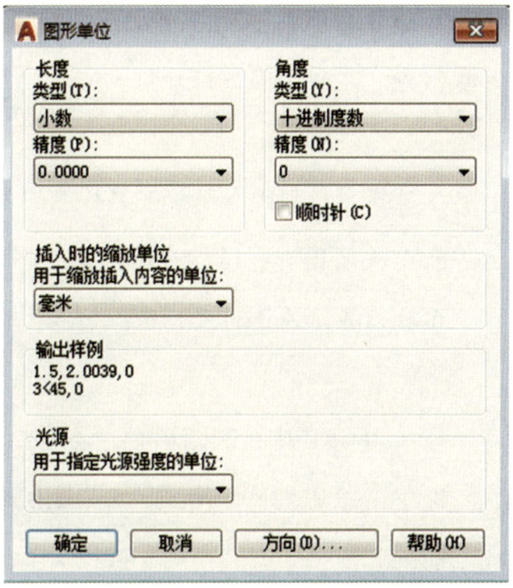

图 2-1 “图形单位”对话框

默认长度单位设置为毫米，数据类型设置为小数，小数位数设置为 4；角度单位设置为十进制度数，小数位数设置为 0。

“图形单位”对话框中的各项选项功能如下：

（1）“长度”选项组：用于设置长度单位的类型和精度。在该选项组中有以下两个选项。

（2）“类型”下拉列表框：在该下拉列表框中有“分数”“工程”“建筑”“科学”和“小数”5 种类型供选择，默认选项为“小数”。

（3）“精度”下拉列表框：在该下拉列表框中有 9 种精度供选择，默认选项为保留小数点后四位。

（4）“角度”选项组：用于设置角度单位的类型和精度。在该选项组中有以下两个选项。

（5）“类型”下拉列表框：在该下拉列表框中有“百分数”“度 / 分 / 秒”“弧度”“勘测单位”“十进制度数”5 种类型供选择，默认选项为“十进制度数”。

（6）“精度”下拉列表框：在该下拉列表框中有 9 种精度供选择，默认选项为保留整数。

（7）“插入时的缩放单位”下拉列表框：用于设置插入当前图形块的测量单位，默认的单位是毫米。如果块在创建时使用的单位与该选项指定的单位不同，则在插入块时对其自动按比例（块使用的单位与当前图形使用的单位之比）缩放。

（8）“方向”按钮：单击该按钮后，系统将弹出“方向控制”对话框，如图 2-2 所示。该对话框用于设置基准角度的正方向，默认设置为水平向右零度角的起始方向，逆时针为正角，顺时针为负角。

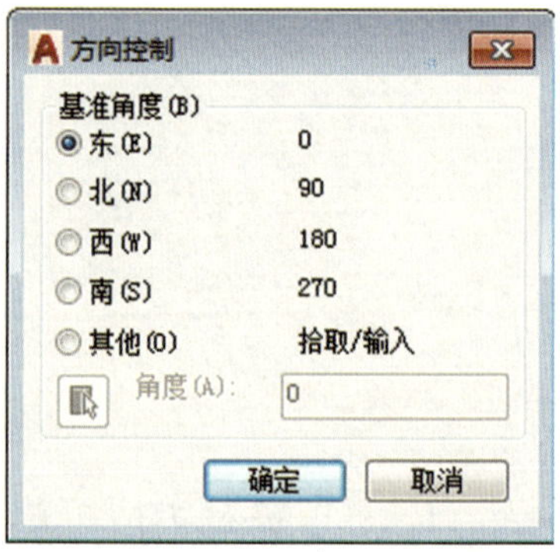

图 2-2“方向控制”对话框

1.2 设置图形界限

图形界限是 AutoCAD 绘图空间中的一个假想的矩形绘图区域，相当于选择的图纸大小。图形界限确定了栅格和缩放的显示区域。设置绘图单位后，打开“格式”菜单，选择“图形界限”命令。命令行将提示用户指定左下角点，选择“开”或选择“关”。其中“开”表示打开图形界限检查。当界限检查打开时，AutoCAD 将会拒绝输入位于图形界限外部的点。

提示：因为界限检查只检测输入点，所以对象的某些部分可能延伸出界限之外；“关”表示关闭图形界限检查，用户可以在界限之外绘图，这是缺省设置；“指定左下角点”表示给出界限左下角坐标值。输入坐标值后，系统将提示用户指定右上角坐标值。

在 AutoCAD 中绘制图形时，还需要设置图形界限，常用以下两种方法：

1. 单击菜单栏：“格式”>“图形界限”；或在命令行输入“LIMITS”命令并按 Enter 键，在当前的“模型”或“布局”选项卡上，设置栅格显示的界限。

2. 使用“图形界限”命令后，如图 2-3 所示。该命令行提示的各选项功能如下。

（1）“指定左下角点”：用于输入左下角点的坐标值。

（2）“指定右下角点”：用于输入右下角点的坐标值。

（3）“开（ON）”：用于设置使绘图边界有效。使用该选项时，在绘图边界以外拾取的点，系统视为无效。

（4）“关（OFF）”：用于设置使绘图边界无效。使用该选项时，在绘图边界以外拾取的点，系统视为有效。

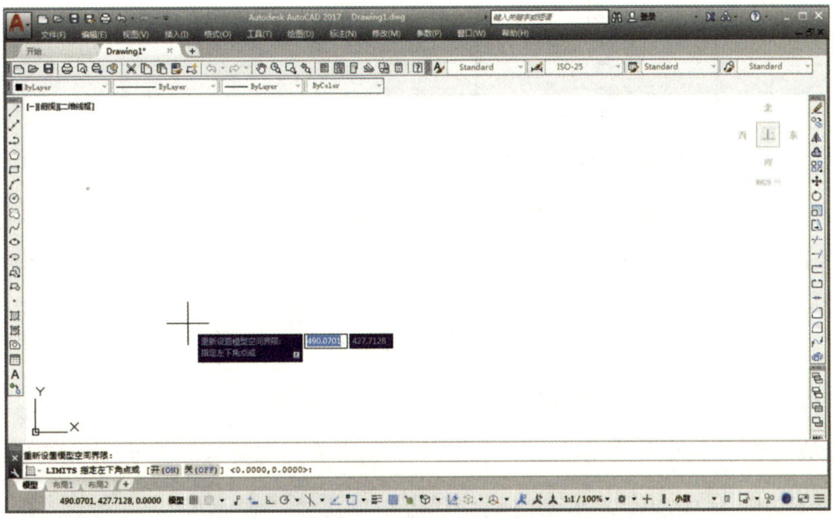

图 2-3 图形界限效果

提示：如果在 LIMITS 命令执行中选择 ON，则绘图将被限制在设定的栅格区内进行。

课堂练习 2-1：自定义工作界面

源文件：无

（1）在“快速访问”工具栏中单击“自定义快速访问工具栏”下拉按钮，在弹出的菜单中选择“显示菜单栏”命令，如图 2-4 所示。即可在默认的工作界面中显示菜单栏，效果如图 2-5 所示。

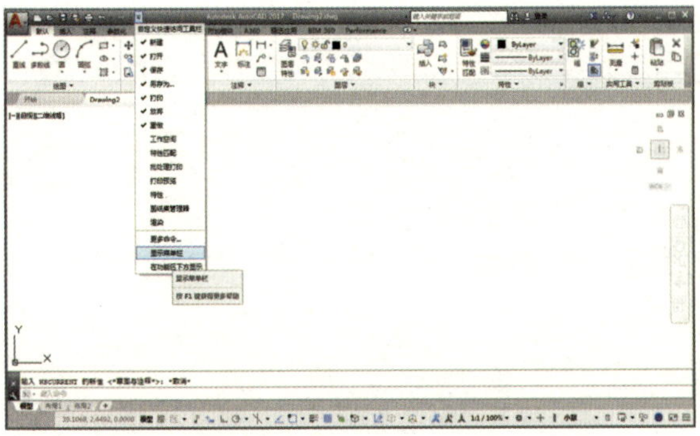

图 2-4 选择“显示菜单栏”命令

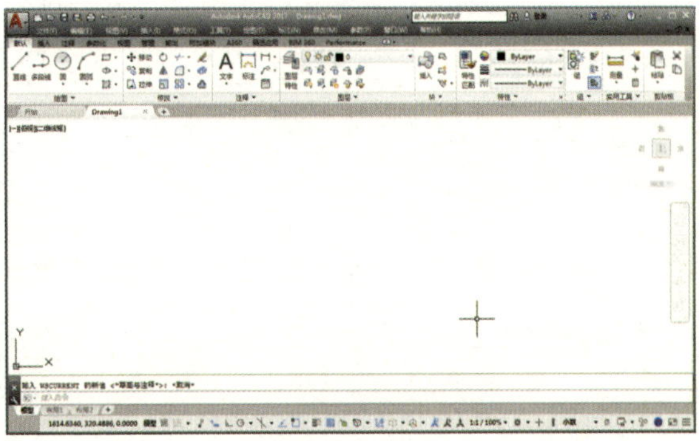

图 2-5 显示菜单栏

（2）在功能区标签栏中右击，在弹出的快捷菜单中选择“显示选项卡”命令，在子菜单中取消选择“三维工具”“可视化”A360 和“精选应用”等不常用的命令选项，如图 2–6 所示，则可以隐藏对应的功能区，效果如图 2–7 所示。

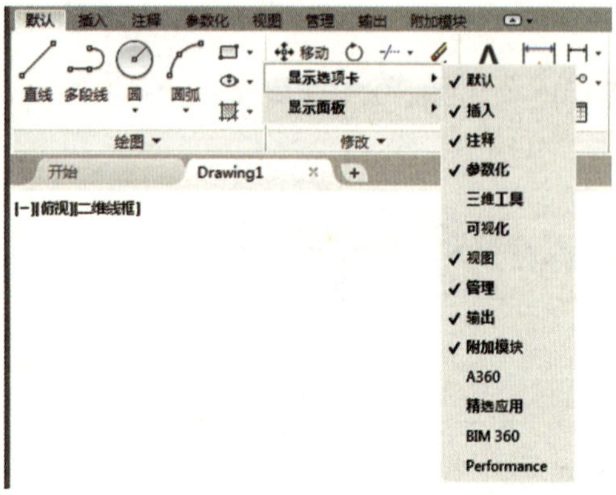

图 2-6 取消要隐藏的选项卡选项

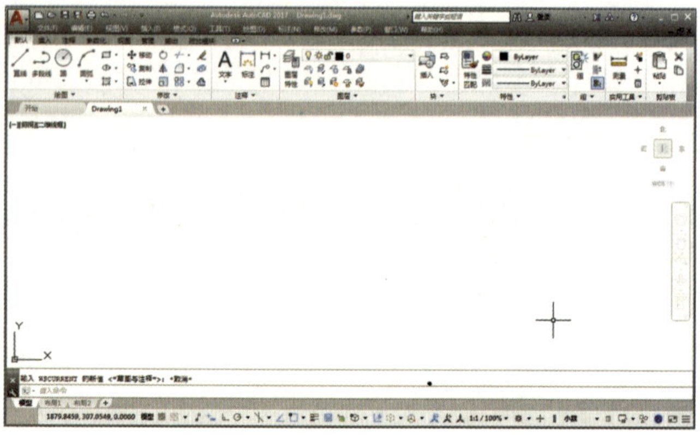

图 2-7 隐藏取消的功能区

提示：在子命令的前方，如果有打钩的符号标记，则表示相对应的功能选项卡处于打开状态。单击该命令选项，则将对应的功能选项卡隐藏。如果未标记打钩的符号，则表示相对应的功能选项卡处于关闭状态。单击该命令选项，则打开对应的功能选项卡。

（3）在默认功能区中右击，在弹出的快捷菜单中选择“显示面板”命令，在子菜单中取消选择“组”“实用工具”“剪贴板”和“视图”命令选项，效果如图 2–8 所示，则可以隐藏对应的功能面板，效果如图 2–9 所示。

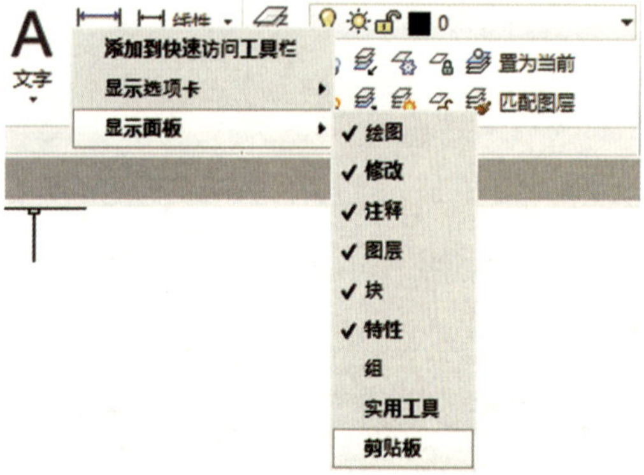

图 2-8 取消要隐藏的面板选项

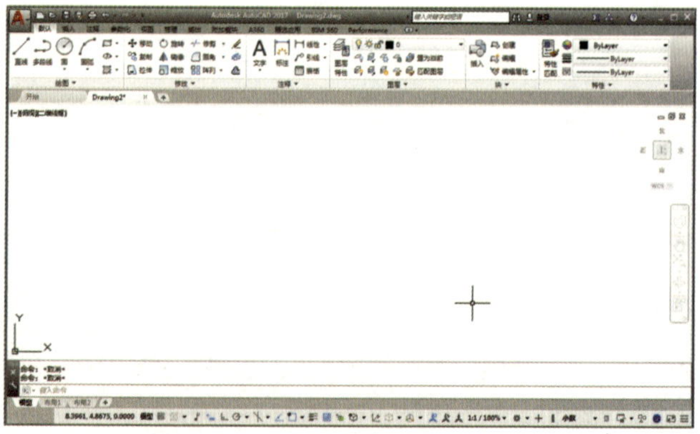

图 2-9 隐藏取消的面板

（4）多次单击功能区标签右方的最小化按钮，可以将功能区最小化，从而增加绘图区的区域，如图 2–10 所示。

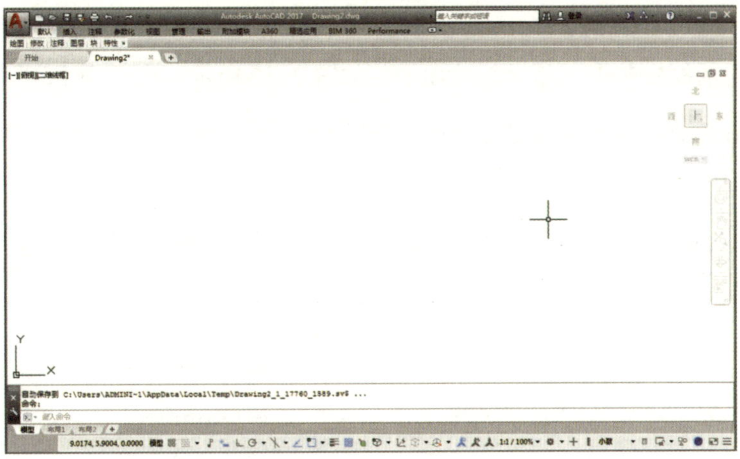

图 2-10 最小化功能区

2. 设置系统参数

在 AutoCAD2017 中，用户可执行“工具” > “选项”命令，在打开的“选项”对话框中可更改许多窗口和绘图环境设置。例如，可以更改自动将图形保存到临时文件的频率，也可以将程序链接到包含经常使用的文件的文件夹。

2.1 设置“文件”选项卡

执行“工具” > “选项”命令，打开“选项”对话框，在该对话框中单击“文件”选项卡，如图 2-11 所示。在该选项卡中指定以树状结构显示的文件夹，供 AutoCAD 在其中查找当前文件夹中存在的文字字体、自定义文件、插件、要插入的图形、线型和填充图案。

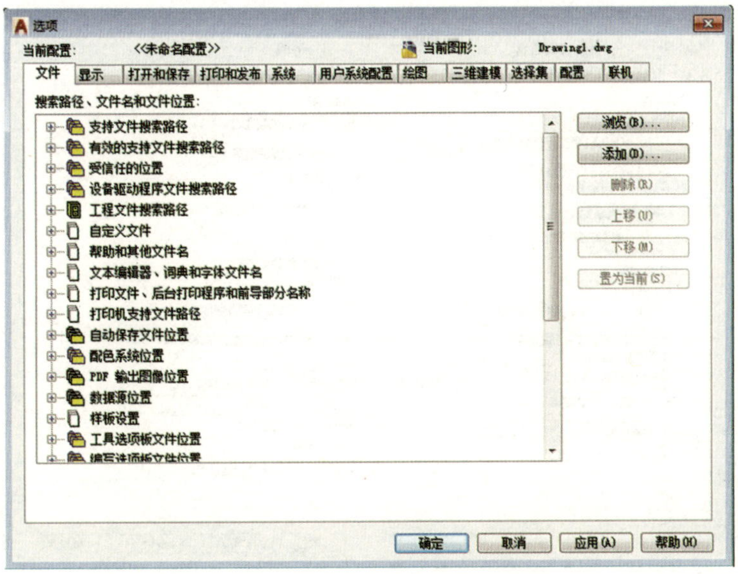

图 2-11 “文件”选项卡

2.2 设置“显示”选项卡

在“选项”对话框中单击“显示”选项卡，如图 2-12 所示。该选项卡用来设置 AutoCAD 界面的显示情况，在该选项卡中可以设置窗口与布局元素的显示、显示的精度与性能以及十字光标的大小和淡入度控制。

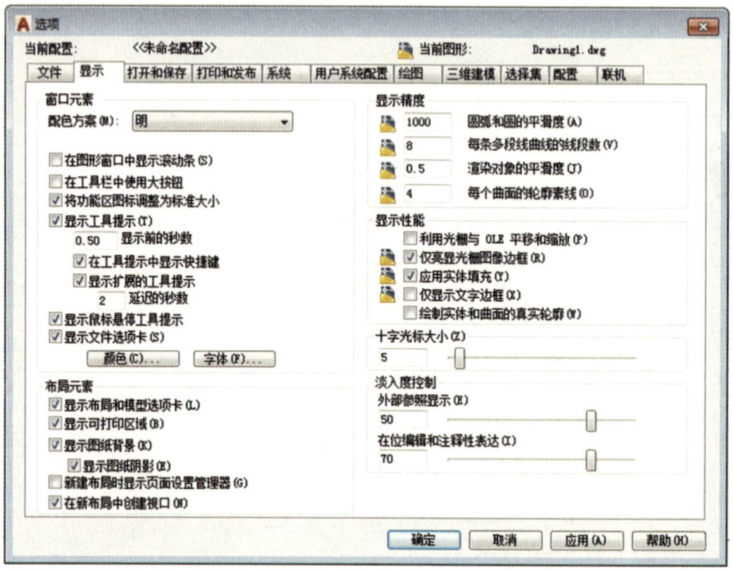

图 2-12 “显示”选项卡

2.3 设置“打开和保存”选项卡

在“选项”对话框中单击“打开和保存”选项卡，如图 2-13 所示。该选项卡用来设置在 AutoCAD 中打开和保存文件时的相关内容，例如，在“文件保存”选项区可以设置将文件另存为的格式，选定的文件格式将成为保存图形的默认格式等。

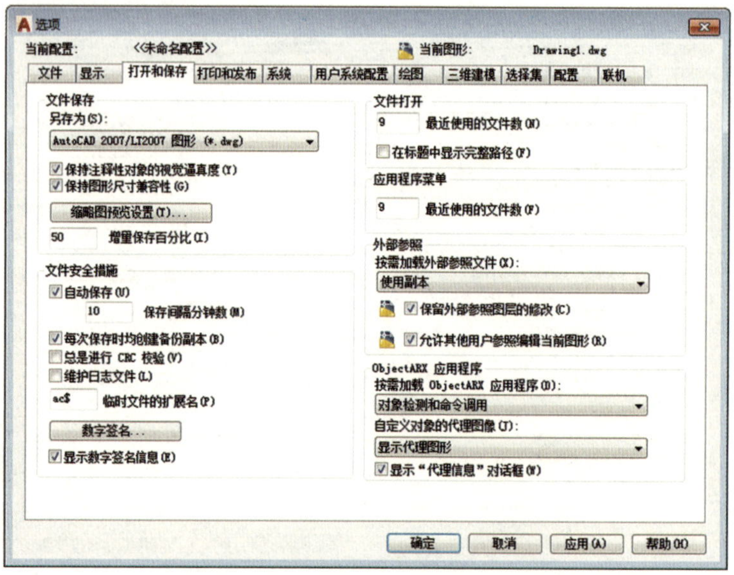

图 2-13 “打开和保存”选项卡

2.4 设置“打印和发布”选项卡

在“选项”对话框中单击“打印和发布”选项卡，如图 2-14 所示。该选项卡用来设置在 AutoCAD 中打印和发布文件时的相关选项，例如，在“打印到文件”选项区，可以指定打印到文件操作的默认位置。一般情况下，可以保留默认的输出设备和控制打印质量等设置。

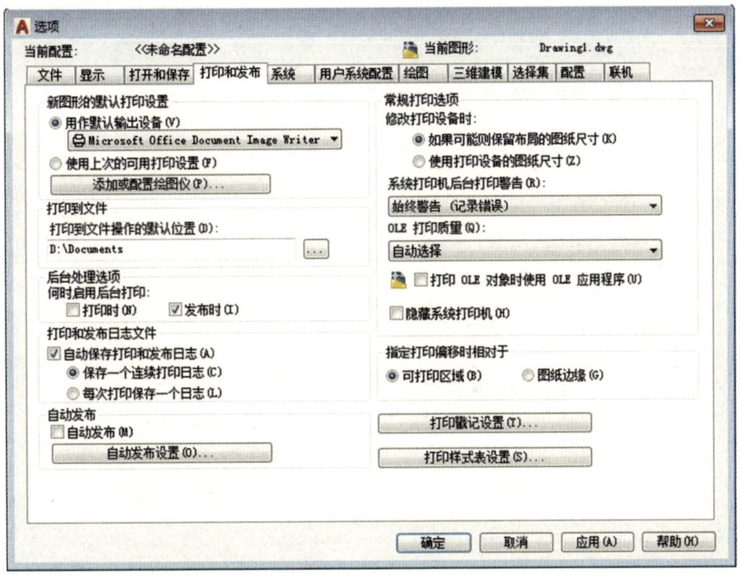

图 2-14“打印和发布”选项卡

2.5 设置“系统”选项卡

在“选项”对话框中单击“系统”选项卡，如图 2-15 所示。该选项卡用来设置 AutoCAD 自身系统。在该选项卡中，可以设置模型和布局重生成选项的各种方式，在“常规选项”区还可以设置“用户输入内容出错时进行声音提示”等。

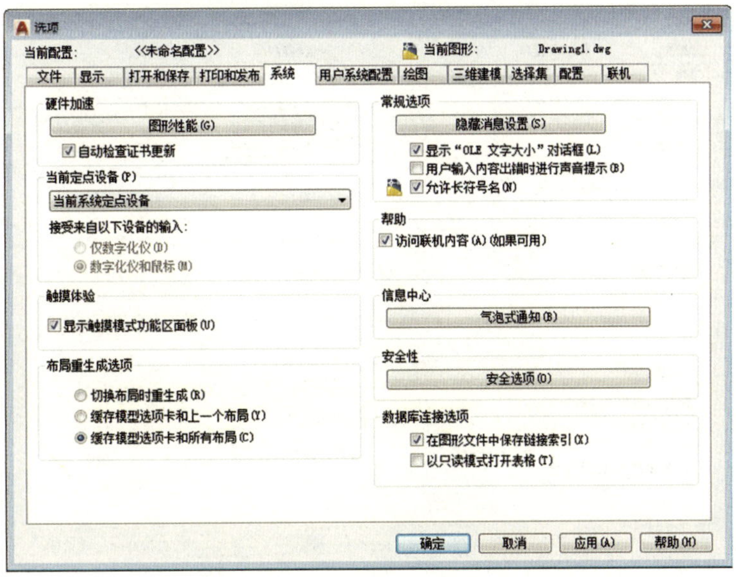

图 2-15“系统”选项卡

2.6 设置“用户系统配置”选项卡

在“选项”对话框中单击“用户系统配置”选项卡，如图 2-16 所示。该选项卡用来优化 AutoCAD 的工作方式。在该选项卡中，可以设置在图形中插入块和图形时使用的默认比例以及控制在命令行输入的坐标是否替代运行的对象捕捉等。

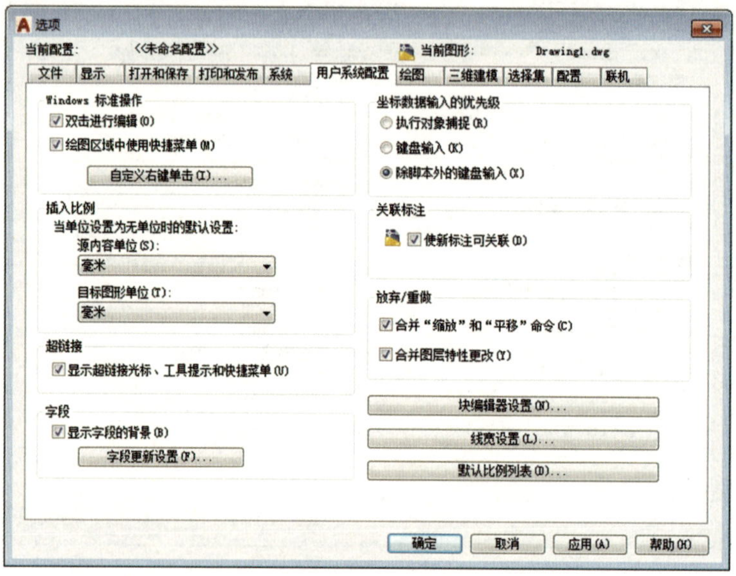

图 2-16“用户系统配置”选项卡

2.7 设置“绘图”选项卡

在“选项”对话框中单击“绘图”选项卡，如图 2-17 所示。该选项卡用来设置多个编辑功能的选项。在该选项卡中，可以设置自动捕捉标记大小和设计工具提示的显示等。

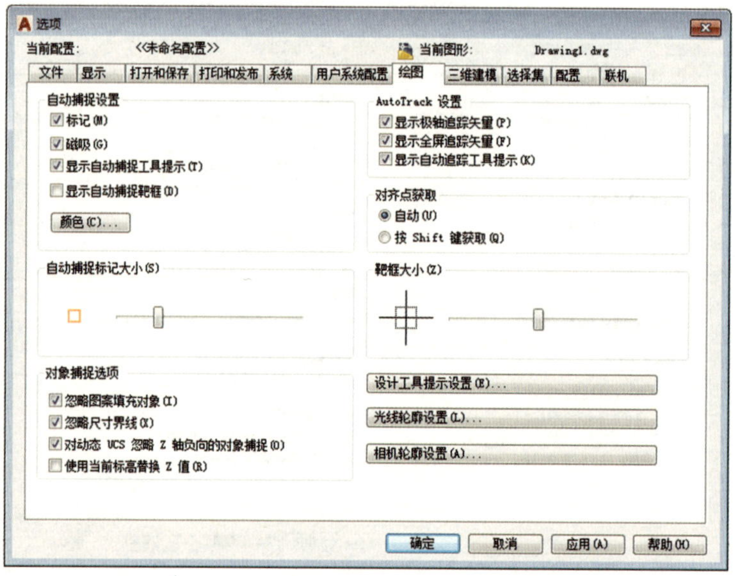

图 2-17“绘图”选项卡

2.8 设置“三维建模”选项卡

在“选项”对话框中单击“三维建模”选项卡，如图 2-18 所示。该选项卡用来设置在三维绘图模式中使用实体和曲面的选项。在该选项卡中，可以设置十字光标的显示样式以及控制坐标项的动态输入字段、三维实体、曲面和网格的显示。

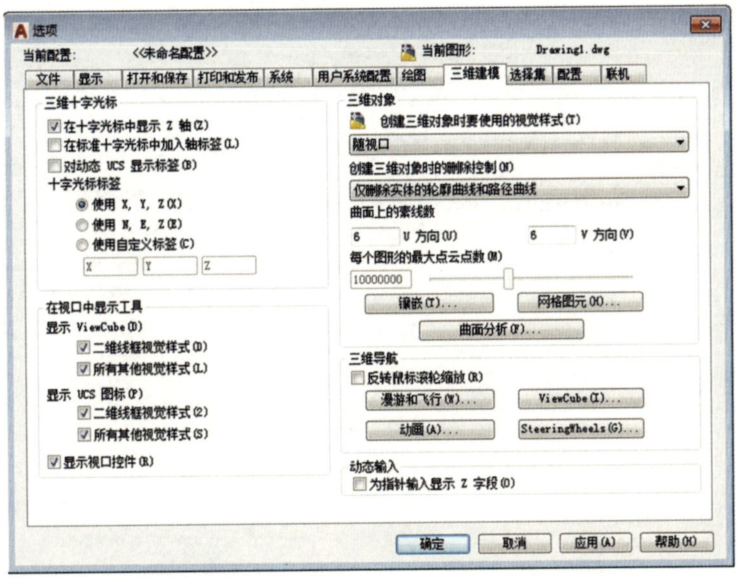

图 2-18“三维建模”选项卡

2.9 设置“选择集”选项卡

在“选项”对话框中单击“选择集”选项卡，如图 2-19 所示。该选项卡用来设置选择对象时的选项。在该选项卡中可以设置拾取框的大小及选择对象后对象上方出现的夹点的尺寸、颜色等。

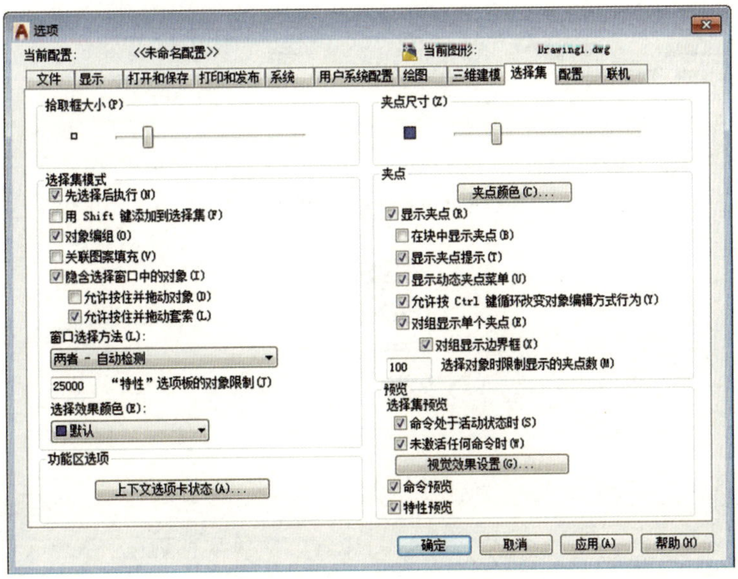

图 2-19“选择集”选项卡

2.10 设置“配置”选项卡

在“选项”对话框中单击“配置”选项卡，如图2-20所示。该选项卡用来设置配置的使用，其中的配置由用户定义。在该选项卡中，“可用配置”选项区将显示可用配置的列表，选择列表中的选项再单击右侧的按钮，可进行相应的操作，单击“重置”按钮，可将选定配置中的值重置为系统默认的设置。

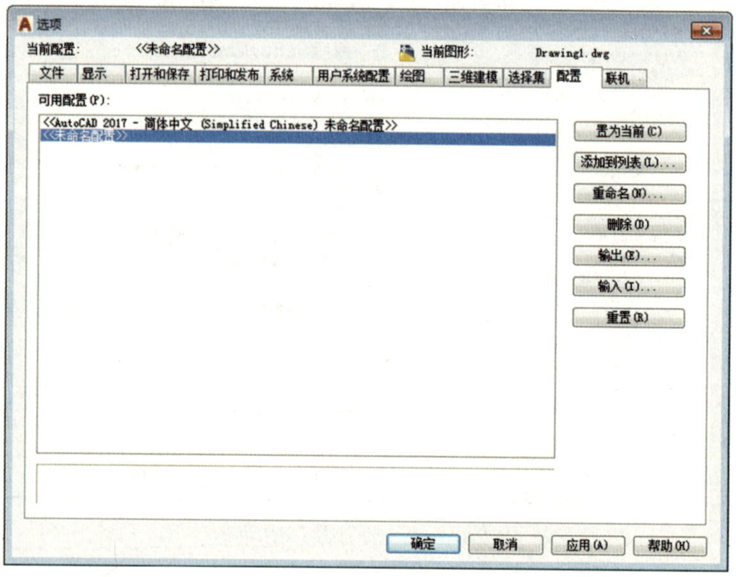

图2-20“配置”选项卡

2.11 设置“联机”选项卡

在“选项”对话框中单击“联机”选项卡，如图2-21所示。在该对话框中通过登录账户账户，可以与Autodesk360账户同步图形或设置。

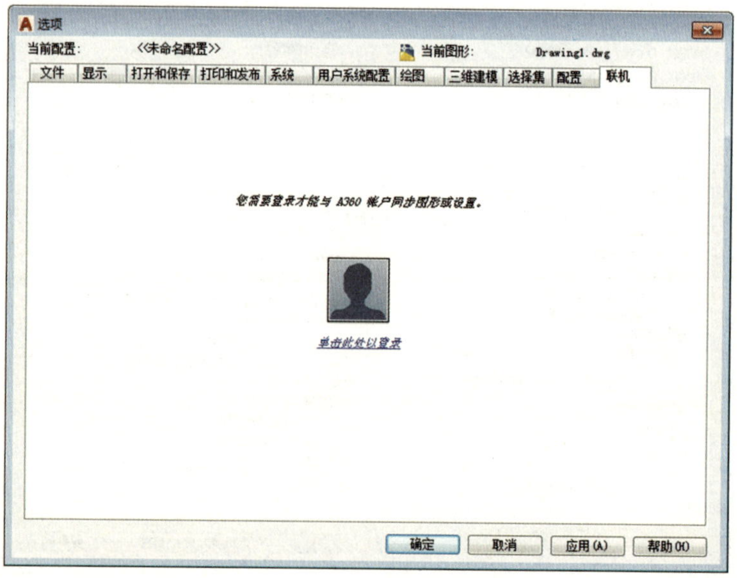

图2-21“配置”选项卡

3. 使用命令及系统变量

用户使用 AutoCAD，通过执行命令进行人机交互，完成工作，命令不区分大小写。在 AutoCAD 中，命令的执行方式有多种，可以通过命令按钮的方式执行，通过下拉菜单命令的方式执行或通过键盘下拉菜单命令的方式执行或通过键盘的方式执行等。用户在作图时，应根据实际情况选择最佳的执行方式，从而提高作图效率。

3.1 使用命令

1. 执行命令的方式

在 AutoCAD 中有多种执行命令的方法，主要包括选择命令、单击工具按钮和在命令行中输入命令等方式来执行命令。

选择命令：即通过选择命令的方式来执行命令。例如，执行“多边形”命令，其方法是显示菜单栏，然后选择“绘图”>“多边形”命令。

单击工具按钮：即在“草图与注释”工作空间中单击相应功能面板上的按钮来执行命令。例如，在“绘图”面板中单击“矩形”按钮，即可执行“矩形”命令。

在命令行中输入命令：即通过在命令行中输入命令的方式执行命令。在命令行中输入命令的方法比较快捷、简便。执行命令时，只需在命令行中输入英文命令或缩写后的简化命令，然后按 Enter 键，即可执行该命令。例如，执行“圆”命令，只需在命令行中输入 Circle 或 C，然后按 Enter 键即可。

2. 子命令与参数

在执行命令时，用户需要对提示做出回应。例如，在执行“直线”命令时，输入直线的起点坐标数值，或单击来指定起点，系统将再提示“指定下一点或 [放弃（U）]：”，如图 2-22 所示，表示应指定下一点，直到系统提示为“指定下一点或 [关闭 / 放弃（U）]：”时，按 Enter 键或空格键即可结束该命令，如图 2-23 所示。

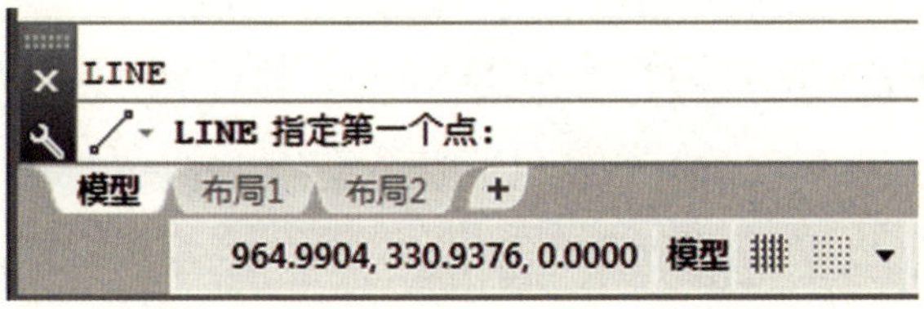

图 2-22 系统提示

图 2-23 结束命令

3. 透明命令

AutoCAD 的透明命令是指在不中断其他命令的情况下被执行的命令。例如，Zoom（视图缩放）命令就是一个典型的透明命令。使用透明命令的前提条件是在执行某个命令的过程中需要用到其他命令而又不退出当前执行的命令。透明命令可以单独执行，也可以在执行其他命令的过程中执行。在绘图或编辑过程中，要在命令行中执行透明命令，必须在原命令前面加一个撇号“’”，然后根据相应的提示进行操作即可。

4. 重复命令

在完成一个命令的操作后，如果要重复执行上一次使用的命令，可以通过以下几种方法快速实现：

按 Enter 键：在一个命令执行完成后，按 Enter 或空格键，即可再次执行上一次执行的命令。

右击：若用户设置了禁用右键快捷菜单，可在前一个命令执行完成后，右击继续执行前一个操作命令。

按方向键↑：按下键盘上的↑方向键，可依次向上翻阅前面在命令行中所输入的数值或命令。当出现用户所执行的命令后，按 Enter 键即可执行该命令。

提示：AutoCAD 中，除了在输入文字内容等特殊情况下，通常可以使用空格键代替 Enter 键来快速执行确定操作。

1. 在执行某些过程中，有时会出现尖括号“<>”，其中的值是当前系统的默认值。此时直接按 Enter 键，系统将采用默认值。

2. 命令行中的方括号 [] 以“/”隔开的内容表示各种选项，若要选择某个选项，只需输入圆括号中的字母，该字母可以是大写或小写形式。

通过命令的方式进行绘图要求能够熟记各命令。

3.2 启动与退出命令

1. 终止命令

在执行 AutoCAD 操作命令的过程中，按 Esc 键，可以随时终止 AutoCAD 命令的执行。

注意在操作中退出命令时，有些命令需要连续按两次 Esc 键。如果要终止正在执行中的命令，可以在“命令：”状态下输入 U（退出）并按空格键确定，即可返回上次操作前的状态。

2. 放弃命令及操作

在 AutoCAD 中，系统提供了图形的恢复功能。使用图形恢复功能，可以取消绘图过程中的操作。执行该命令有以下 5 种常用方法。

选择“放弃”命令：选择“编辑” > “放弃”命令。

单击“放弃”按钮：单击“快速访问”工具栏中的“放弃”按钮↶，可以取消上一次执行的命令，连续进行单击该按钮，可以取消多次执行的操作。

执行 U 或 Undo 命令：执行 U 命令可以取消上一次的命令，或执行 Undo 命令，并根据提示输入要放弃的操作数目，可以取消前面对应次数执行的命令。

执行 Oops 命令：执行 Oops 命令，可以取消上一次删除的对象，但使用 Oops 命令只能恢复上一次被删除的对象而不会影响前面所进行的其他操作。

按 Ctrl+Z 组合键。

3. 重做放弃的命令及操作

在 AutoCAD 中，系统提供了图形的重做功能。使用图形重做功能，可以重新执行放弃的操作，执行该命令有以下 3 种常用方法。

选择“重做”命令：选择“编辑” > “重做”命令。

单击“重做”按钮：单击“快速访问”工具栏中的“重做”按钮↷，可以恢复已放弃的上一步操作。

执行 Redo 命令：在执行放弃命令操作后，紧接着执行 Redo 命令即可恢复已放弃的上一步操作。

3.3 使用鼠标

大多数用户使用鼠标作为定点设备。通常，双击鼠标的左键为拾取键，用于在绘图区域中指定点或选择对象。使用鼠标右键，可以显示包含相关命令和选项的快捷菜单。根据移动光标位置的不同，显示的快捷菜单也不同。在 AutoCAD 中，光标在屏幕中的显示形状取决于光标的位置。

提示：要在任意位置查看可用的选项，请尝试单击鼠标右键以显示快捷菜单，滚轮鼠标是一种双键鼠标，两个键之间有一个小滚轮。旋转或按下这个滚轮可以快速缩放和平移图形。强烈建议使用滚轮鼠标。

3.4 系统变量

系统变量用于控制某些命令的工作方式。使用系统变量，可以打开或关闭如“捕捉”“栅格”和“正交”模式，可以设置填充图案的默认比例、默认图案，可以存储关于当前图形和程序配置的信息等。

提示：不同的系统变量取值范围不同，可参阅 AutoCAD 帮助文档。

例如系统变量 DYNMODE，用于打开或关闭动态输入功能。其值为 0 时，关闭所有动态输入功能（包括动态提示）；其值为 1 时，打开指针输入；其值为 2 时，打开标注输入；其值为 3 时，同时打开指针和标注输入。

4. 控制图形显示方式

在绘制较为复杂的图形时，为了使用户同时看到整幅的图形及其他细节部分，AutoCAD2017 提供了缩放、平移视图、全屏显示、重画与重生成图形等一系列显示控制命令。这些命令可以任意放大、缩小或移动屏幕上的图形显示，或同时从不同的角度、不同的部位显示图形。

4.1 缩放视图

在 AutoCAD 绘图过程中，为了准确地观看和绘制图形，常常要将当前视图放大或缩小。但是这里所说的放大或缩小操作，仅仅是对图形在屏幕上的显示进行控制，图形本身的实际尺寸并没有任何改变。

在 AutoCAD2017 中提供了多种实现“缩放”命令的方法。

执行“视图”>“缩放”菜单，在其子菜单下可以选择相应的缩放方式，“缩放”命令的用法非常灵活，由多个选项来提供不同的功能，即实时、上一个、窗口、动态、比例、圆心、对象、放大、缩小、全部和范围，如图 2-24 所示。

图 2-24 缩放命令子菜单

单击“标准”工具栏中相应的缩放按钮，如图 2–25 所示。

在命令行输入 ZOOM（或别名 Z）并按 Enter 键，在绘图区单击鼠标右键，在弹出的快捷菜单中选择相应的选项，如图 2–26 所示。

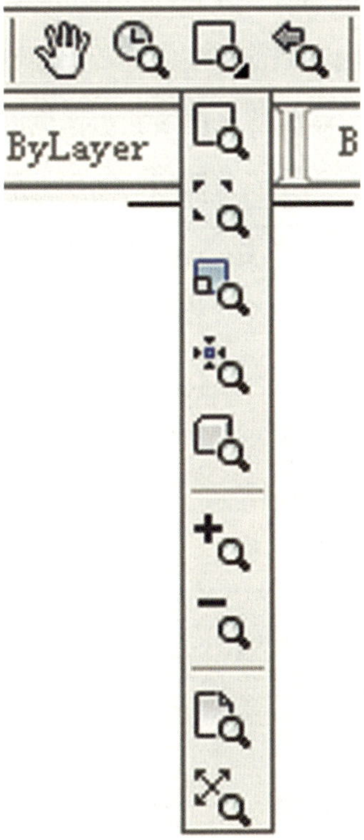

图 2–25 工具栏中的缩放按钮

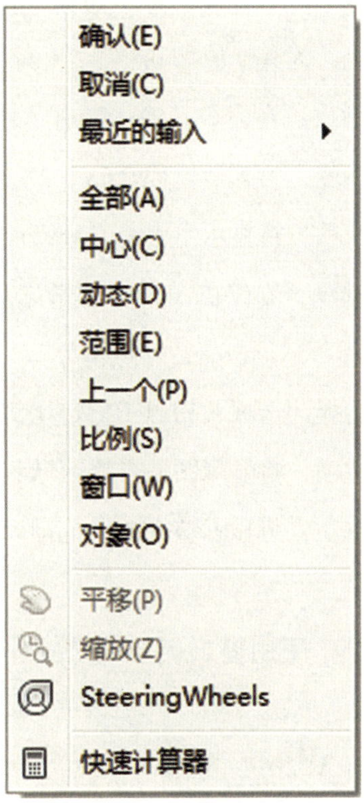

图 2–26 右键快捷菜单

在命令行输入ZOOM(或别名Z)并按Enter键，命令行会出现相应的提示信息，如图2–27所示。

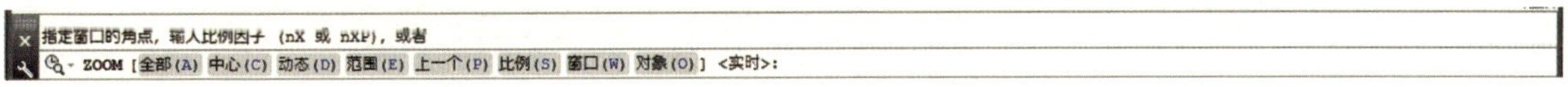

图 2–27 命令行缩放提示

实时：选择此选项，图形将根据鼠标移动的方向和距离显示比例。

上一个：选择此选项，将显示上一次缩放的视图，最多可恢复此前的 10 个视图。

窗口：选择此选项，绘图窗口将只显示由两个角点定义的矩形范围部分。

动态：选择此选项，在屏幕上将动态地显示一个视图框，以确定显示范围。

比例：选择此选项，将以指定的比例因子显示图形范围。执行“视图 > 缩放 > 比例”命令后，命令行将显示提示信息，如图 2–28 所示。

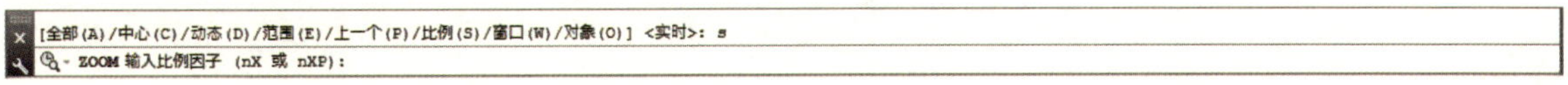

图 2–28 命令行提示信息

在比例缩放模式下，图形可以执行三种缩放方式：

相对图纸界线缩放：直接在命令行输入不带任何后缀的比例因子，该比例因子适用于整个图纸空间。

相对当前视图缩放：在命令行输入带有“X”后缀的比例值。当比例因子为 1X 时，表示保持当前显示范围不变，为其他值如 0.5X、2X 时，则在当前范围的基础上缩放视图。

相对图形界线缩放：在命令行输入带有“XP”后缀的比例值。当比例因子为 1XP 时，表示保持当前显示大小不变，为其他值如 0.5X、2X 时，则在当前范围的基础上缩放视图。

圆心：选择此选项，将显示由中心点和高度（或缩放比例）所定义的范围。

对象：选择此选项，在绘图窗口中单击选择需要放大的对象，按回车键，对象将放大至整个绘图窗口。

放大、缩小：选择此选项，相当于指定比例因子 2X、0.5X。

全部：选择此选项，将显示图形界线区域和整个图形范围。

范围：选择此选项，将显示整个图形范围。

课堂练习 2-2：使用窗口方式缩放视图

源文件：无

（1）打开 AutoCAD2017，执行“工具”>“选项板”>“工具选项板”菜单，打开“工具选项板”，单击“建筑”选项卡，单击“铝窗（立面图）- 英制”选项，如图 2-29 所示。

（2）将鼠标移至绘图区任意位置单击并关闭“工具选项板”，如图 2-30 所示。

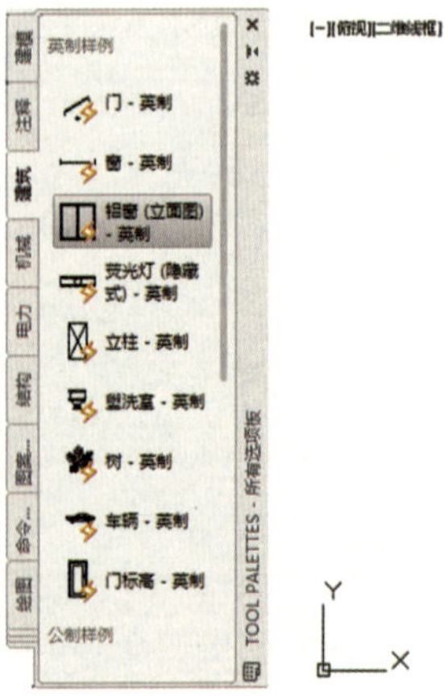

图 2-29 工具选项板

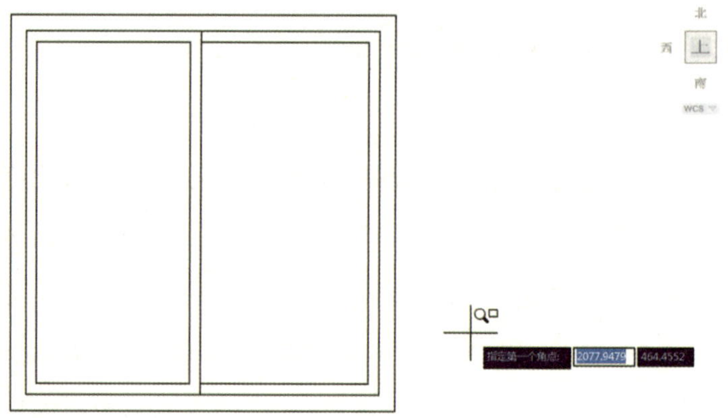

图 2-30 插入图形

（3）执行“视图”>“缩放”>“窗口”菜单，命令行会出现相应的提示信息，如图 2-31 所示。在图形的左上方单击指定第一个角点并移动鼠标，会出现一个范围框，命令行将提示指定对角点，如图 2-32 所示。

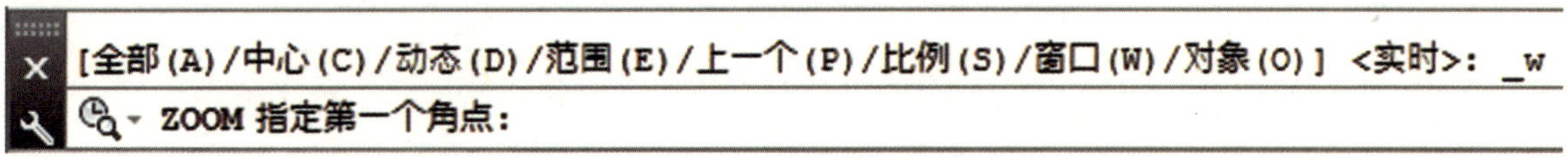

图 2-31 指定第一个角点

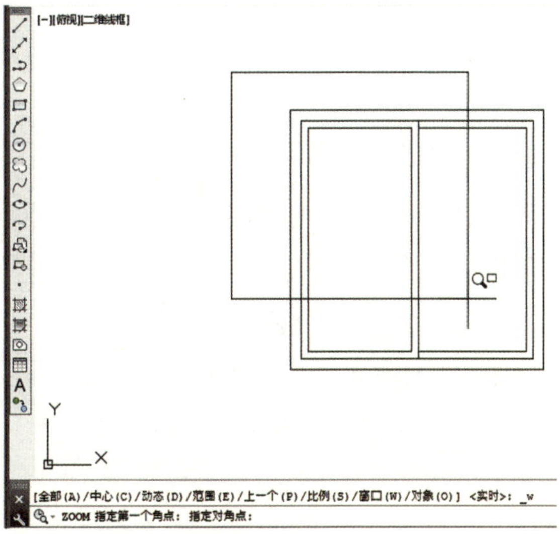

图 2-32 指定对角点

（4）将鼠标移至合适的位置，单击指定对角点，范围框中的图形将最大限度地显示在整个绘图区。

4.2 平移视图

在使用 AutoCAD 绘图过程中，为了方便观看图形的每一个部分还可以平移视图。使用不同的平移命令，可以查看图形的不同部分，在平移的过程中图形的位置不会改变，改变的只是视图。AutoCAD2017 提供了多种使用“平移”命令的方法。

执行“视图”>“平移”菜单，在其子菜单下可以选择相应的平移方式：实时、点、左、右、上和下，如图 2-33 所示。

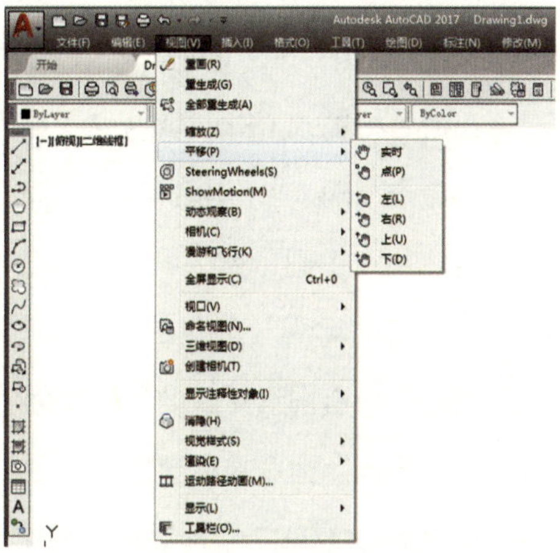

图 2-33 平移子菜单

实时：选择此选项，鼠标将变成“手”形，单击鼠标在绘图窗口中拖动，图形将随鼠标的拖动方向移动。

点：选择此选项，将通过定点或位置值来平移视图。

左、右、上、下：选择此选项，视图将自动向不同的方向移动一定的距离。

单击“标准”工具栏中的“实时平移”按钮。

在命令行输入 PAN（或别名 P）并按 Enter 键，光标将变为“手”形，相当于实时平移工具，可以随意拖动图形。

4.3 全屏视图

全屏显示视图可以最大化显示绘图区中的图形，窗口中将只显示菜单栏、“模型”选项卡、“布局”选项卡、状态栏和命令提示行。将图形输出为 BMP 位图，全屏显示视图可以提高位图中图形的清晰度。执行全屏视图的命令有以下几种常用方法：执行“视图”>“全屏显示”菜单；单击状态栏中的“全屏显示”按钮；按 Ctrl+0 组合键。

提示：在全屏显示视图后，可以使用 CLEANESCREENOFF 命令恢复窗口界面的显示。另外，可以按 Ctrl+0 组合键在全屏显示和非全屏显示之间进行切换。

4.4 重画与重生成图形

在 AutoCAD2017 中重画命令用于刷新屏幕显示。在绘图和编辑过程中，有时屏幕上会显示一些临时标记，这些临时标记并不是图形中的对象。此种情况下，可使用重画命令来刷新屏幕显示，以显示正确的图形。

在 AutoCAD2017 中提供了多种使用“重画”命令的方法。

执行“视图”>“重画”菜单，此方法针对所有视口的显示。

在命令行输入 REDRAWALL（或别名 RA），此方法针对所有视口的显示。

在命令行输入 REDRAW（或别名 R），此方法仅针对当前视口的显示。

当使用“重画”命令刷新屏幕仍不能正确显示图形时，可以使用“重生成”命令。“重生成”命令与“重画”命令在本质上有所不同，“重生成”命令不仅刷新显示屏幕，而且更新图形数据库中所有图形对象的屏幕坐标，使用该命令可以准确地显示图形数据。但是，“重生成”命令比“重画”命令执行速度慢，更新屏幕花费的时间也较长。

在 AutoCAD2017 中提供了多种使用“重生成”命令的方法。

执行“视图”>“重生成”菜单，或在命令行输入 REGEN（或别名 RE），此方法仅针对当前视口的显示。

执行“视图”>“全部重生成”命令，或在命令行输入 REGENALL（或别名 REA），此方法针对所有视口的显示。

5. 坐标系和坐标

AutoCAD 的对象定位，主要由坐标系进行确定。使用 AutoCAD 的坐标系，首先要了解 AutoCAD 坐标系的概念和坐标的输入方法。

5.1 认识 AutoCAD 的坐标系

坐标系由 X、Y、Z 轴和原点构成。AutoCAD 中包括笛卡尔坐标系统、世界坐标系统和用户坐标系统这 3 种坐标系。

1. 笛卡尔坐标系统

AutoCAD 默认采用笛卡尔坐标系来确定位置，该坐标系也被称为绝对坐标系。在进入 AutoCAD 绘图区时，系统将自动进入笛卡尔坐标系第一象限，其坐标原点在绘图区内的左下角。

2. 世界坐标系统

世界坐标系统（World Coordinate System，WCS）是 AutoCAD 的基础坐标系统，它由 3 个相互垂直相交的坐标轴 X、Y 和 Z 组成。在绘制和编辑图形的过程中，WCS 是预设的坐标系统，其坐标原点和坐标轴都不会改变。默认情况下，X 轴以水平向右为正方向，Y 轴以垂直向上为正方向，Z 轴以垂直屏幕向外为正方向，坐标原点位于绘图区内的左下角。

3. 用户坐标系统

为方便用户绘制图形，AutoCAD 提供了可变的用户坐标系统（User Coordinate System，UCS）。通常情况下，用户坐标系统与世界坐标系统相重合，而在进行一些复杂的实体造型时，用户可以根据具体需要，通过 UCS 命令设置适合当前图形应用的坐标系统。

提示：在二维平面绘图中绘制和编辑工程图形时，只需输入 X 轴和 Y 轴的坐标数值，而 Z 轴的坐标数值可以不输入，由 AutoCAD 自动赋值为 0。

5.2 AutoCAD 的坐标输入法

在 AutoCAD 中使用各种命令时，通常需要提供与该命令相应的指示与参数，以便指引该命令所要完成的工作或动作执行的方式和位置等。直接使用鼠标虽然便于制图，但不能进行精确的定位，进行精确的定位则需要通过采用键盘输入坐标值的方式来实现。常用的坐标方式包括：绝对直角坐标、相对直角坐标、绝对极坐标和相对极坐标。其中相对坐标与相对极轴坐标的原理相同，只是格式不同。

1. 输入绝对直角坐标

绝对直角坐标以笛卡尔坐标系的原点（0，0，0）为基点定位，用户可以通过输入（X，Y，Z）坐标的方式来定义一个点的位置。例如，在图 1–31 所示的图形中，O 点绝对坐标为（0，0，0），A 点绝对坐标为（10，10，0），B 点绝对坐标为（30，10，0），C 点绝对坐标为（30，30，0），D 点绝对坐标为（10，30，0）。

2. 输入相对直角坐标

相对直角坐标是以上一点为坐标原点确定下一点的位置。输入相对于上一点坐标（X，Y，Z）增量为（ΔX，ΔY，ΔZ）的坐标时，格式为（@ΔX，ΔY，ΔZ）。其中 @ 字符是指定与上一个点的偏移量（相对偏移量）。例如，在图 1–31 所示的图形中，对于 O 点而言，A 点的相对坐标为（@10，10），如果以 A 点为基点，那么 B 点的相对坐标为（@20，0），C 点的相对坐标为（@20，@20），D 点的相对坐标为（@0，20）。

提示：在 AutoCAD2017 中，如果指定了图形的第一个点，在直接输入下一个点的坐标值时，系统将自动将其转换成相对坐标。因此，用户在绘图过程中输入相对坐标时，可以省略 @ 符号的输入。如果此时要使用绝对坐标，则需要在坐标前添加 #。

3. 输入绝对极坐标

绝对极坐标是以坐标原点（0，0，0）为基点定位所有的点，通过输入距离和角度的方式来定义一个点的位置，其绝对极坐标的输入格式为“距离 < 角度”。如图 1–32 所示，C 点距离 O 点的长度为 25mm，角度为 30°，则输入 C 点的绝对极坐标为（25<30）。

4. 输入相对极坐标

相对极坐标是以上一点为参考基点，通过输入极距增量和角度值，来定义下一个点的位置。其输入格式为“@ 距离 < 角度”。

第三章 AutoCAD 辅助绘图功能

学习要点
1. 使用正交模式
2. 使用栅格和捕捉
3. 使用对象捕捉
4. 使用捕捉追踪
5. 使用动态输入

AutoCAD 辅助绘图功能，可以加快图形绘制和编辑的速度，以及提高图形精确度。通过学习 AutoCAD 辅助绘图的相关功能，包括使用正交模式、栅格和捕捉、对象捕捉、捕捉追踪、动态输入等。

1. 使用正交模式

正交模式可以将光标限制在水平或垂直方向上移动，以便精确地创建和修改对象。创建或移动对象时，使用正交模式光标将限制在水平或垂直方向上。移动光标时，在水平轴和垂直轴中，哪个轴距离光标最近，拖引线将沿着哪个轴移动，如图 3–1 所示。

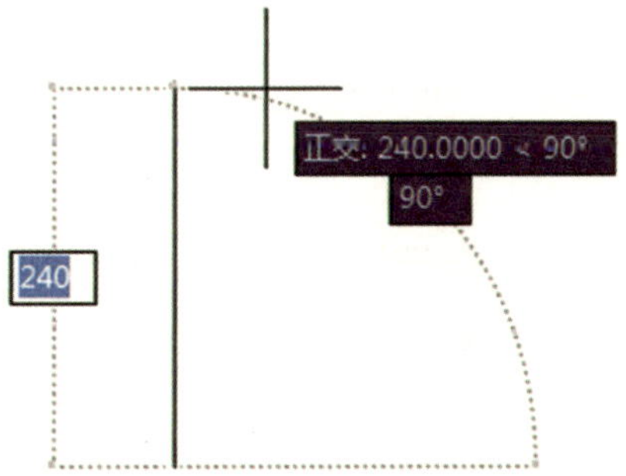

图 3–1 开启正交功能

提示打开正交模式时，使用直接距离输入方法以创建指定长度的正交线或将对象移动指定的距离。在绘图和编辑过程中，可以随时打开或关闭正交模式，输入坐标或指定对象捕捉时将忽略“正交”。

在 AutoCAD2017 中，用户可以通过单击状态栏中的“正交模式”按钮、按功能键 F8 或者在命令行输入 ORTHO 命令并按 Enter 键三种方式激活正交模式，如图 3–2 所示。

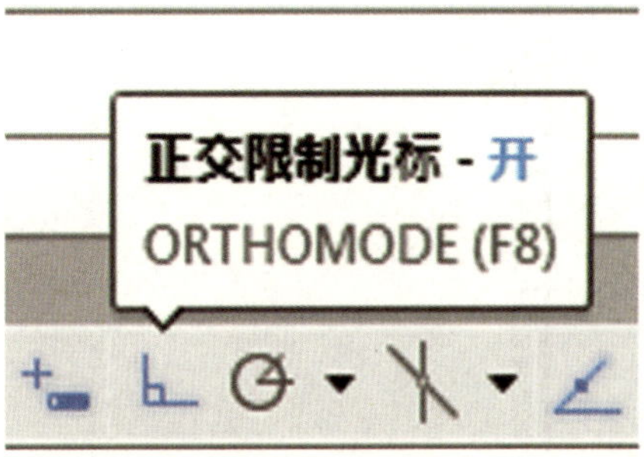

图 3–2 开启正交功能

提示：开启正交模式功能后，再次单击状态栏上的“正交限制光标”按钮，或按 F8 键即可将正交模式功能关闭。

2. 使用栅格和捕捉命令

在 AutoCAD 中，栅格是一些标定位置的小点，可以提供直观的位置和距离参照；捕捉用于设置光标移动的间距。选择“工具”>“绘图设置”菜单，或者使用右键单击状态栏中的“捕捉模式”按钮，在弹出的菜单中选择“捕捉设置”命令，如图 3-3 所示，即可在打开的“草图设置”对话框中进行捕捉和栅格设置，如图 3-4 所示。

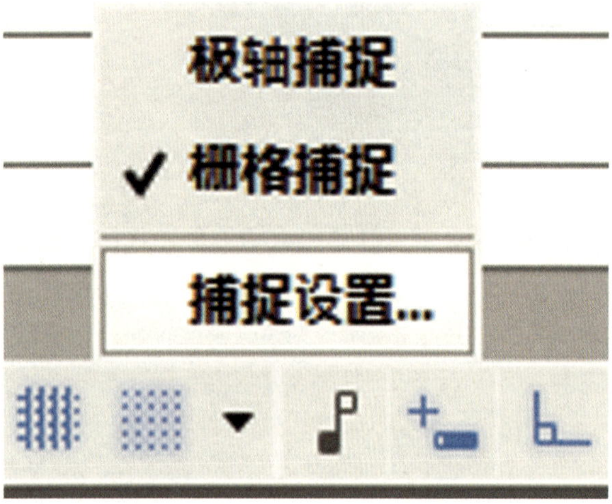

图 3-3 选择“捕捉设置”命令

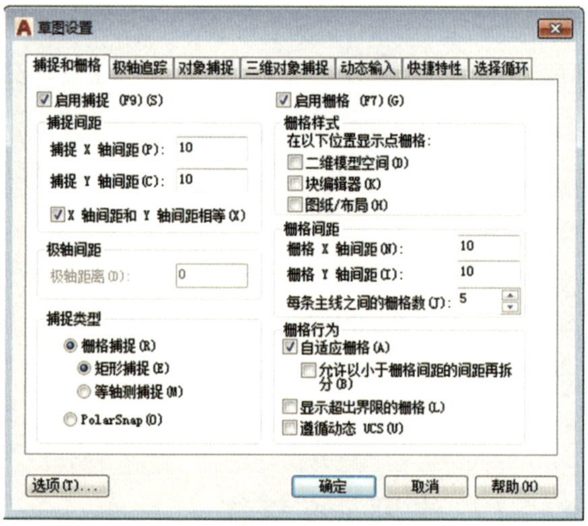

图 3-4 “草图设置”对话框

2.1 打开或关闭栅格和捕捉功能

在 Auto CAD 2017 中，用户可以通过单击状态栏上的“捕捉模式”按钮，按 F9 功能键或者执行“工具”>“绘图设置”菜单，在打开的“草图设置”对话框中选择“捕捉和栅格”选项卡，在该选项卡界面中勾选“启用捕捉”复选框三种方式激活捕捉功能。

“栅格”是点或线的矩阵，遍布指定为栅格界线的整个区域，如图 3-5 所示。在

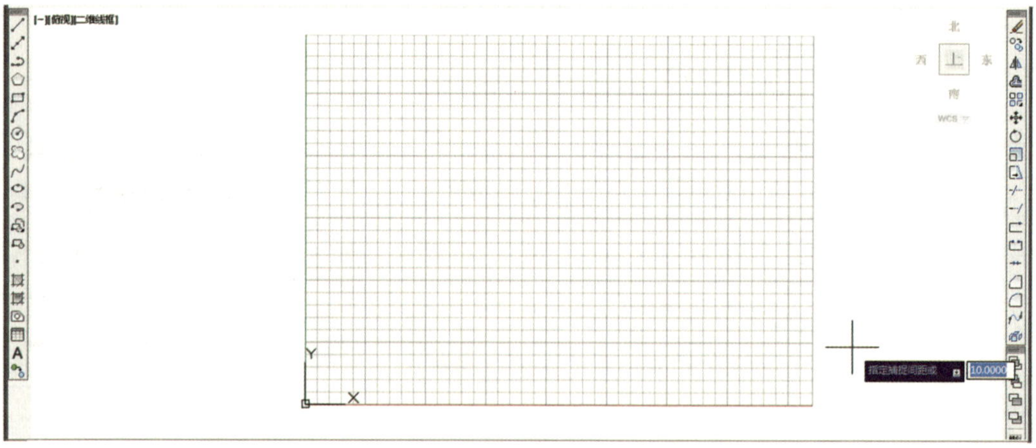

图 3-5 栅格显示效果

AutoCAD2017 中，用户可以通过单击状态栏上的“栅格显示”按钮▦，按功能键 F7，按快捷键 Ctrl+G 键或者执行“工具”>“绘图设置”菜单，在打开的“草图设置”对话框中选择“捕捉和栅格”选项卡，在该选项卡界面中勾选“启用栅格”复选框四种方式执行栅格功能。

2.2 设置捕捉参数

在“草图设置”对话框左方区域中可以设置捕捉的相关参数。“捕捉间距”选项栏用于控制捕捉位置不可见的矩形栅格，以限制光标仅在指定的 X 和 Y 间隔内移动，其中各选项的功能如下。

捕捉 X 轴间距：指定 X 轴方向的捕捉间矩，间距值必须为正实数。

捕捉 Y 轴间距：指定 Y 轴方向的捕捉间距，间距值必须为正实数。

X 轴间距和 Y 轴间距相等：为捕捉间距和栅格间距强制使用同一 X 和 Y 轴向距值，捕捉间距可以与栅格间距不同。

“极轴间距”选项栏用于控制 PolarSnap（极轴捕捉）的增量距离。当选定“捕捉类型”选项栏中的 PolarSnap 选项时，可以进行捕捉增量距离的设置。如果该值为 0，则 PolarSnap 距离采用“捕捉 X 轴间距”的值。“极轴距离”设置与极坐标追踪和对象捕捉追踪结合使用。如果两个追踪功能都未启用，则“极轴距离”设置无效。

“捕捉类型”选项栏用于设置捕捉样式和捕捉类型，其中各选项的功能如下。

栅格捕捉：该选项用于设置栅格捕捉类型，如果指定点，光标将沿垂直或水平栅格点进行捕捉。

矩形捕捉：选择该选项，可以将捕捉样式设置为标准“矩形”捕捉模式。当捕捉类型设置为“栅格”并且打开“捕捉”模式时，鼠标指针将成为矩栅格捕捉。

等轴测捕捉：选择该选项，可以将捕捉样式设置为“等轴测”捕捉模式，光标将始终捕捉到一个等轴测栅格。

PolarSnap（极轴捕捉）：选择该选项，可以将捕捉类型设置为“极轴捕捉”。

2.3 设置栅格参数

“栅格”是一些标定位置的小点，点的密度、距离和样式都可以通过设置来变换，它的作用就像是一张坐标纸，使用它可以提供直观的距离和位置参照。栅格点仅仅显示在图形界线内，只作为绘图的辅助工具出现，不是图形的一部分，也不会被打印输出。

可以将栅格显示为点矩阵或线矩阵，对于所有视觉样式，栅格均显示为线。仅在“草图设置”对话框中选择“二维模型空间”选项卡时，栅格才显示为点，如图 3-6 所示。默认情况下，在

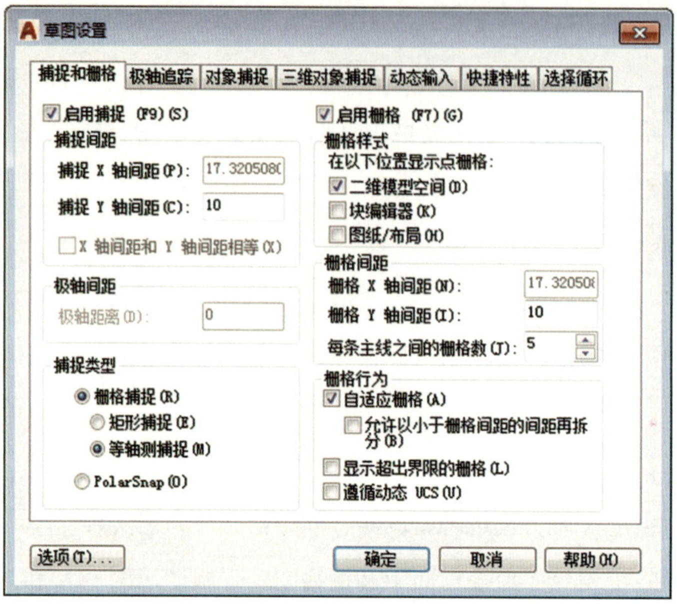

图 3-6“草图设置”对话框中选择“二维模型空间”选项卡

二维和三维环境中工作时都会显示线栅格。

栅格颜色较深的线（称为主栅格线）将间隔显示。在以小数单位或英尺、英寸绘图时，主栅格线对于快速测量距离尤其有用，可以在“草图设置”对话框中控制主栅格线的频率。

栅格点之间的距离可以随意调整，如果用户使用步长捕捉功能绘图时，最好是按照 X 轴、Y 轴方向的捕捉间距进行栅格点间距的设置。要关闭主栅格线的显示，请将主栅格线的频率设定为 1。在“草图设置”对话框中，各选项的作用如下：

栅格样式：该选项组用来控制不同空间显示的栅格样式。

二维模型空间：勾选该复选框，二维模型空间的栅格样式将设定为点栅格。

块编辑器：勾选该复选框，块编辑器的栅格样式将设定为点栅格。

图纸 / 布局：勾选该复选框，图纸和布局的栅格样式将设定为点栅格。

栅格间距：该选项组用来控制栅格之间的距离，有助于直观显示。

栅格 X 轴间距：该数值框用来控制 X 轴方向上的栅格间距。如果该值为 0，则栅格采用“捕捉 X 轴间距”的数值集。

栅格 Y 轴间距：该数值框用来控制 Y 轴方向上的栅格间距。如果该值为 0，则栅格采用“捕捉 Y 轴间距”的数值集。

每条主线的栅格数：该数值框用来控制主栅格线相对于次栅格线的频率。将 GRIDSTYLE 设定为 0 时，将显示栅格线而不显示栅格点。

栅格行为：该选项组用来控制将 GRIDSTYLE 设定为 0 时，所显示的栅格线的外观。

自适应栅格：勾选该复选框，缩小时，限制栅格密度。

允许以小于栅格间距的间距再拆分：勾选该复选框，放大时，生成更多间距更小的栅格线。主栅格线的频率决定这些栅格线的频率。

显示超出界线的栅格：勾选该复选框，显示超出 LIMITS 命令指定区域的栅格。

跟随动态 UCS：勾选该复选框，更改栅格平面以跟随动态 UCS 的 XY 平面。

提示：在 AutoCAD 中，不仅可以通过“草图设置”对话框设置捕捉和栅格参数，还可以使用 SNAP 命令设置捕捉开关和参数，使用 GRID 命令设置栅格开关和参数。

3. 使用对象捕捉

3.1 “对象捕捉”工具栏

“对象捕捉”包括一个视觉辅助工具，称为“自动捕捉”，它可以帮助用户更有效地查看和使用对象捕捉。当光标移到对象的捕捉位置时，系统将自动显示标记和工具提示。

AutoCAD2017 共为用户提供了 14 种对象捕捉功能，如图 3-7 所示。使用这些捕捉功能可以非常方便精准地将光标定位到图形的特征点上，如直线的端点、中点等。

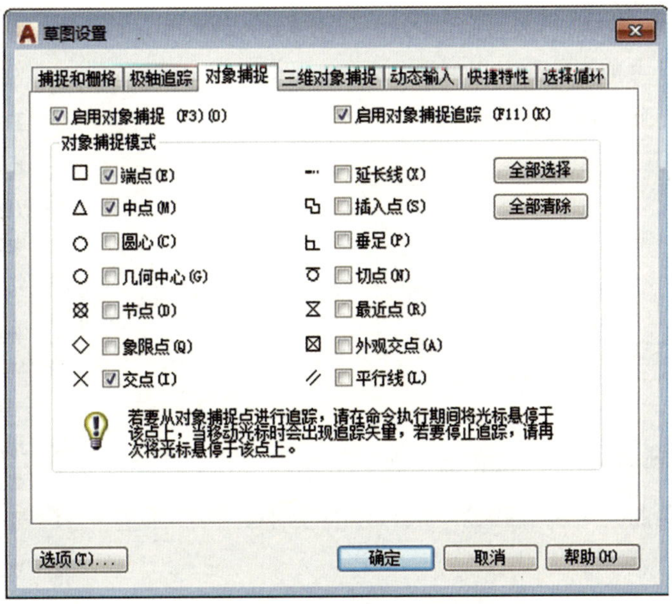

图 3-7“对象捕捉”选项卡

在该对话框内设置某种捕捉模式后，系统将一直保持这种捕捉模式，直到用户取消维持，所以该对话框中的捕捉被称为“自动捕捉”。用户还可以在“标准”工具栏中单击鼠标右键，在弹出的快捷菜单中选择“对象捕捉”选项，“对象捕捉”工具栏即可出现在绘图区的上方，如图 3-8 所示。

图 3-8“对象捕捉”工具栏

在绘图过程中，当系统要求用户指定一个点时（例如，选择直线命令后，系统要求指定一点作为直线的起点），可以单击该工具栏中相应的“特征点”按钮，再把光标移动到对象附近，系统即可捕捉到该点。

3.2 “对象捕捉”快捷菜单

为了方便用户，AutoCAD 提供了“对象捕捉快捷菜单”功能。该功能是指激活一次成功后，系统只能捕捉一次，如果需要反复捕捉点，则需要多次激活该功能。

这些临时捕捉功能位于“对象捕捉”快捷菜单栏上，按住 Shift 或 Ctrl 键，单击鼠标右键，即可打开“对象捕捉”快捷菜单，如图 3-9 所示。

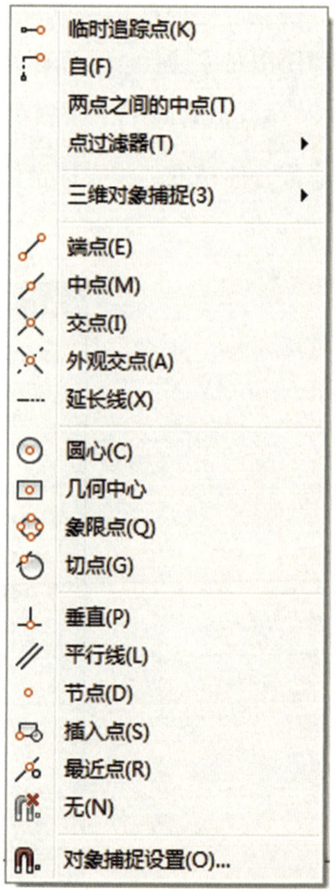

图 3-9“对象捕捉”快捷菜单

临时追踪点：可以在一次操作中创建多条追踪线，并根据这些追踪线确定所要定位的点的位置。

自：在使用相对坐标指定下一个应用点时，捕捉“自”工具可以提示输入基点，并将该点作为临时参照点，这与通过输入前缀 @ 使用最后一个点作为参照点类似，虽然不是对象捕捉模式，但经常与对象捕捉一起使用。

端点：捕捉到对象的最近端点。包括圆弧、椭圆弧、多段线段、直线线段、多段线的线段和射线的端点以及实体及三维面边线的端点。

中点：用来捕捉到对象的中点。包括圆弧、椭圆弧、多段、直线、多段线的线段、样条曲线和构造线的中点，以及实体及三维面边线的中点。

交点：捕捉到两个对象的交点。包括圆弧、圆、椭圆、椭圆弧、多线、直线、多线段、射线和样条曲线、参照线彼此间的交点。还能捕捉面域和曲线边的交点，但不能捕捉三维实体的边线交点。

另外还能捕捉两个对象延伸后的交点（通常称为“延伸交点”）。但必须保证这两个对象沿着其路径延伸肯定会相交。若要使用延伸交点模式，必须明确地选择一次交点对象捕捉方式，然后单击其中一个对象，之后系统会提示选择第二个对象，单击第二个对象后，系统将立即捕捉到这两个对象延伸所得到的虚构交点。

外观交点：捕捉到两个对象的外观交点。捕捉到外观交点是捕捉三维空间内对象在当前坐标系平面内投影的交点。这两个对象实际上在三维空间中并未相交，但在屏幕上显得相交。

可以捕捉到由圆弧、圆、椭圆、椭圆弧、多线、直线、多段线、射线、样条曲线或参照线构成的两个对象的外观交点。延伸的外观交点的意义和操作方法与上面介绍的“延伸交点”基本相同。

延长线（也叫“延伸对象捕捉”）：可捕捉到沿着直线或圆弧的自然延伸线上的点。若要使用这种捕捉，需将光标暂停在某条直线或圆弧的端点片刻，系统将在光标位置处显示出一个“+”符号。

当该直线或圆弧被选为延伸线后，沿着延长线方向移动光标，系统会在延长线处引出一条追踪虚线，此时单击鼠标左键，或输入一个距离值，即可在对象延长线上精准定位点。

圆心：捕捉对象的圆心。其中包括圆弧、圆、椭圆、椭圆弧，或多线段的圆心。激活该功能后，将光标停在圆或弧等的边缘或圆心附近，系统将在圆心处显示出圆心标记符号，此时单击即可捕捉到圆心。

象限点：可捕捉圆弧、圆、椭圆、椭圆弧或多段线段的象限点。象限点可以想象为将当前坐标平移至对象圆心处时，对象与坐标系正 X 轴、负 X 轴、正 Y 轴、负 Y 轴等四个轴的交点。

切点：捕捉对象上的切点。利用该功能可以绘制两圆相切，制作切线。当选择圆弧、圆或多段线段作为相切直线的起点时，系统将自动启用延伸相切捕捉模式。延伸相切捕捉模式不可用于椭圆或样条曲线。

垂直：捕捉两个相垂直对象的交点。当圆弧、圆、多线、直线、多线段、参照线或三维实体边线作为绘制垂线的第一捕捉点的参照时，系统将自动启用延伸垂足捕捉模式。

平行线：用于创建与现有直线段平行的直线段（包括直线或多段线线段）。

使用该功能时，可先绘制一条直线 A，在绘制要与该线平行的另一直线 B 时，先指定直线 B 的第一个点，然后单击该捕捉按钮，将鼠标光标暂停在现有的直线 A 上片刻，系统会在直线 A 上显示平行线符号，在光标处显示“平行”提示。

绕着直线 B 的第一点转动皮筋线，当转动到与直线 A 平行方向时，系统显示临时的平行线路径，在平行线路径上某点处单击指定直线 B 的第二点。

节点：捕捉到点对象。使用时需要将拾取框放在节点上，系统会显示出节点的标记符号，单击即可拾取该点。

插入点：捕捉到文字、块、属性等对象的插入点。比如画一条直线，然后选择对象捕捉，一般的捕捉选项不是在端点就是在中点之类的，选择插入点以后，就可以在这条直线上的任意点取点，进行下一步操作（选择插入点之后，会发现靠近直线后，直线上会出现一个叉形标记）。

最近点：捕捉到对象上距离光标最近的点。

无：不适用任何对象的捕捉模式，暂时关闭对象捕捉模式。

对象捕捉设置：单击该按钮将打开“草图设置”对话框。

课堂练习 3-1：绘制平面图洗脸盆。

源文件：3-1 洗脸盆 .dwg

分析：本例将在“洗脸盆”素材图形上通过“端点”和“垂足”对象捕捉功能进行准确绘图完成洗脸盆绘制。

（1）打开本例将要使用的“3-1 洗脸盆”素材图形，如图 3-10 所示。

（2）执行“工具” > “绘图设置”菜单，在打开的“草图设置”对话框中选择“对象捕捉”选项卡。然后选中“启动对象捕捉”复选框，并在“对象捕捉模式”选项栏中分别选中“端点”和“中点”复选框，如图 3-11 所示。

图 3-10 “洗脸盆”素材

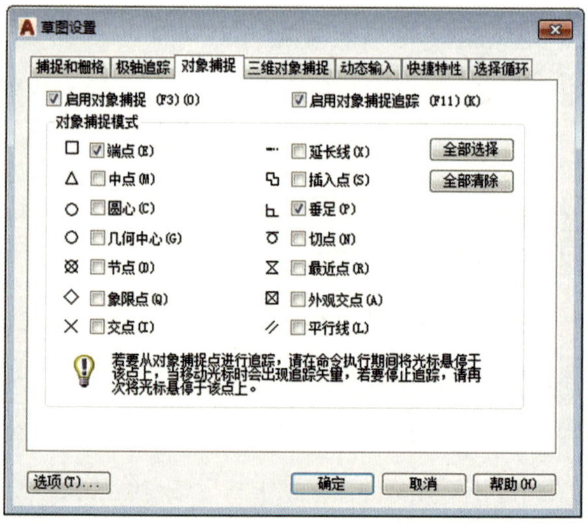

图 3-11 进行对象捕捉设置

（3）执行“绘图”>“直线”菜单，在如图 3-12 所示的端点处指定直线的第一个点。然后向下捕捉直线的端点，指定直线的下一个点并按空格键确定，效果如图 3-13 所示。

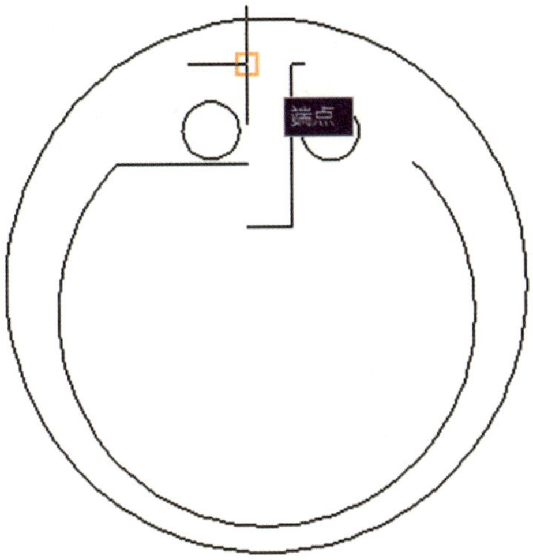

图 3-12 指定直线第一个点

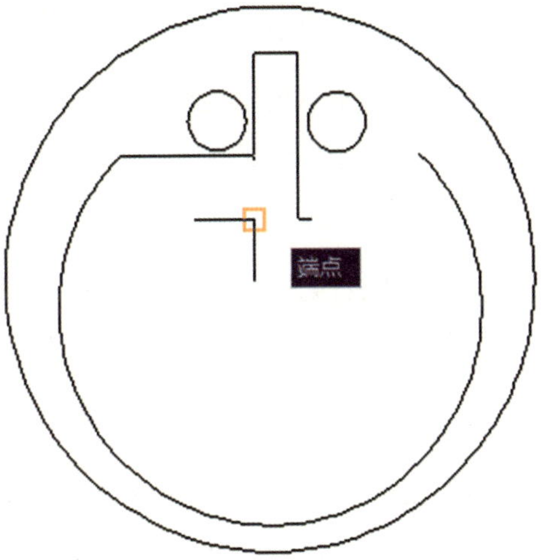

图 3-13 指定直线下一个点端点

（4）按空格键重复执行“直线”命令，在如图 3-14 所示的端点处指定直线的第一个点，向左边直线捕捉垂足，指定直线的下一点并按空格键确定，完成整个实例的绘制，如图 3-15 所示。

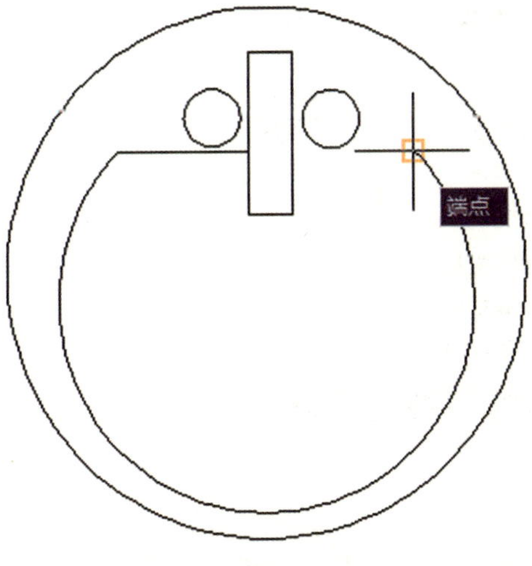

图 3-14 指定直线第一个点

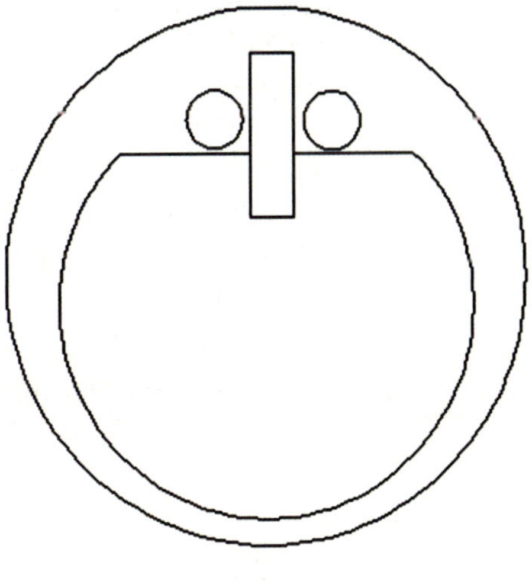

图 3-15 绘制垂足

4. 使用捕捉追踪

4.1 使用极轴追踪

“极轴追踪”功能可以根据当前设置的追踪角度，控制光标的移动角度。创建或修改对象时，使用“极轴追踪”以显示由指定的极轴角度所定义的临时对齐路径。在三维视图中，极轴追踪额外提供上下方向的对齐路径，工具提示会为该角度显示 +Z 或 -Z。

极轴角与当前用户坐标系（UCS）的方向和图形中基准角度约定的设置相关，用户可以在“图形单位”对话框（UNITS）中设定角度基准方向。

在 AutoCAD2017 中，用户可以通过单击状态栏上的“极轴追踪”按钮，按功能键 F10 或者执行“工具”>“绘图设置”菜单，在打开的“草图设置”对话框中单击“极轴追踪”选项卡，勾选“启用极轴追踪”复选框三种方式激活“极轴追踪”功能。

鼠标右键单击状态栏中的“对象捕捉”按钮，在弹出的快捷菜单中选择“设置”选项，在弹出的“草图设置”对话框中勾选“启用对象捕捉追踪”复选框，可激活对象捕捉追踪功能，如图 3-16 所示。

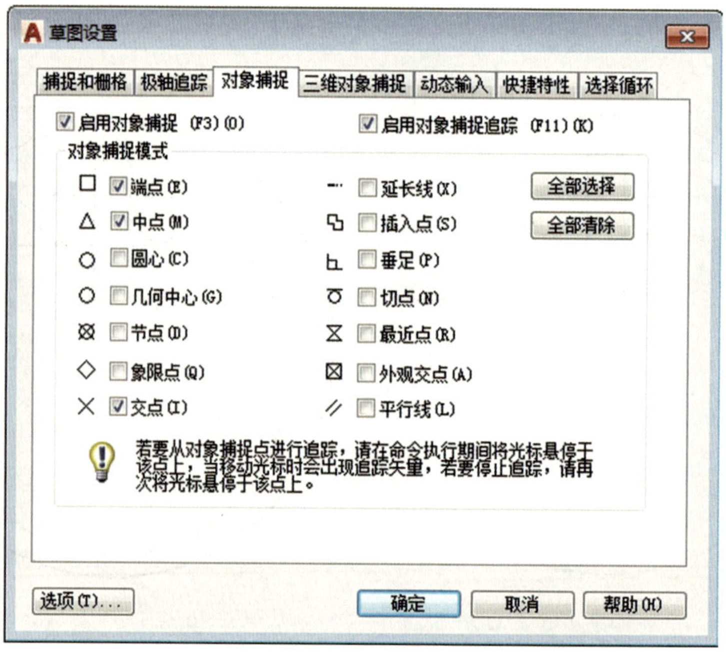

图 3-16 勾选“启用对象捕捉追踪”复选框

使用对象捕捉追踪，在命令中指定点时，光标可以沿基于其他对象捕捉点的对齐路径进行追踪。要使用对象捕捉追踪，必须打开一个或多个对象进行捕捉。

课堂练习 3-2：设置极轴追踪角度。

源文件：

（1）执行“工具”>“绘图设置”菜单，在打开的“草图设置”对话框中选择“极轴追踪”选项卡。

（2）勾选选项卡中的“启用极轴追踪”复选框，如图 3-17 所示。

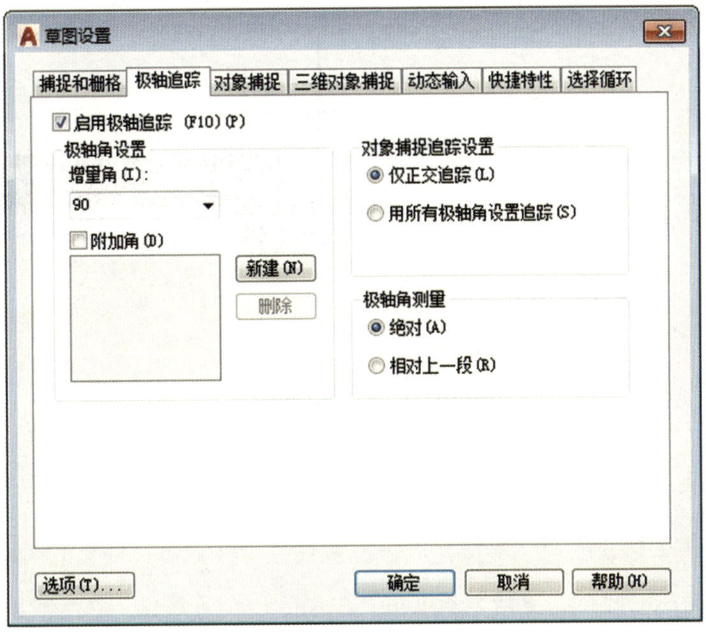

图 3-17 勾选“启用极轴追踪”复选框

（3）单击“增角量”文本框右侧的倒三角按钮，在展开的下拉列表中选择 30，如图 3-18 所示。

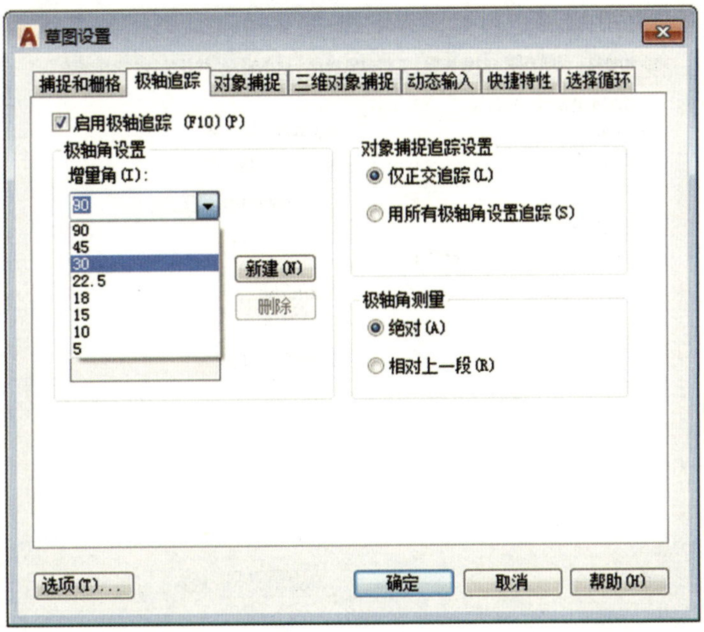

图 3-18 选择角度

（4）单击“确定”按钮关闭该对话框。

（5）执行“绘图”>“直线”菜单，配合“极轴追踪”功能绘制水平夹角为30° 的线段，如图3-19所示。

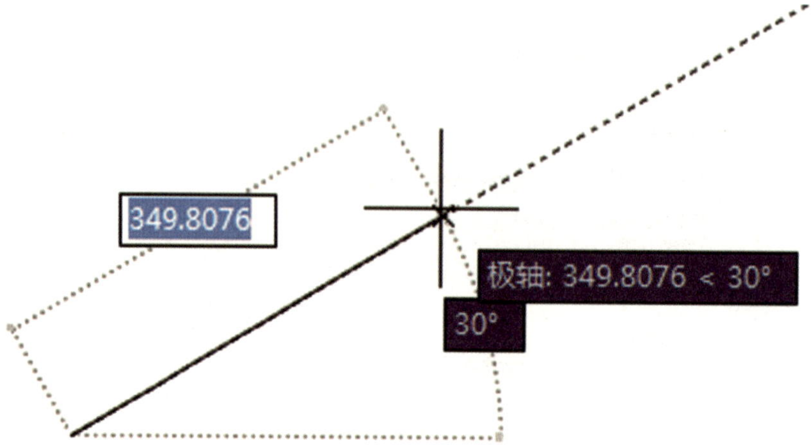

图 3-19 极轴追踪

提示：在实际操作中，往往要选择预设值以外的其他角度增量值，这时用户就需要勾选“附加角”复选框，单击“新建”按钮，创建一个附加角，如图 3-20 所示。系统就会以所设置的附加角进行追踪，另外，如果用户要删除一个角度值，在选取该角度值后单击“删除”按钮即可。

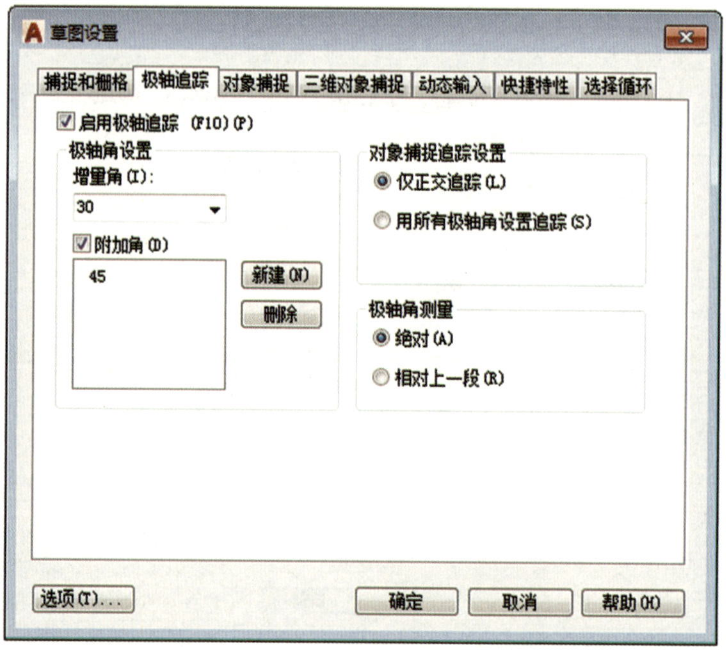

图 3-20 输入值

4.2 使用自动追踪

使用自动追踪功能可以快速而精确地定位点，这在很大程度上提高了绘图效率。执行“工具”>“选项”菜单，打开“选项”对话框，单击“绘图”选项卡，在该选项卡下勾选相应的复选框，如图 3-21 所示。

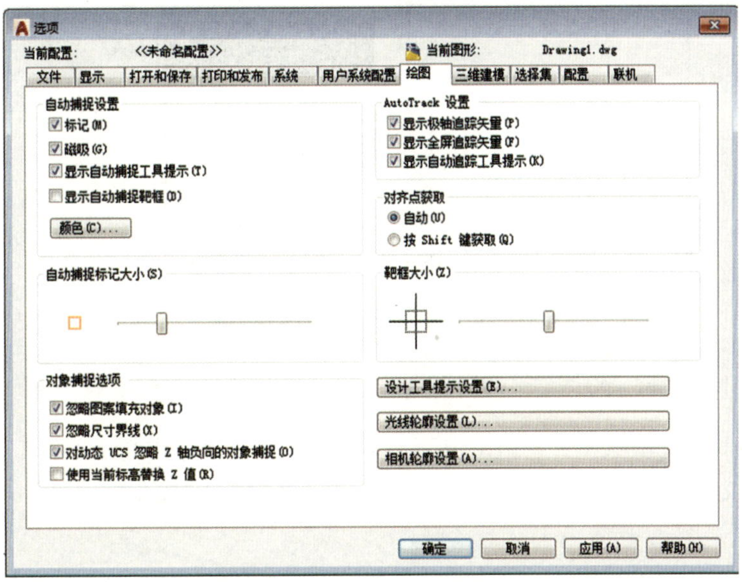

图 3-21 选择绘图选项卡

显示极轴追踪矢量：设置是否显示极轴追踪的矢量数据。

显示全屏追踪矢量：设置是否显示全屏追踪的矢量数据。

显示自动追踪工具提示：设置在追踪特征点时是否显示工具栏上的相应按钮提示文字。

4.3 使用临时捕捉追踪

在绘图过程中，可以与临时追踪点一起使用对象捕捉追踪。在提示指定点时，输入 TT，如图 3-22 所示，然后指定一个临时追踪点。该点上将出现一个小的加号 +，如图 3-22 所示。移动光标时，将相对于该临时点显示自动追踪对齐路径。

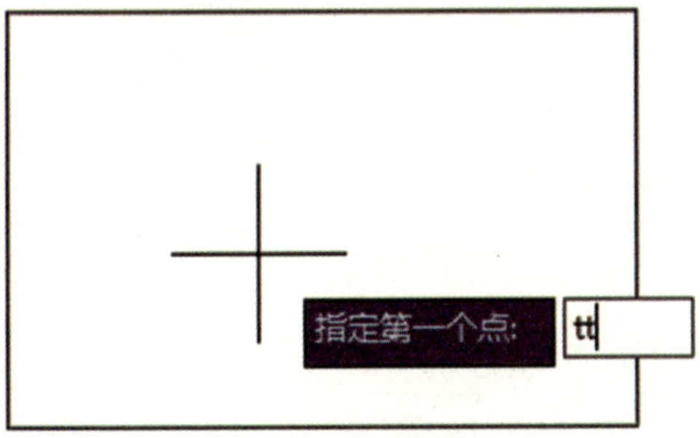

图 3-22 输入 TT

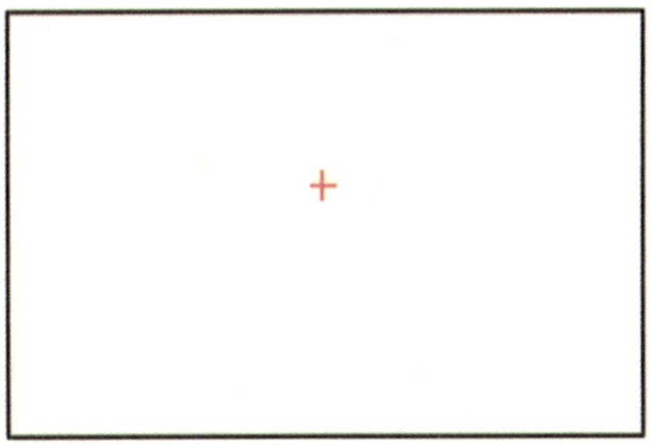

图 3-23+ 为临时追踪点

获取临时对象捕捉点之后，可以直接输入距离值沿对齐路径（始于已获取的对象捕捉点）在精确距离处指定点。移动光标以显示对齐路径，然后在命令提示下输入距离值，如图 3-24 所示。

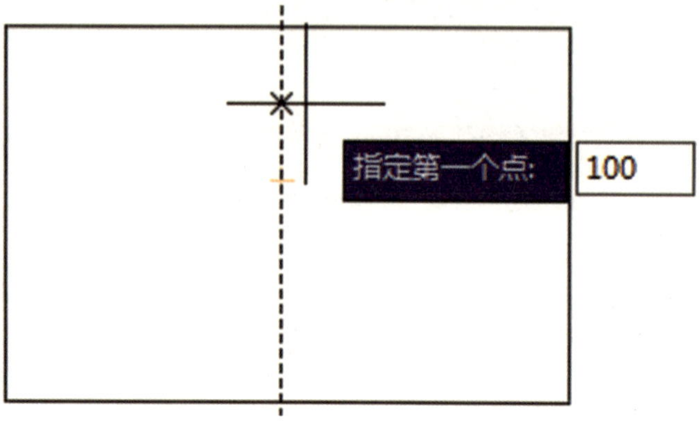

图 3-24 输入距离值

在“选项”对话框的“绘图”选项卡中选择“自动”或“按 Shift 键获取”选项，可以控制点的获取方式，如图 3-25 所示。对齐点获取方式设置为“按 Shift 键获取”时，当光标距离要获取的点非常近时，按 Shift 键将临时获取点。

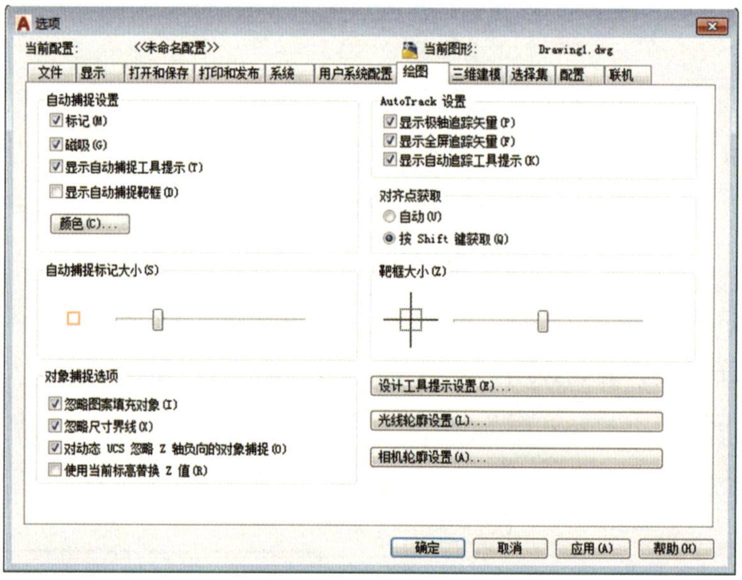

图 3-25 对齐点获取方式

5. 使用动态输入

在 AutoCAD2017 中，可以使用动态输入功能在指针位置处显示标注输入和命令提示等信息，从而方便绘图操作。

5.1 启用指针输入

在“草图设置”对话框中选择“动态输入”选项卡，然后选中“启用指针输入”复选框，可以启用指针输入功能，如图 3–26 所示。单击“指针输入”选项栏中的“设置”按钮，可以在打开的“指针输入设置”对话框中设置指针的格式和可见性，如图 3–27 所示。

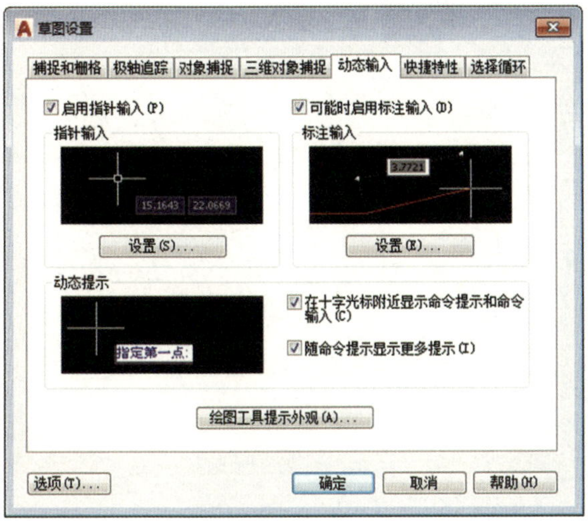

图 3–26 选中“启用指针输入”复选框

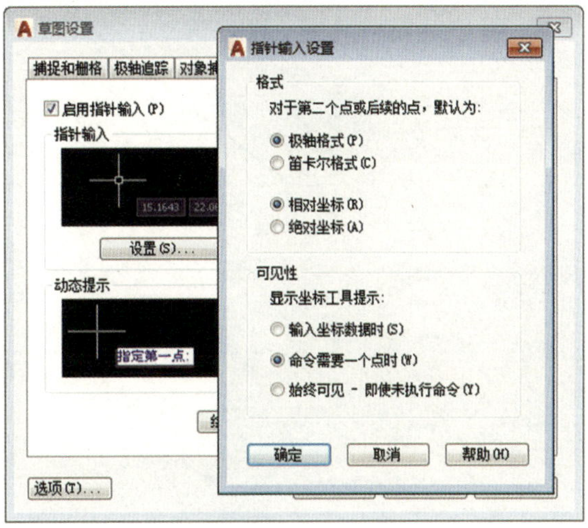

图 3–27 设置指针的格式和可见性

5.2 启用标注输入

打开“草图设置”对话框。在“动态输入”选项卡中选中“可能时启用标注输入”复选框，可以启用标注输入功能。单击“标注输入”选项栏中的“设置”按钮，可以在打开的“标注输入的设置”对话框中设置标注的可见性，如图 3–28 所示。

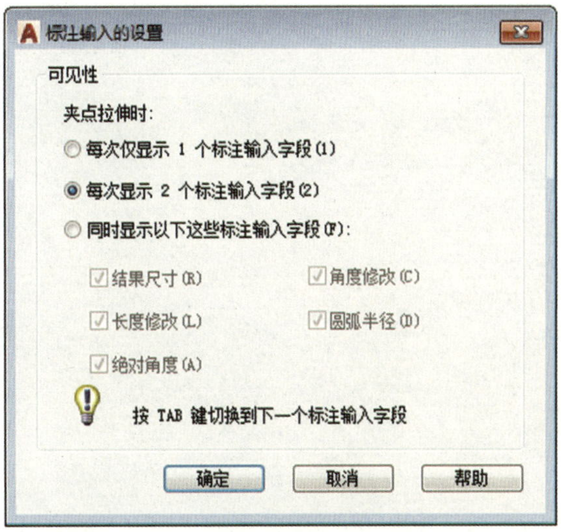

图 3–28 设置标注的可见性

5.3 使用动态提示

打开“草图设置”对话框。选择“动态输入”选项卡，然后选中“动态提示”选项栏中的“在十字光标附近显示命令提示和命令输入”复选框，可以在光标附近显示命令提示，效果如图 3-29 所示。

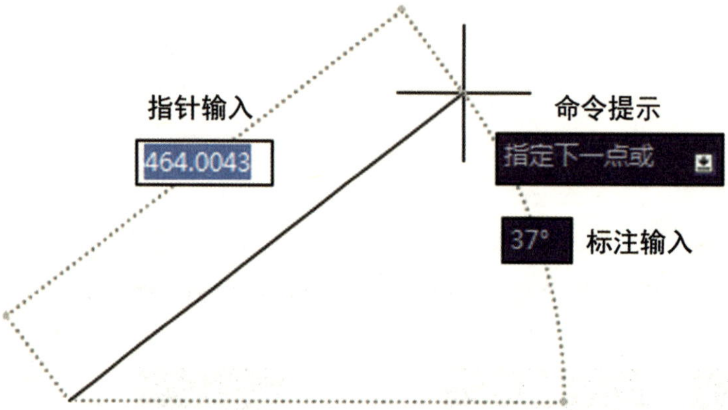

图 3-29 动态输入示意图

第四章 室内设计常用绘图命令

学习要点

1. 绘制点、线、射线和多段线
2. 绘制矩形和正多边形
3. 绘制圆、圆弧、椭圆、椭圆弧和样条曲线

绘图是 AutoCAD 的基本功能，而二维平面图形的形状都很简单，创建起来也很容易，它们是整个 AutoCAD 的绘图基础。任何复杂的图形都是由简单的点、线、面等基本图形元素组成的。二维图形包括点、线段、曲线、多段线、正多边形和矩形等。本章主要介绍二维图形的绘制与编辑的方法及技巧，只要熟练掌握这些基本图形的绘制方法，就可以灵活、高效地绘制各种复杂的图形。

1. 绘制点

在 AutoCAD 中，点对象可用作捕捉和偏移对象的节点或参考点。可以通过“单点”“多点”“定数等分”和“定距等分”4 种方法创建点对象。

1.1 设置点样式

在 AutoCAD 中，默认情况下绘制出的点在绘图区显示为一个实心小圆点，在画面上难以分辨，因此需要先对点的样式进行设置。使用“点样式”命令，常用以下两种方法。

1. 从菜单栏中选择“格式”>“点样式”菜单。

2. 在命令行窗口中输入 DDPTYPE 并按 Enter 键确认。

使用“点样式”命令后，系统弹出“点样式”对话框，如图 4-1 所示。在对话框的上部为供选择的各种点的样式，可从中选择任意一个点的样式：在“点大小”文本框里可以输入具体值表示点的大小，系统默认的值为 5%；单击“相对于屏幕设置大小”或“按绝对单位设置大小”单选按钮，可以设置点的相对大小；最后单击“确定”按钮完成点样式的设置，更改效果如图 4-2 所示。

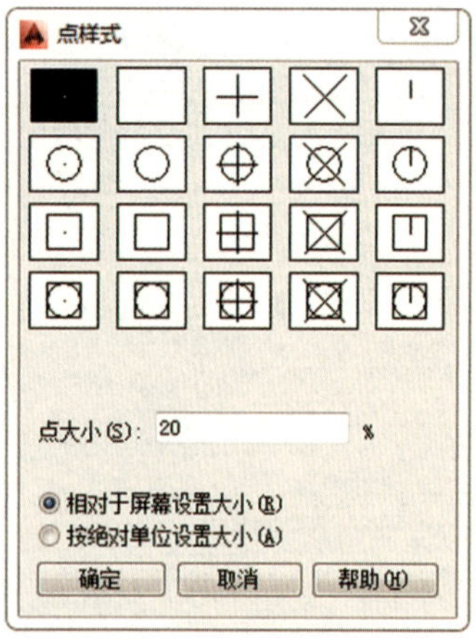

图 4-1 “点样式”对话

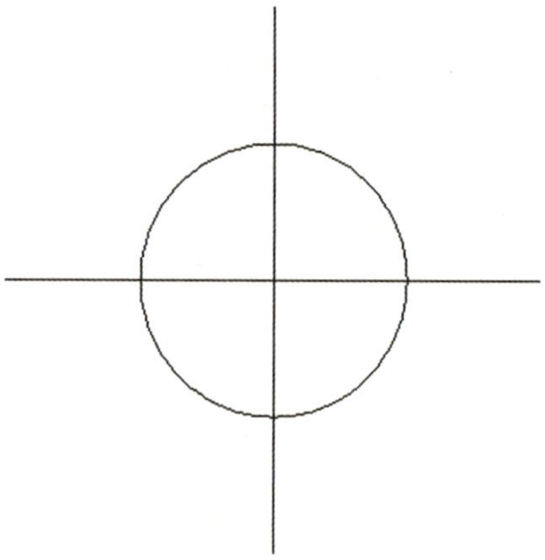

图 4-2 更改点样式后的效果

1.2 创建单点和多点

（1）创建单点

启动 AutoCAD，执行“绘图”>“点”>“单点”菜单，如图 4-1 所示。在绘图窗口中的任意位置单击，即可完成绘制单点的操作，如图 4-3 所示。

（2）创建多点

执行“绘图”>“点”>“多点”菜单，如图 4-4 所示，在绘图窗口中的任意位置多次单击，即可完成绘制多点的操作，如图 4-4 所示。

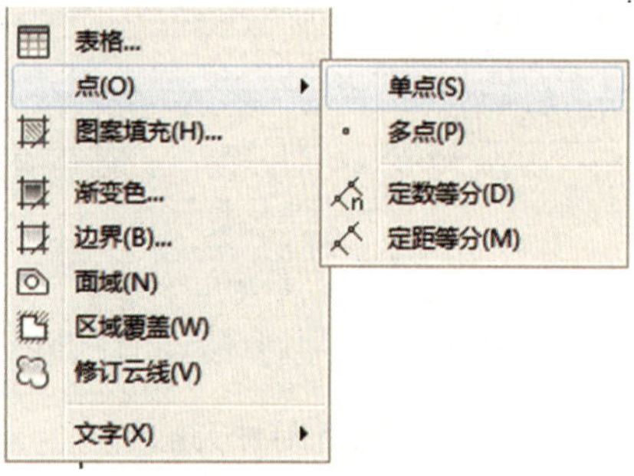

图 4-3 执行单点菜单命令

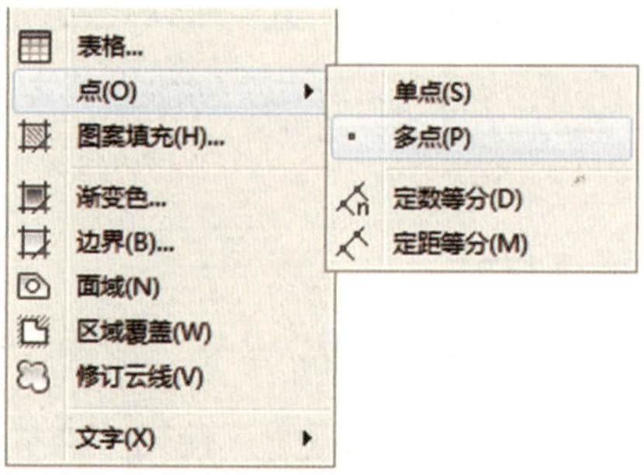

图 4-4 执行多点菜单命令

提示：单点和多点没有太大区别，只是在绘图时单点绘制“点”时每画一个点就结束命令了；而使用多点绘制“点”时，在屏幕上可以一直单击绘制很多的点。

1.3 绘制定数等分点

定数等分点是指在一定距离内按指定的数量绘制多个点，并且这些点之间的距离均匀分布。要绘制定数等分点，执行“绘图” > “点” > “定数等分”菜单，或在命令行中输入 DIVIDE 命令，然后依次选择要定数等分的对象并输入等分数即可。

在使用“定数等分”命令时要清楚两点：一是输入的数值为等分数并不是放置的点的个数，所以若将所选对象分成 N 份，那么实际上只生成 N-1 个点；二是在同时段只能对一个对象进行定数等分操作，而不能对两个或两个以上的多个对象进行操作。

实例：

1. 打开素材“4-1 直线”为例，执行“绘图” > “点” > “定数等分”菜单。

2. 在绘图区中拾取直线为定数等分对象，输入等分数为 5，按 Enter 键确认，即可绘制定数等分点，效果如图 4-5 所示。

图 4-5 定数等分效果

1.4 绘制定距等分点

“定距等分”命令用来将对象按照指定距离等分，等分的结果是在等分点处增加点的标记符号（或内部图块），而源对象并没有被分为多个对象。在 AutoCAD 中执行“定距等分”命令可以通过执行“绘图” > “点” > “定距等分”命令或者在命令行输入 MEASURE 命令并按 Enter 键实现。

实例：

1、打开素材“4-2 直线”为例，该直线长度为 400MM，执行“绘图” > “点” > “定距等分”菜单。

2、在绘图区中拾取直线为定距等分对象，输入等距数为 100，按 Enter 键确认，即可绘制定距等分点，效果如图 4-6 所示。

图 4-6 定距等分效果

2. 绘制线对象

线条是各种绘图操作中最基础、最常用的一种绘图效果，只要指定了起点和终点，使用 LINE 命令即可绘制一条直线。使用 LINE 命令不仅可以生成单条线段，也可以生成连续折线。在 AutoCAD 中，直线、射线和构造线是最简单的一组线性对象。

2.1 绘制直线

直线是绘图中最简单的线性工具，使用直线命令可以在两点间绘制直线，用户可以通过鼠标或键盘来决定线段的起点和终点。

使用直线命令绘制的线段，都是一个单独的直线对象。在 AutoCAD 中可以通过以下几种方式绘制直线：

（1）执行“绘图” > “直线”菜单。

（2）单击“绘图”工具栏中的“构造线”按钮。

（3）命令行输入 LINE 命令并按 Enter 键三种方法绘制直线。

命令行提示如下：

指定第一点：

指定下一点或 [放弃（U）]

指定下一点或 [放弃（U）]

指定下一点或 [闭合（C）/ 放弃（U）]

根据命令行提示进行操作，在绘图区的左端点上单击鼠标左键，确定线段起始点，向右引导光标，在绘图区中的右端点上单击鼠标左键，即可绘制一条直线，如图 4–7 所示。继续移动鼠标，可以继续绘制直线，如不继续，绘制完成后按 Enter 键或 Esc 键结束命令。

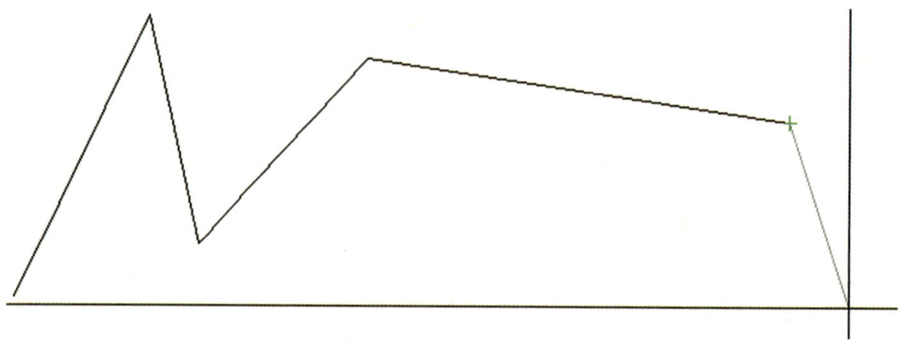

图 4–7 绘制直线效果

2.2 绘制射线

射线是指从起点向某一个方向无限延伸的直线，不能作为图形的一部分，通常作为辅助线使用。以两点确定一条直线的原理，指定射线的起点后，可在“指定通过点”指示下指定多个通过点，绘制以起点为端点的多条射线，直到按 Esc 键或 Enter 键退出为止。在 AutoCAD 中，创建射线可以通过执行“绘图 > 射线”菜单或者在命令行输入 RAY 命令并按 Enter 键实现，如图 4-8 所示。

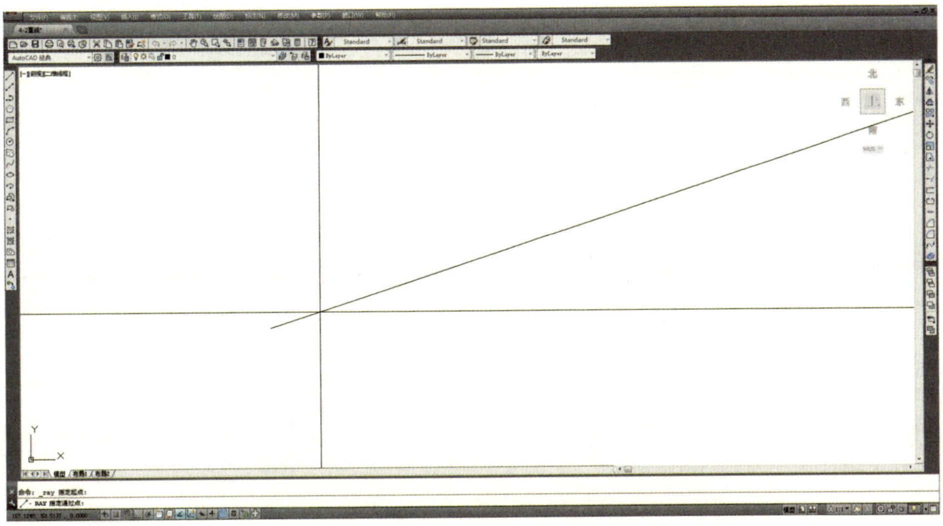

图 4-8 绘制射线效果

2.3 绘制构造线

构造线是一条没有起点和终点的无限延伸的直线，它通常会被用作辅助绘图线。构造线具有普通 AutoCAD 图形对象的各项属性，如图层、颜色和线型等，还可以通过修改变成射线和直线。构造线同样是最简单的一组线性对象。

构造线可以放置在三维空间中的任意位置，在 AutoCAD 中可以通过以下几种方式绘制“构造线”。

（1）执行“绘图”>“构造线”菜单：

（2）单击“绘图”工具栏中的“构造线”按钮。

（3）命令行输入 XLINE 命令并按 Enter 键三种方法绘制构造线。

命令行显示如下提示：

指定点或 [水平（H）/ 垂直（V）/ 角度（A）/ 二等分（B）/ 偏移（O）]

1. 指定点

指定点为默认项，用来绘制通过指定两点的构造线。如图 4-9 所示，指定点法绘制构造线的步骤如下：

指定点或 [水平（H）/ 垂直（V）/ 角度（A）/ 二等分（B）/ 偏移（O）]

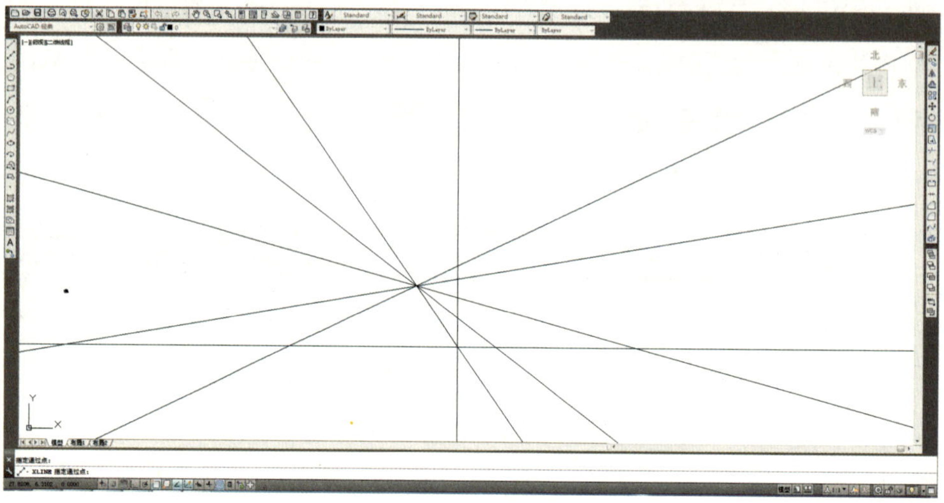

图 4-9“指定点”选项绘制的构造线

2. 水平法

水平法是指绘制过某一指定点的水平构造线。如图 4-10 所示，应用水平法绘制构造线的步骤如下：

指定点或 [水平（H）/ 垂直（V）/ 角度（A）/ 二等分（B）/ 偏移（O）]：H

图 4-10“水平”选项绘制的构造线

3. 垂直法

垂直法是指绘制过某一指定点的垂直构造线。如图 4-11 所示，应用垂直法绘制构造线的步骤如下：

指定点或 [水平（H）/ 垂直（V）/ 角度（A）/ 二等分（B）/ 偏移（O）]：V

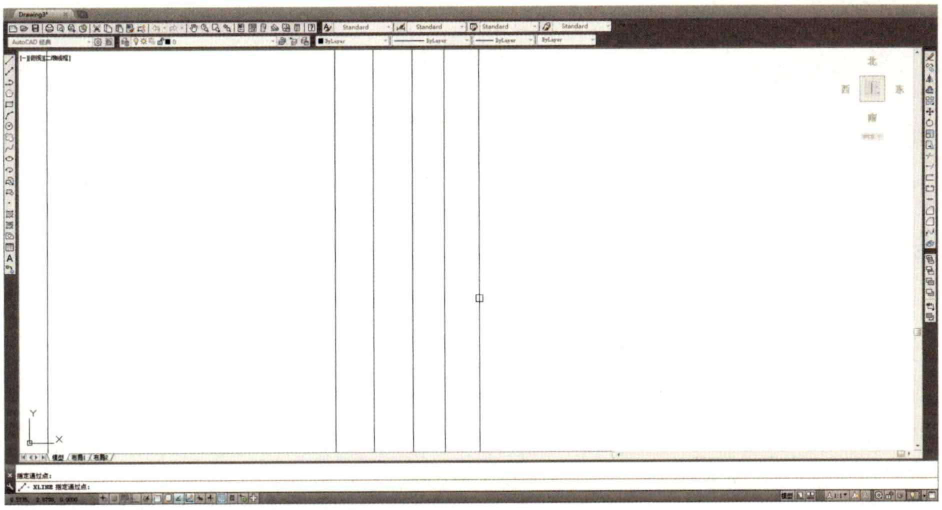

图 4-11 “垂直”选项绘制的构造线

4. 角度法

角度法是指绘制与指定直线成一定角度的构造线。如图 4–12 所示，应用角度法绘制构造线的步骤如下：

指定点或 [水平（H）/ 垂直（V）/ 角度（A）/ 二等分（B）/ 偏移（O）]：A

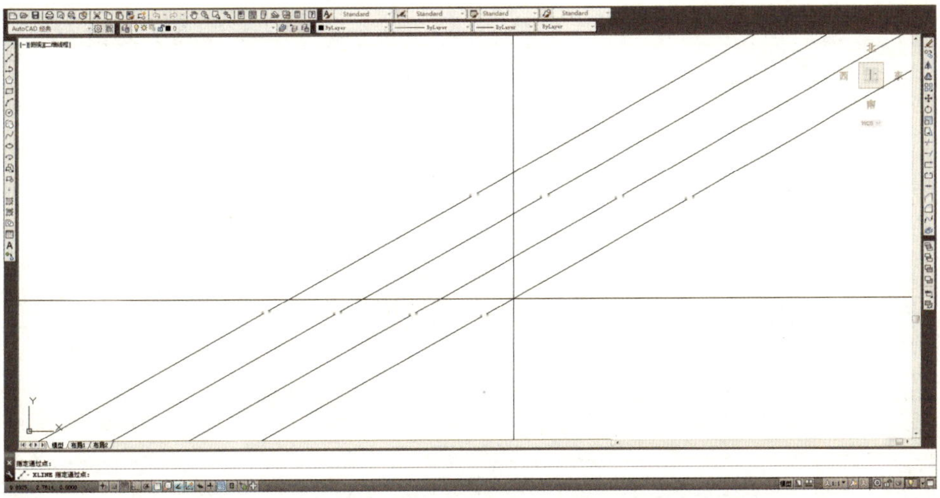

图 4-12 “角度”选项绘制的构造线

5. 二等分法

二等分法是指绘制一条平分指定角度的构造线。如图 4–13 所示，应用二等分法绘制构造线的步骤如下：

指定点或 [水平（H）/ 垂直（V）/ 角度（A）/ 二等分（B）/ 偏移（O）]：B

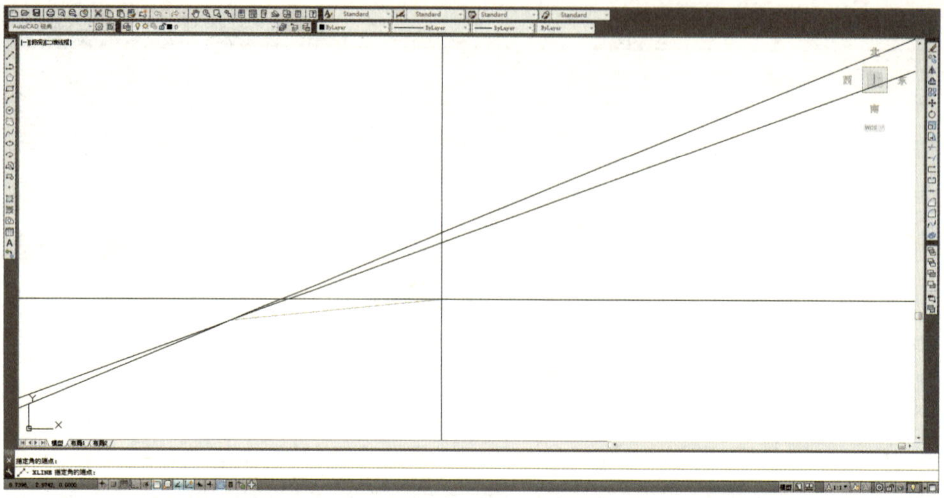

图 4-13“二等分”选项绘制的构造线

6. 偏移法

偏移法是指绘制经过一点且与指定直线平行（也可指定二者的距离）的构造线。如图 4-14 所示，应用偏移法绘制构造线的步骤如下：

指定点或 [水平（H）/ 垂直（V）/ 角度（A）/ 二等分（B）/ 偏移（O）]：O

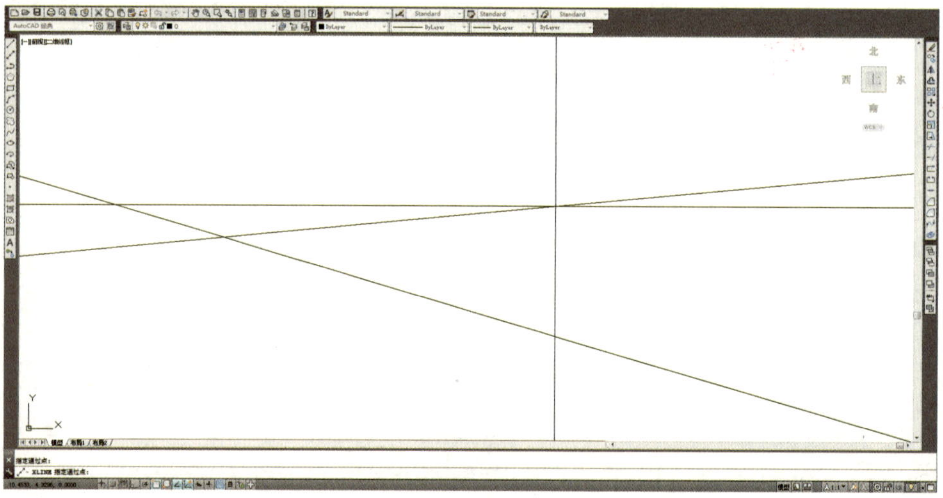

图 4-14“偏移法”选项绘制的构造线

3. 绘制矩形和正多边形

在 AutoCAD 中，矩形及多边形的各边并非单一对象，它们构成一个单独的对象。使用 RECTANGE 命令可以绘制矩形，使用 POLYGON 命令可以绘制多边形。

3.1 绘制矩形

在 AutoCAD 中，通过制定两个对角点不仅可以绘制出标准矩形，还可以根据命令中的不同参数设置，绘制出圆角矩形、有厚度的矩形、倒角矩形等多种矩形，如图 4–15 所示。

图 4-15 矩形、倒角矩形、圆角矩形

用户可以通过以下几种方式绘制“矩形”。

（1）执行“绘图”>“矩形”菜单。

（2）单击“绘图”工具栏中的“矩形”按钮。

（3）命令行输入 RECTANG 命令并按 Enter 键三种方法绘制矩形。

使用“矩形”命令后，命令行提示如下：

指定第一个角点或 [倒角（C）/ 标高（E）/ 圆角（F）厚度（T）/ 宽度（W）]

该命令行提示的各选项功能如下：

（1）指定第一个角点：通过指定矩形的两个对角点的方式绘制矩形。此时直接根据命令行提示，输入一个点作为第一个角。

（2）倒角（C）：通过指定第一倒角距离和第二倒角距离来绘制带倒角的矩形。

（3）标高（E）：用于指定矩形的标高。该选项一般用于三维绘图。

（4）圆角（F）：通过指定矩形的圆角半径来绘制带圆角的矩形。

（5）厚度（T）：通过指定矩形的厚度来绘制立体矩形。该选项一般用于三维绘图。

（6）宽度（W）：通过指定的线宽来绘制矩形。

命令行绘倒角矩形，要在命令行中输入 RECTANG 命令并按 Enter 键。

命令：RECTANG

指定第一个角点或 [倒角（C）/ 标高（E）/ 圆角（F）/ 厚度（T）/ 宽度（W）]：C

单击命令行中的“倒角”C 选项

指定矩形的第一个倒角距离 <0.0000>：10

输入 10 并按 Enter 键

指定矩形的第二个倒角距离 <0.0000>：10

输入 10 并按 Enter 键

指定第一个角点或 [倒角（C）/ 标高（E）/ 圆角（F）/ 厚度（T）/ 宽度（W）]：0，0

输入绝对坐标（0，0）按 Enter 键

指定另一个角点或 [面积（A）/ 尺寸（D）/ 旋转（R）]：500，500

输入绝对坐标（500，500）并按 Enter 键

图形效果如图 4-16 所示。

图 4-16 倒角矩形绘制效果

3.2 绘制正多边形

在 AutoCAD 中，多边形可以由 3-1024 条等边长的多段线组成，也可以使用“多边形”命令轻松绘制等边三角形、六边形和八边形等图形。

用户可以通过以下几种方式绘制“多边形”。

（1）执行“绘图”>“多边形”菜单。

（2）单击“绘图”工具栏中的“多边形”按钮。

（3）命令行输入 POLYGON 命令并按 Enter 键三种方法绘制多边形。

使用“多边形”命令，命令行提示如下：

命令：POLYGON

输入侧面数 <4>：7，按 Enter 键

指定正多边形的中心点或 [边（E）]：

/ 在绘图区的任意一点单击确定多边形的中心点

输入选项 [内接于圆（I）/ 外切于圆（C）]<I>：I

选择“内接于圆”I 选项

指定圆的半径：200，按 Enter 键

图形效果如图 4–17 所示。

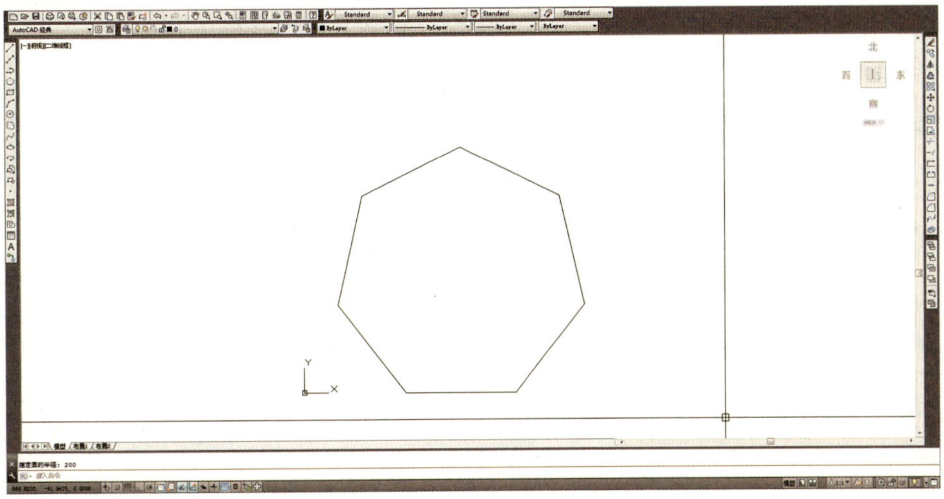

图 4-17 多边形绘制效果

4. 绘制曲线对象

圆、圆弧、椭圆、椭圆孤和圆环都属于曲线对象，与正方形和多边形的绘制方法相比较为复杂，但是绘制的方法也比较多。

4.1 绘制圆

“圆”是到一定点距离相等元素的集合。可以通过以下列出的方式绘制“圆”。

（1）下拉菜单“绘图”>“圆”菜单。

（2）单击“绘图”工具栏中的的“圆”按钮。

（3）在命令行输入 CIRCLE 命令并按 Enter 键三种方法绘制圆形。

命令行显示如下提示：

指定圆的圆心或 [三点（3P）/ 两点（2P）/ 切点、切点、半径（T）]

4.1.1 指定圆心和半径绘制圆

在 AutoCAD 中，默认情况下，采用指定圆的圆心和半径的方法绘制圆形。

用户可以通过如下执行：

（1）下拉菜单："绘图" > "圆" > "圆心、半径" 菜单。

（2）单击 "绘图" 工具栏中的 "圆" 按钮。

（3）在命令行输入 CIRCLE 命令并按 Enter 键三种方法绘制圆形。

简单介绍如何通过指定圆心和半径绘制圆，首先在命令行输入 CIRCLE 命令并按 Enter 键。然后根据命令行提示进行操作，如下所示。

命令：CIRCLE

指定圆的圆心或 [三点（3P）/ 两点（2P）/ 切点、切点、半径（T）]：0，0

指定圆的圆心 0，0，并按 Enter 键

指定圆的半径或 [直径（D）]：100

指定圆的半径 100，并按 Enter 键

图形效果如图 4-18 所示。

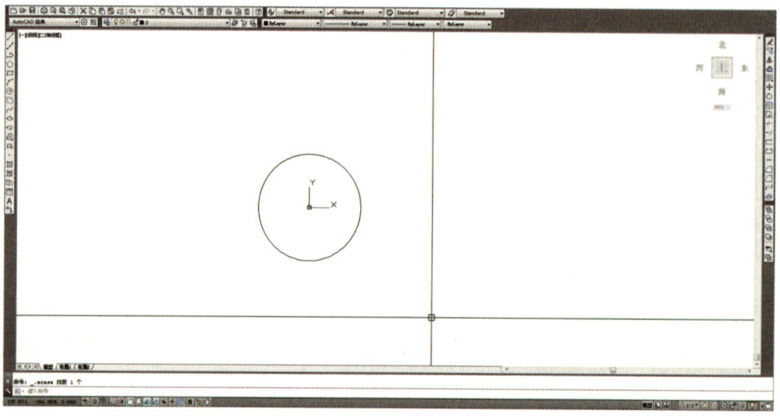

图 4-18 指定圆心和半径绘制圆效果

4.1.2 指定圆心和直径来绘制圆

通过指定圆心和直径来绘制圆的方法与通过指定圆心和半径来绘制圆的方法相同，在这里就不再做过多的讲解。

4.1.3 指定两点绘制圆

执行 "绘图" > "圆" > "两点" 菜单，如图 4-19 所示。在绘图区中单击确定直径的一个点，然后拖动鼠标单击确定直径的第二个点绘制圆形，如图 4-20 所示。

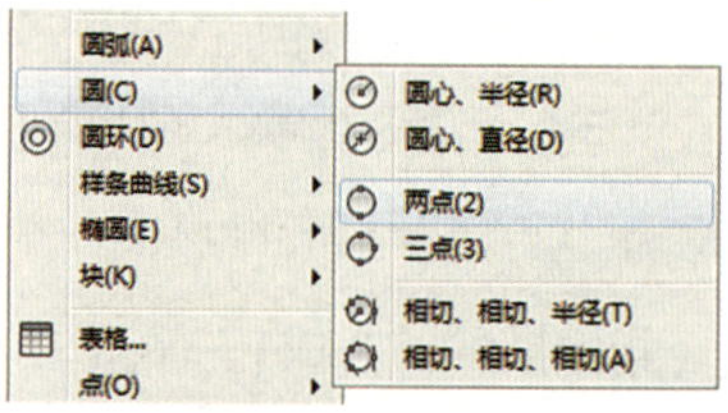

图 4-19 "两点绘制圆" 执行菜单命令

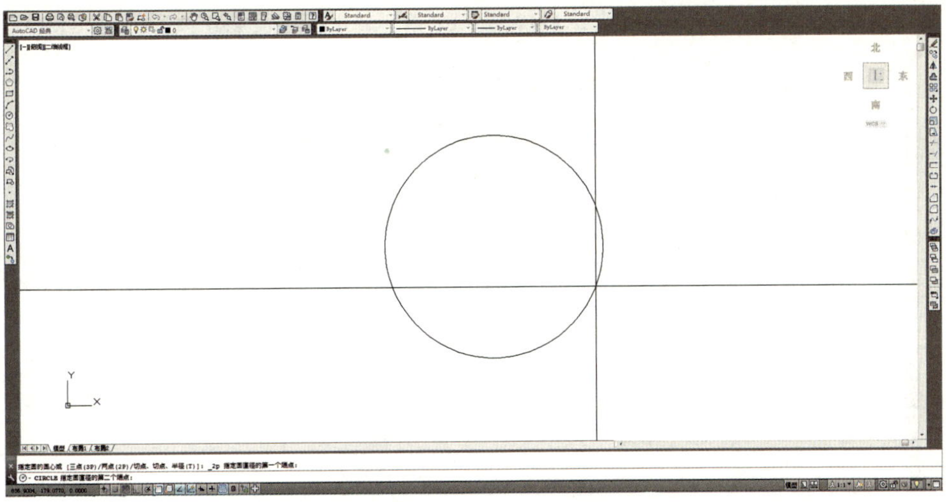

图 4-20 “两点绘制圆” 效果

4.1.4 指定三点绘制圆

在 AutoCAD 中绘制圆形的方法多种多样，不仅可以通过两点绘制圆，还可以通过三点绘制圆。执行“绘图”>“圆”>“三点”菜单，如图 4-21 所示，根据命令行的提示，在绘图区中单击确定三个点绘制圆形，如图 4-22 所示。

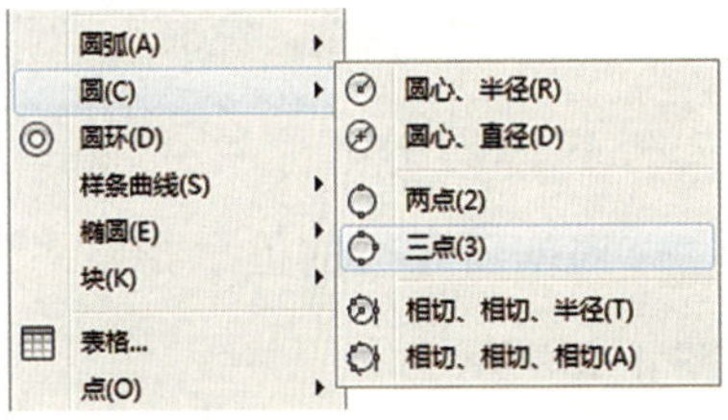

图 4-21 “三点绘制圆” 执行菜单命令

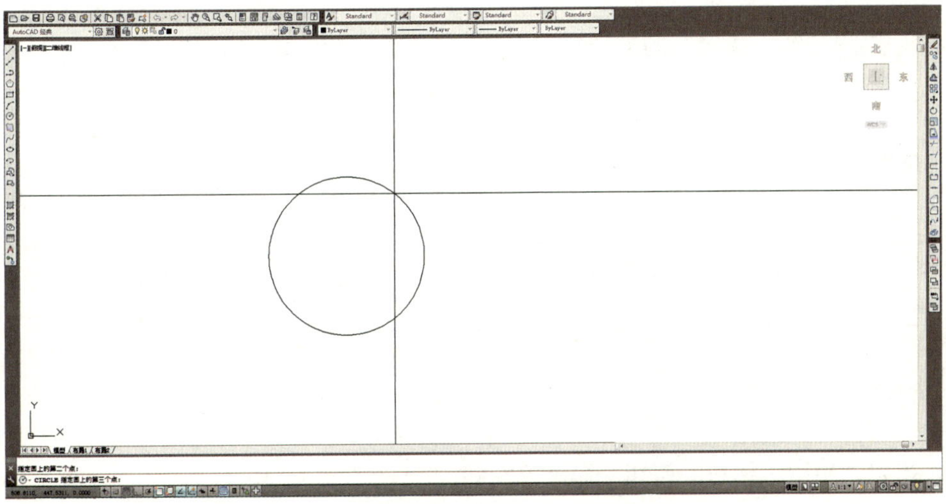

图 4-22 “三点绘制圆” 效果

4.1.5 指定“相切、相切、半径”命令绘制圆

在 AutoCAD 中还可以通过指定半径和两个相切对象绘制圆形。使用此方法有可能找不到符合条件的圆形，此时命令行将提示“圆不存在”，有时也会有多个圆符合指定条件。

用户可以通过如下执行：

使用前面学过的方法绘制矩形，如图 4-23 所示。

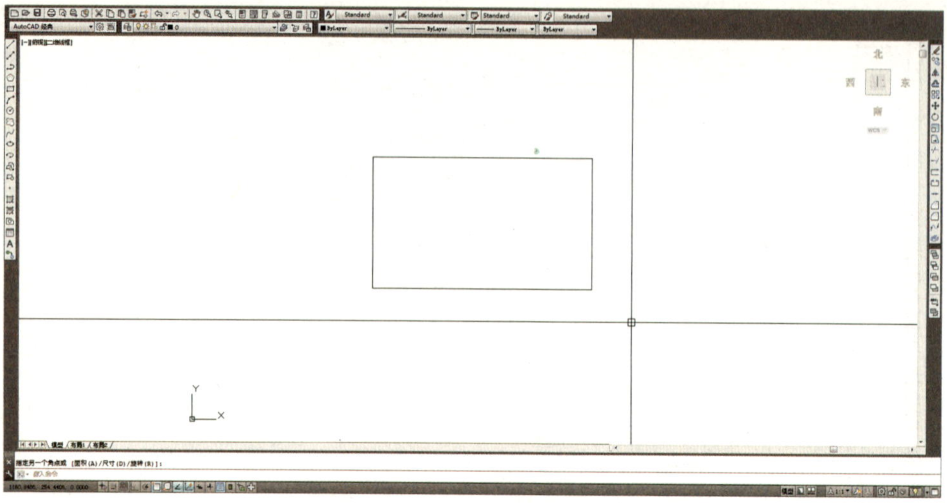

图 4-23“矩形”效果

执行“绘图”>“圆”>“相切、相切、半径”菜单，如图 4-24 所示。

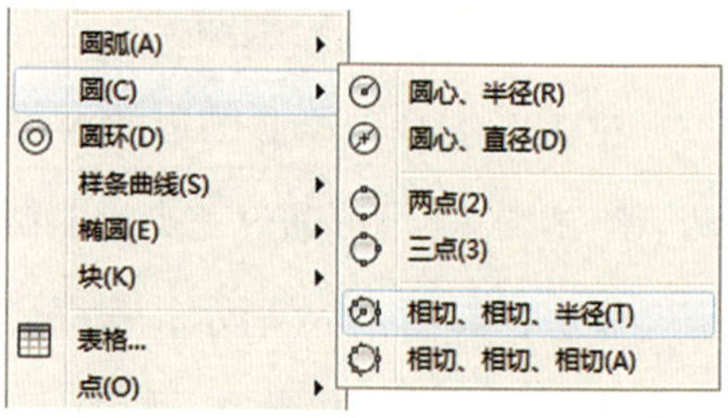

图 4-24“切、相切、半径”执行菜单命令

根据命令行的提示指定对象与圆的第一个切点，如图 4-25 所示。

根据命令行的提示指定对象与圆的第二个切点，如图 4-26 所示。

在命令行输入 200，指定圆的半径并按 Enter 键，图形效果如图 4-27 所示。

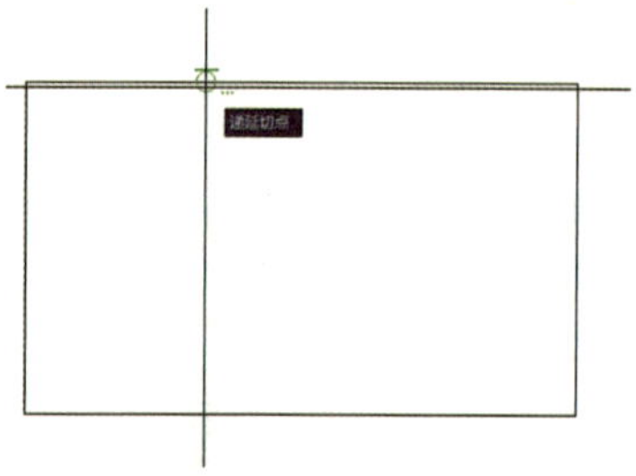

图 4-25 指定第一个切点

图 4-26 指定第一个切点

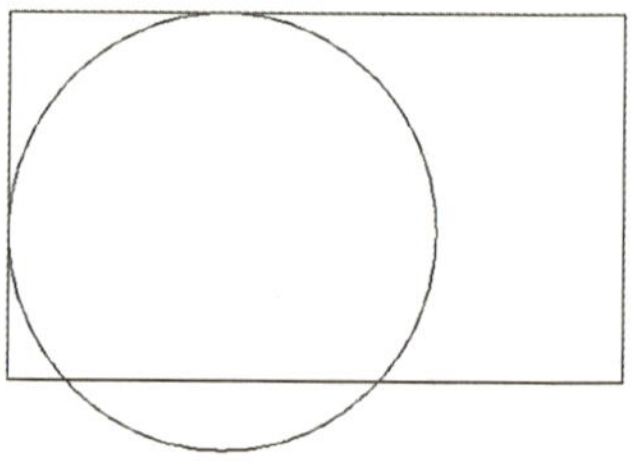

图 4-27“相切、相切、半径”圆效果

4.1.6 指定“相切、相切、相切”命令绘制圆

在 AutoCAD 中绘制圆的方法很多，该命令是利用与圆的四周相切的 3 个点来绘制圆。

用户可以通过如下执行：

使用前面学过的方法绘制正多边形，如图 4-28 所示。

在命令行输入 POLYGON 命令并按 Enter 键。

命令：POLYGON

输入侧面数 <4>：3，按 Enter 键

指定正多边形的中心点或 [边（E）]：50，50，按 Enter 键

输入选项 [内接于圆（I）/ 外切于圆（C）]<I>：I

指定圆的半径：1000，并按 Enter 键

图形效果如图 4-29 所示。

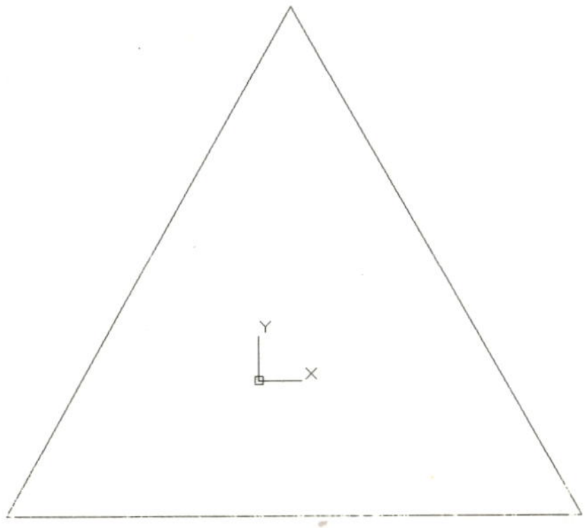

图 4-28 绘制正多边形

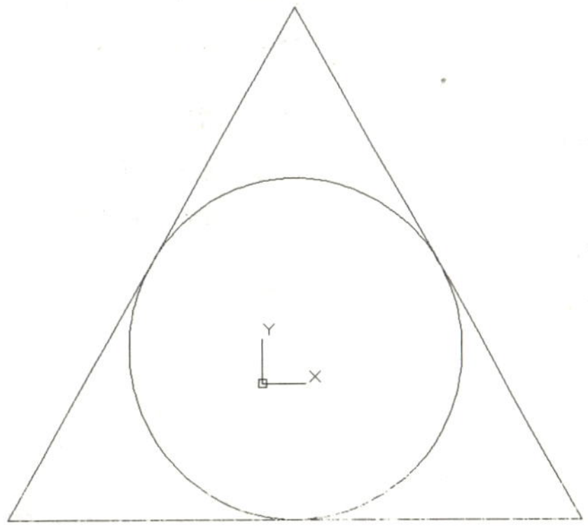

图 4-29 “相切、相切、相切”圆效果

4.2 绘制圆弧

可以简单地将圆弧理解为圆周上的一部分。圆弧也是组成图形的常用对象之一。圆弧的绘制方法多达11种之多。例如使用三点方式，可以根据图形的需要选择其中一种方式或者组合使用。

绘制圆弧主要有以下几种方法：

（1）下拉菜单“绘图”>“圆弧”菜单。

（2）单击“绘图”面板中的“三点”按钮。

（3）在命令行输入 CIRCLE 命令。

命令行显示如下提示：

指定圆弧的起点或 [圆心（C）]

4.2.1 指定“三点”命令绘制圆弧

通过指定圆弧的起点、第二个点和圆弧的端点来绘制圆弧。圆弧的方向是由起点和终点的方向决定的。执行“绘图”>“圆弧”>“三点”菜单命令，如图 4-30 所示。根据命令行的提示绘制圆弧，如图 4-31 所示。

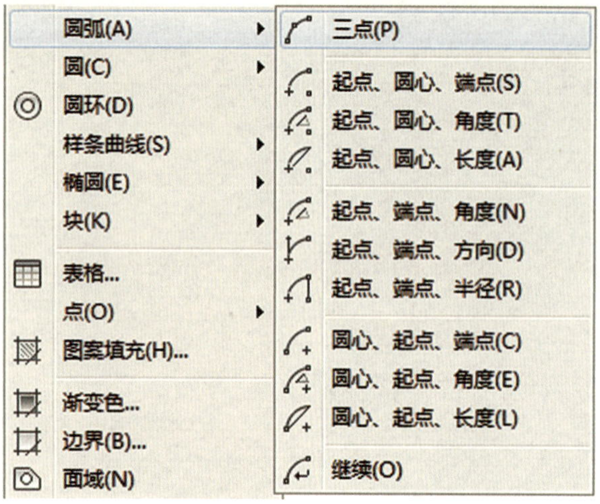

图 4-30“三点”绘制圆弧执行菜单命令

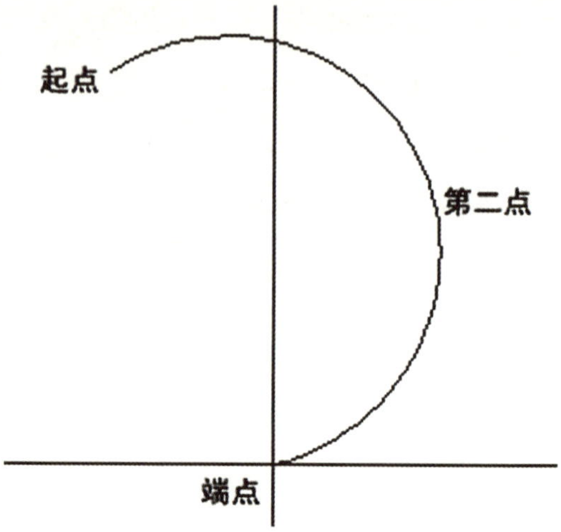

图 4-31“三点”绘制圆弧效果

4.2.2 指定“起点、圆心、端点”命令绘制圆弧

通过指定圆弧的起点、圆心和端点绘制圆弧，圆弧的起点与圆心决定圆弧的半径，而端点的位置决定了圆弧的长度。执行“绘图”>“圆弧”>“起点、圆心、端点”菜单命令，如图 4-32 所示。根据命令行的提示绘制圆弧，如图 4-33 所示。

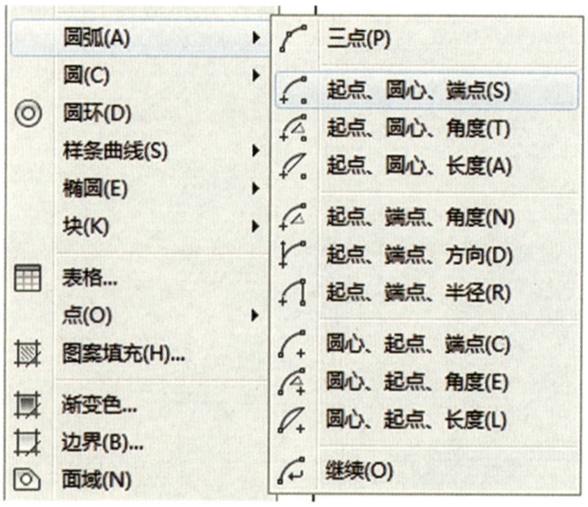

图 4-32“起点、圆心、端点”绘制圆弧执行菜单命令

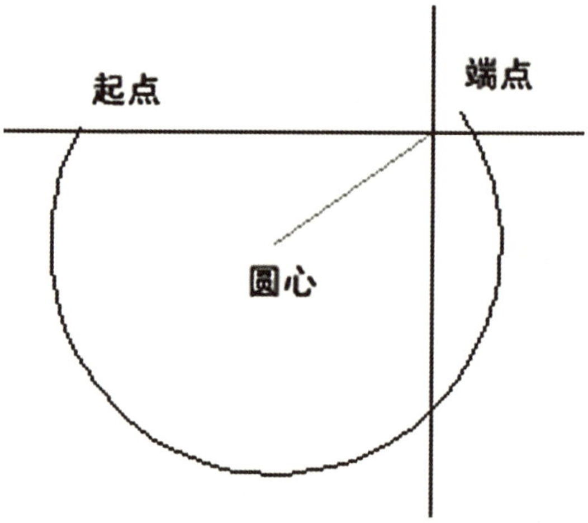

图 4-33“起点、圆心、端点”绘制圆弧效果

4.2.3 指定“起点、圆心、角度”命令绘制圆弧

通过指定圆弧的起点、圆心和角度来绘制圆弧。执行“绘图”>“圆弧”>“起点、圆心、角度”菜单，如图 4-34 所示。根据命令行的提示绘制圆弧，如图 4-35 所示。

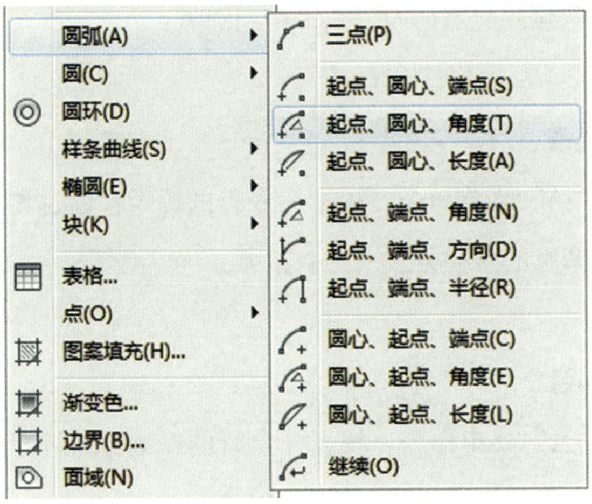

图 4-34“起点、圆心、角度”绘制圆弧执行菜单命令

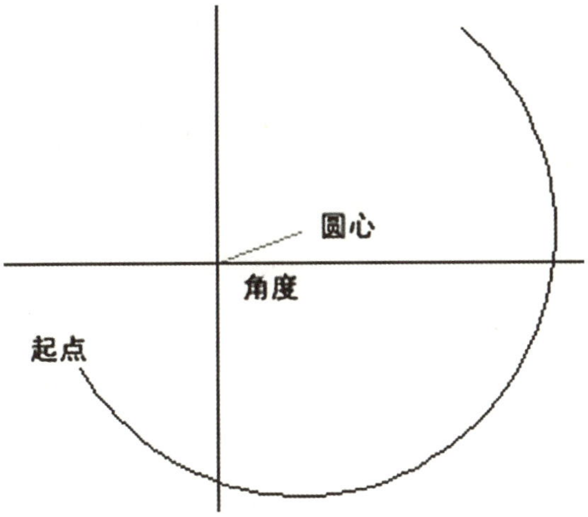

图 4-35“起点、圆心、角度”绘制圆弧效果

4.2.4 指定“起点、圆心、长度”命令绘制圆弧

通过指定圆弧的起点、圆心和弦长绘制圆弧，所指定的弦长不得超过起点到圆心距离的两倍。执行“绘图”>“圆弧”>“起点、圆心、长度”菜单命令，如图 4-36 所示。根据命令行的提示绘制圆弧，如图 4-37 所示。

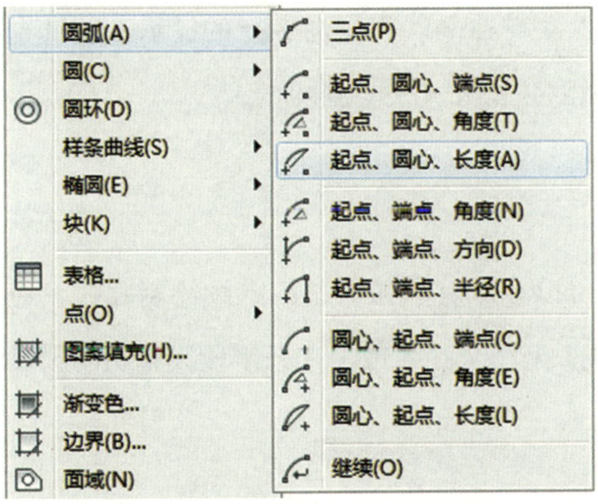

图 4-36“起点、圆心、长度”绘制圆弧执行菜单命令

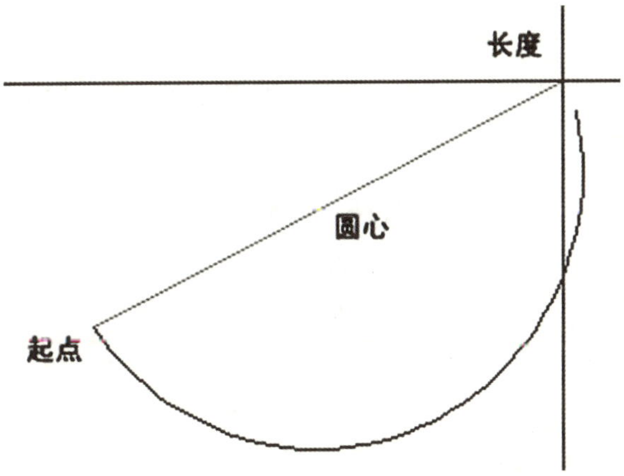

图 4-37“起点、圆心、长度”绘制圆弧效果

4.2.5 指定“起点、端点、角度”命令绘制圆弧

执行“绘图”>“圆弧”>“起点、端点、角度”菜单命令。根据命令行的提示：通过先指定圆弧的起点，然后指定圆弧的端点，最后指定圆弧的包含角方式来绘制圆弧。

4.2.6 指定“起点、端点、方向”命令绘制圆弧

执行“绘图”>“圆弧”>“起点、端点、方向”菜单命令。根据命令行的提示：通过先指

定圆弧的起点，然后指定圆弧的端点，最后指定圆弧的起点切向方式来绘制圆弧。

4.2.7 指定“起点、端点、半径”命令绘制圆弧

执行“绘图”>“圆弧”>“起点、端点、半径”菜单命令。根据命令行的提示：通过先指定圆弧的起点，然后指定圆弧的端点，最后指定圆弧的半径方式来绘制圆弧。

4.2.8 指定“圆心、起点、端点”命令绘制圆弧

执行“绘图”>“圆弧”>“圆心、起点、端点”菜单命令。根据命令行的提示：通过先指定圆弧的圆心，然后指定圆弧的起点，最后指定圆弧的终点方式来绘制圆弧。

4.2.9 指定“圆心、起点、角度”命令绘制圆弧

执行“绘图”>“圆弧”>“圆心、起点、角度”菜单命令。根据命令行的提示：通过先指定圆弧的圆心，然后指定圆弧的起点，最后指定圆弧的包含角方式来绘制圆弧。

4.2.10 指定“圆心、起点、长度”命令绘制圆弧

执行“绘图”>“圆弧”>“圆心、起点、长度”菜单命令。根据命令行的提示：通过先指定圆弧的圆心，然后指定圆弧的起点，最后指定圆弧的弦长方式来绘制圆弧。

4.2.11 指定“继续”命令绘制圆弧

执行“绘图”>“圆弧”>“继续”菜单命令，可以在原有圆弧的基础继续绘制圆弧。通过连续方式绘制圆弧，使用此针绘制一条与上一条直线、上一个圆弧或上一条多段线相切的圆弧。

4.3 绘制椭圆

AutoCAD 提供了多种绘制椭圆的方法，椭圆的形状由定义了长度和宽度的两条轴所决定，椭圆与圆最大的区别在于两条轴的长度不相等。

绘制椭圆主要有以下几种方法：

（1）下拉菜单“绘图”>“椭圆”菜单。

（2）单击“绘图”面板中的“椭圆”按钮。

（3）在命令行输入 ELLIPSE 并按 Enter 键。

4.3.1 指定“圆心”绘制椭圆

执行“绘图”>“椭圆”>“圆心”菜单命令，如图 4-38 所示。根据命令行的提示绘制椭圆，如图 4-39 所示。

图 4-38 “圆心”绘制椭圆执行菜单命令

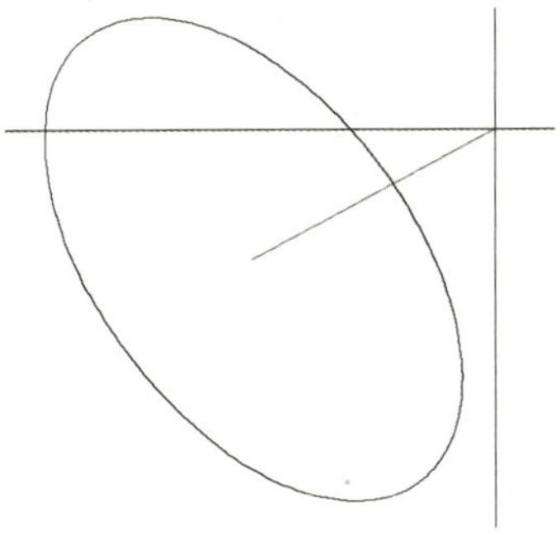

图 4-39 “圆心”绘制椭圆效果

4.3.2 指定“轴、端点”绘制椭圆

执行“绘图”>“椭圆”>“轴、端点”菜单，如图 4-40 所示。根据命令行的提示绘制椭圆，图形效果如图 4-41 所示。

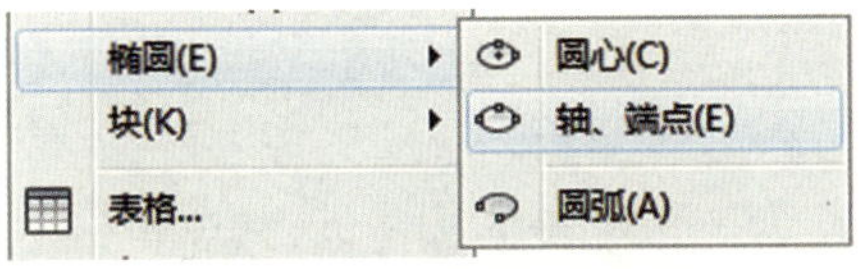

图 4-40 “轴、端点”绘制椭圆执行菜单命令

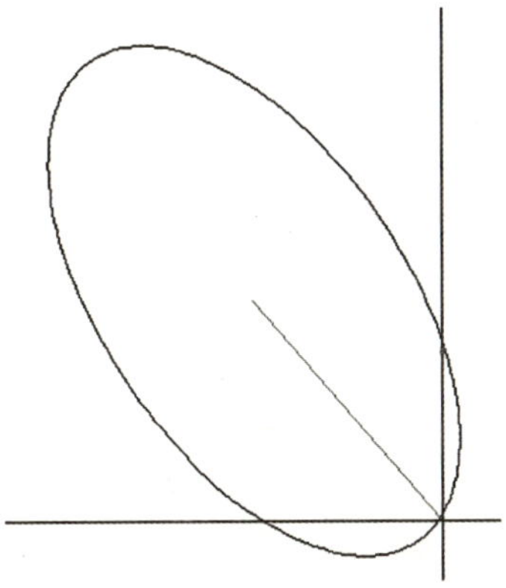

图 4-41 “轴、端点”绘制椭圆效果

4.3.3 指定“圆弧”绘制椭圆

执行“绘图”>“椭圆”>“圆弧”菜单，如图 4-42 所示，用户可以通过指定起点和端点角度绘制椭圆弧。根据命令行的提示绘制椭圆弧，如图 4-43 所示。

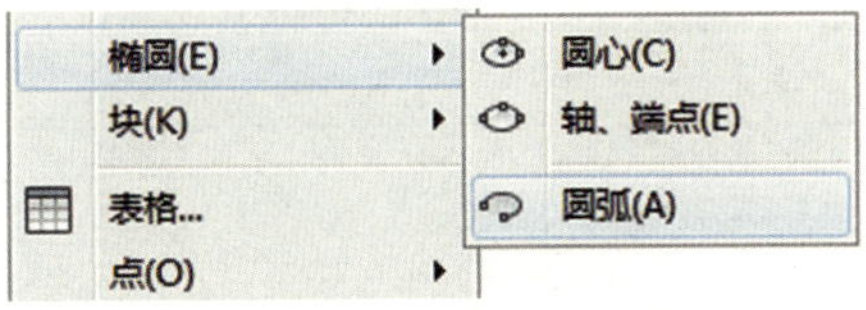

图 4-42 “圆弧”绘制椭圆执行菜单命令

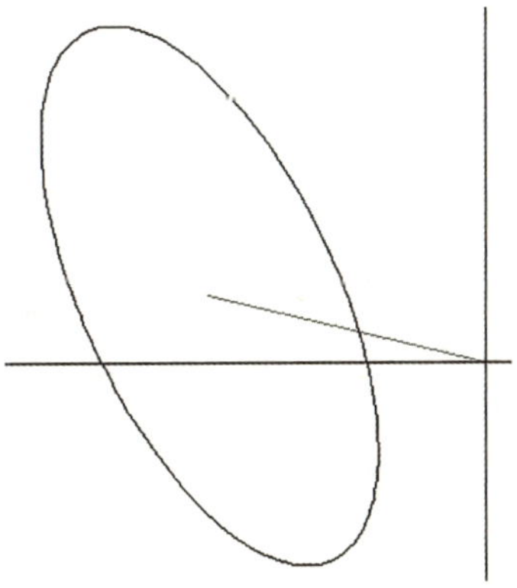

图 4-43 “圆弧”绘制椭圆效果

4.4 绘制圆环

圆环是填充环或实体填充圆，即带有宽度的闭合多线段。如果要创建圆环，就要指定圆环的内外直径和圆心。

启动 AutoCAD，在命令行输入 DONUT 命令并按 Enter 键。命令行提示如下。

命令：DONUT

指定圆环的内径 <0.5000>：500 按 Enter 键

指定圆环的外径 <1.0000>：1500 按 Enter 键

指定圆环的中心点或 < 退出 >：0，0 按 Enter 键

完成圆环的绘制，图形效果如图 4–44 所示。

图 4–44 “圆环”绘制椭圆效果

5. 绘制多线（ML）

“多线”和“直线”不同，用“直线”工具一次只能画出一根线，“多线”工具可以同时画出一组平行线，这些平行线的间距和颜色、线型可以事先定义，多线常用于绘制建筑图中的墙体等平行线对象。

5.1 绘制多线

在 AutoCAD 中，多线可以作为一个单一的实体进行编辑，多线中的平行线可以具有不同的颜色和线型，用户可以通过：

（1）执行“绘图”>“多线”菜单。

（2）在命令行中输入 MLINE（或别名 ML）命令并按 Enter 键两种方法绘制多线图形。

执行“绘图”>“多线”菜单，如图 4–45 所示。根据命令行的提示绘制多线，图形效果如图 4–46 所示。

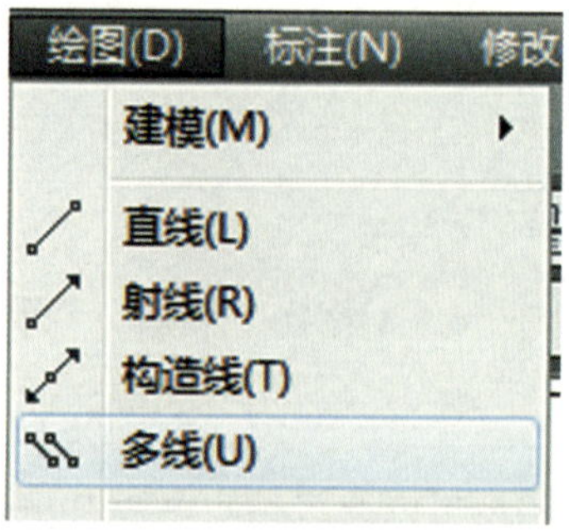

图 4–45 “多线”执行菜单命令

图 4–46 “多线”绘制效果

命令行提示如下所示：

命令：MLINE

当前设置：

指定起点或 [对正（J）/ 比例（S）/ 样式（ST）]

对正 J，按 Enter 键

上（T），按 Enter 键

比例 S=20.00，按 Enter 键

样式 =STANDARD，按 Enter 键

指定下一点：

指定下一点或 [放弃（U）]，按 Enter 键结束绘制。

5.2 编辑多线

执行“修改” > “对象” > “多线”菜单，会弹出“多线编辑工具”对话框，如图 4-47 所示。在该对话框中可以对已绘制的多线进行编辑。用户可以改变两条多线的相交形式，在多线中加入和删除顶点，以及将多线剪切或接合等。

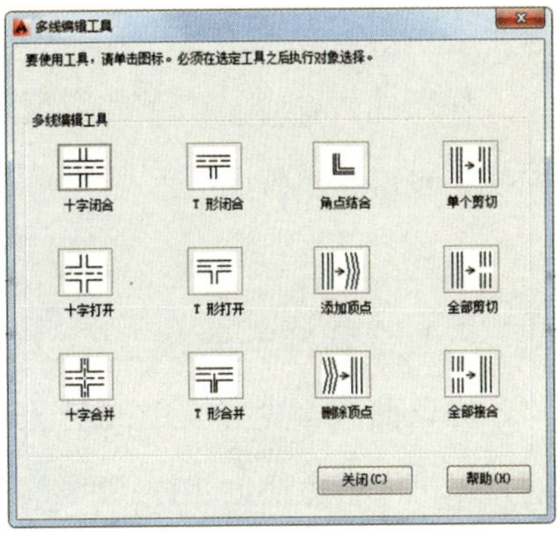

图 4-47 “多线编辑工具”对话框

6. 绘制多段线（PL）

多段线是作为单个对象创建的相互连接的线段序列，可以创建直线段、圆弧段或两者的组合线段。使用“多段线”绘图工具绘图与其他绘图工具绘图的最大区别在于，无论绘制的多段线包含多少条直线或圆弧，AutoCAD 都把它们当作一个单独的对象。

6.1 绘制多段线

多段线提供了单个直线段所不具备的编辑功能，用户可以根据需要分别编辑每条线段，设置各线段的宽度等。在 AutoCAD 中，用户可以通过以下三种方法创建多段线：

（1）执行“绘图” > “多段线”菜单。

（2）单击“绘图”工具栏中的“多段线”按钮。

（3）命令行输入 PLINE（或别名 PL）命令并按 Enter 键。

任意一种方法都可以激活“多段线”命令，在绘图区任意两点位置单击，命令行将会提示相应的信息。

6.2 编辑多段线

多段线绘制完成后，执行“修改” > “对象” > “多段线”命令，在绘图区中选择绘制的多段线，根据命令行的提示可以对多段线进行编辑。

7. 绘制样条曲线（SLI）

样条曲线命令是由某些数据点（控制点）拟合生成的光滑曲线，所绘制的曲线可以是二维曲线，也可是三维曲线。

7.1 绘制样条曲线

样条曲线至少有三个顶点，通常被用来创建形状不规则的曲线。在 AutoCAD 中，用户可以通过以下三种方法创建样条曲线：

（1）执行“绘图”>“样条曲线”>“拟合点\控制点”菜单。

（2）单击“绘图”工具栏中的“样条曲线”按钮。

（3）命令行输入 SPLINE（或别名 SPL）命令并按 Enter 键。

在绘制样条曲线的过程中，命令行也会提示相应的信息。

命令行操作提示如下所示：

启动 AutoCAD，在命令行中输入 SPLINE 并按 Enter 键，命令行提示如下。

命令：SPLINE

当前设置：方式 = 拟合

节点 = 弦

指定第一个点或 [方式（M）/ 节点（K）/ 对象（O）]：0，0，按 Enter 键

输入下一个点或 [起点切向（T）/ 公差（L）]：500，500，

输入下一个点或 [端点相切（T）/ 公差（L）/ 放弃（U）]：1200，0

输入下一个点或 [端点相切（T）/ 公差（L）/ 放弃（U）/ 闭合（C）]：2000，500

输入下一个点或 [端点相切（T）/ 公差（L）/ 放弃（U）/ 闭合（C）]：3000，0

输入下一个点或 [端点相切（T）/ 公差（L）/ 放弃（U）/ 闭合（C）]：

按 Enter 键结束绘制，图形效果如图 4-48 所示。

图 4-48“样条曲线”绘制效果

7.2 编辑样条曲线

执行“修改 > 对象 > 样条曲线”命令，在绘图区中选择绘制的样条曲线，根据命令行的提示可对样条曲线进行编辑。

第五章　室内设计常用修改命令

学习要点

1. 掌握选择图形对象的方法
2. 掌握复制、删除和恢复操作
3. 掌握移动和偏移对象操作
4. 掌握旋转和镜像对象操作
5. 掌握对齐和阵列对象操作
6. 掌握修改对象的形状操作
7. 掌握角操作
8. 掌握打断、合并和分解操作
9. 掌握拉长图形对象方法
10. 掌握夹点编辑图形方法

1. 选择图形对象

1.1 选择对象模式

1.1.1 单点选择

用鼠标点选图形时，经过图形对象的线条都会变粗，选中的对象将高亮显示，此时单击鼠标左键，表示已选中。有几个对象就点击选择几次。

1.1.2 多点选择

指定多个点，不高亮度显示，这种方法可以加快在复杂图形上的选择。若两图形有相重合的点，也可以同时选中这两个对象。

1.2 快速选择对象

调用快速选择命令，可以根据用户指定的条件快速创建选择集。

※ 命令行：输入命令 QSELECT

※ 快捷菜单：绘图区右击，在快捷菜单中选择“快速选择”命令。如图 5-1 所示。

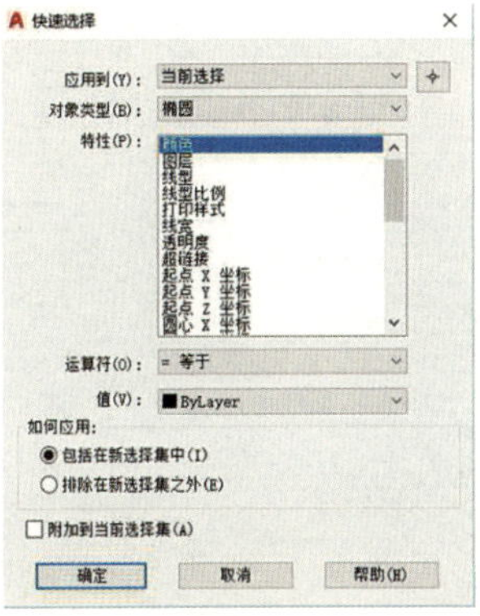

图 5-1

1.3 选择密集或重叠对象

当一个对象与其他对象处于密集或重叠状态时，准确地去选择对象比较困难，可以用循环选择方法选择。处于“选择对象”状态时，同时按住 shift 键和空格键，在选择的地方点击。在选择状态下，按 Esc 键可关闭循环选择。

1.4 创建编组

对象组与选择的功能相似，为了操作的便捷，可以把若干个对象定义为选择集，并将这个选择集命名并保存起来，这个命名了的对象选择集就是对象组，其名字称为组名。如果对象组可以被选择（位于锁定层上的对象组不能被选择），那么可以通过其组名引用该对象组，并且一旦组中任何一个对象被选中，那么组中的全部对象成员都被选中。

※ 命令行：输入命令 GROUP

2. 复制、删除和恢复操作

2.1 复制图形对象

在进行对象复制时，先选择要复制对象，然后可以用以下 3 种方式执行命令：

※ 命令行：输入命令 COPY（也可输入快捷命令“CO”，按回车键）。

※ 工具栏：单击“修改”工具栏中的“复制”按钮。

※ 快捷菜单：先选择要复制的对象，在绘图区域右键选择“复制选择”。

课堂练习 5-1：绘制办公桌。

（1）单击“绘图”工具栏中的“矩形”按钮，绘制矩形，如图 5-2 所示。

图 5-2

（2）单击“绘图”工具栏中的“矩形”按钮，绘制如下矩形，如图 5-3 所示。

图 5-3

（3）单击“修改”工具栏中的“复制”按钮，将办公桌左边的一系列矩形复制到右边，完成办公桌绘制，结果如图 5–4 所示。具体操作如下：

命令：copy

选择对象：选择左边的一系列矩形（找到 1 个，共计 9 个）

选择对象：按鼠标右键或回车键确认

指定基点或 [位移（D）/ 模式（O）]< 位移 >：（左边的一系列柜子上选取一个角点）

指定第二个点或 [阵列（A）]< 使用第一个点作为位移 >：（指定适当位置的点）

指定第二个点或 [阵列（A）/ 退出（E）放弃（U）]< 退出 >：

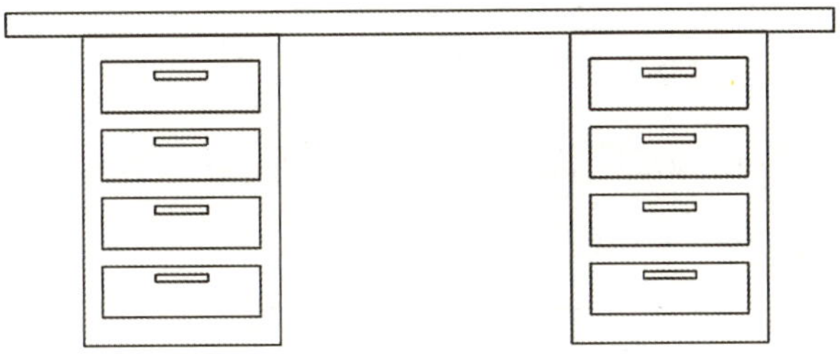

图 5–4

2.2 删除图形对象

在进行对象删除时，先选择要删除对象，然后可以用以下 3 种方式执行命令：

※ 命令行：输入命令 ERASE（也可输入快捷命令“E”，按回车键）。

※ 工具栏：单击“修改”工具栏中的“删除”按钮。

※ 快捷菜单：先选择要删除的对象，在绘图区域右键选择“删除”。

2.3 恢复删除的图形对象

若对象在删除时，误删了图形，可以用“恢复”命令恢复误删对象，主要使用以下 3 种执行命令：

※ 命令行：输入命令 U。

※ 工具栏：单击“标准”工具栏中“放弃”按钮。

※ 快捷键：Ctrl+Z。

3. 移动和偏移对象

3.1 移动图形对象

移动可以使被选对象移动一定的距离，从而达到重新定位的目的。启动移动命令，可以使用以下 3 种方式执行命令：

※ 命令行：输入命令 MOVE（也可输入快捷命令“M”，按回车键）。

※ 工具栏：单击“修改”工具栏中的“移动”按钮。

※ 快捷菜单：先选择要移动的对象，在绘图区域右键选择“移动”。

3.2 指定距离偏移图形对象

偏移可以得到与原来图形对象的等距对象，启用偏移命令，可以使用以下 2 种方式执行命令：

※ 命令行：输入命令 OFFSET（也可输入快捷命令“O”，按回车键）。

※ 工具栏：单击“修改”工具栏中的“偏移”按钮。

课堂练习 5-2：绘制图形。

（1）单击“绘图”工具栏中的“矩形”按钮，绘制图形外轮廓，如图 5-5 所示。

（2）单击“修改”工具栏中的“偏移”按钮，绘制图形的内部区域，如图 5-6 所示。

具体操作如下：

命令：O

选择对象：找到 1 个

当前设置：删除源 = 否图层 = 源 OFFSETGAPTYPE=0

指定偏移距离或[通过(T)/删除(E)/图层(L)]<通过>:（输入偏移距离或指定通过点位置）

选择要偏移的对象，或[退出（E）/放弃（U）]< 退出 >:（选择要偏移的图形）

指定通过点或[退出（E）/多个（M）/放弃（U）]< 退出 >:

选择要偏移的对象，或[退出（E）/放弃（U）]< 退出 >:

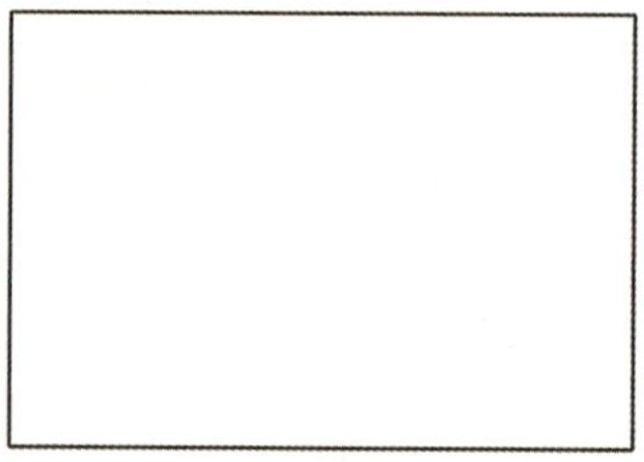

图 5-5

图 5-6

4. 旋转和镜像对象

4.1 旋转图形对象

旋转命令可以使被选对象围绕指定的基点旋转一定的角度，从而达到重新定位的目的。启动旋转命令，可以使用以下 3 种方式执行命令：

※ 命令行：输入命令 ROTATE（也可输入快捷命令“RO”，按回车键）。

※ 工具栏：单击“修改”工具栏中的“旋转”按钮。

※ 快捷菜单：先选择要旋转的对象，在绘图区域右键选择“旋转”。

课堂练习 5-3：绘制图形，使小圆由中间左侧复制至上方。

（1）单击“绘图”工具栏中的“圆”按钮，绘制图形，如图 5-7 所示。

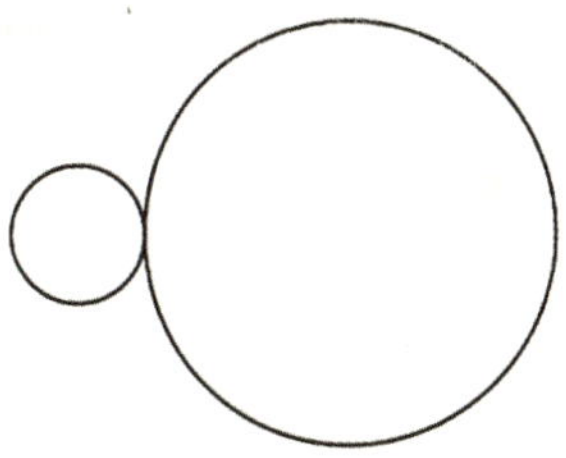

图 5-7

（2）单击“修改”工具栏中的“旋转”按钮，移动小圆的位置，如图 5-8 所示。

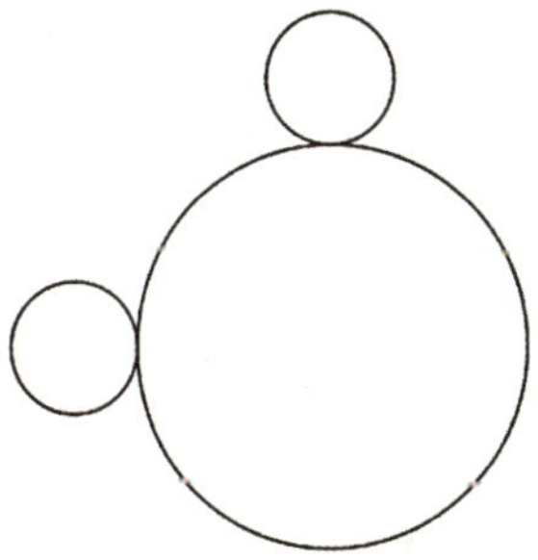

图 5-8

具体操作如下：

命令：RO

选择对象：找到 1 个

ROTATE 选择对象：选择小圆

ROTATE 指定基点：捕捉大圆的圆心

ROTATE 指定旋转角度，或 [复制（C）/ 参照（R）]<0>：C

ROTATE 指定旋转角度，或 [复制（C）/ 参照（R）]<0>：-90

4.2 镜像图形对象

镜像命令可以使被选对象在指定位置生成一个或多个副本，提高绘图效率。启动镜像命令，可以使用以下 2 种方式执行命令：

※ 命令行：输入命令 MIRROR（也可输入快捷命令“MI”，按回车键）。

※ 工具栏：单击“修改”工具栏中的“镜像”按钮。

课堂练习 5-4：绘制窗帘图形。

（1）单击“绘图”工具栏中的“圆弧”按钮，绘制如下图形，如图 5-9 所示。

（2）单击“修改”工具栏中的“镜像”按钮，镜像复制窗帘图形，使图形完整，如图 5-10

所示。具体操作如下：

命令：MI

选择对象：（选择绘制好的窗帘图形）

指定镜像线的第一点：捕捉窗帘右侧末端上点

指定镜像线的第二点：捕捉窗帘右侧末端下点

要删除源对象吗？［是（Y）/否（N）]<否>：

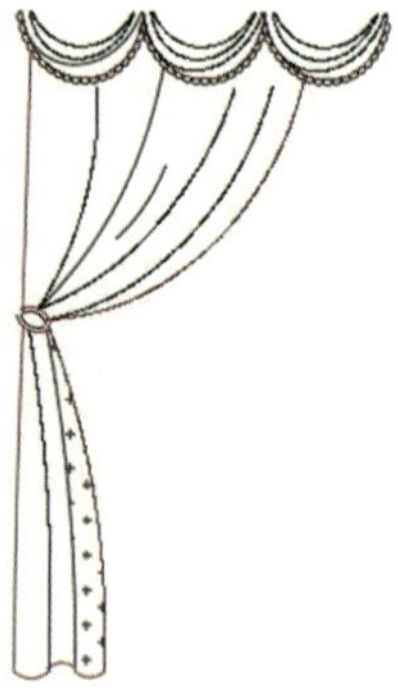

图 5-9

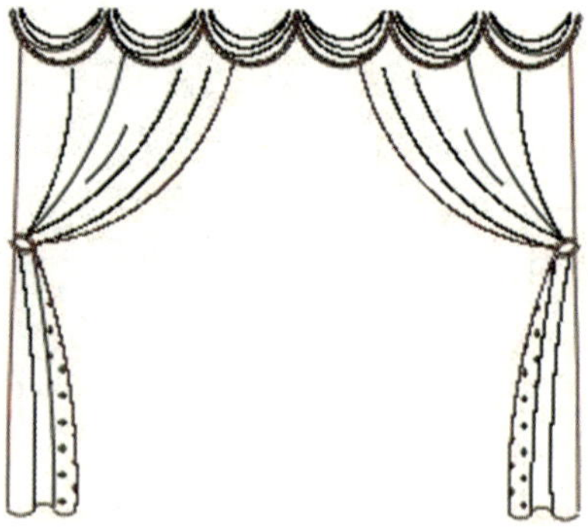

图 5-10

5. 对齐和阵列对象

5.1 对齐图形对象

对齐命令可以在二维或三维空间中将对象与其他对象对齐。启动对齐命令，可以使用以下 2 种方式执行命令：

※ 命令行：输入命令 ALIGN（也可输入快捷命令“AL”，按回车键）。

※ 工具栏：单击“修改”工具栏箭头下的“对齐”按钮。

5.2 阵列图形对象

阵列命令可以使被选对象按矩形或环形排列复制多个副本，从而提高绘图效率。启动阵列命令，可以使用以下 2 种方式执行命令：

※ 命令行：输入命令 ARRAY（也可输入快捷命令“AR”，按回车键）。

※ 工具栏：单击“修改”工具栏中的“阵列”按钮。

课堂练习 5-5：绘制如下图形。

（1）单击“绘图”工具栏中的“矩形”按钮，绘制长度为 100 单位的正方形，如图 5-11 所示。

图 5-11

（2）单击“修改”工具栏中的“阵列”按钮，选择“矩形阵列”。

（3）选择前面已绘制好的矩形为对象，在行的右侧输入“10”，列的右侧输入“10”，如图 5-12 所示。具体操作如下：

命令：AR

ARRAY 选择对象：选择所画矩形

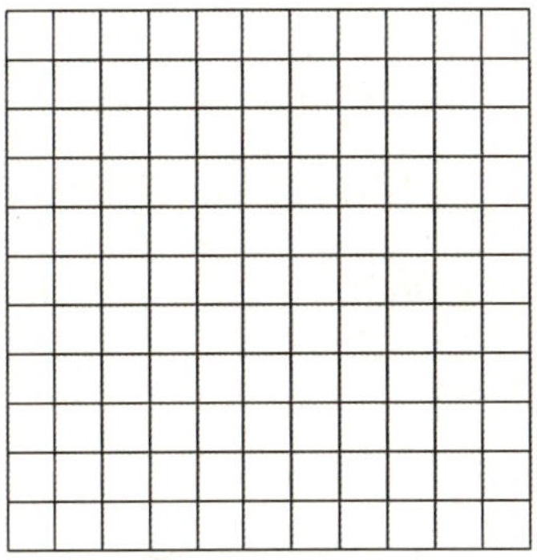

图 5-12

选择对象：找到 1 个

ARRAY 输入阵列类型 [矩形（R）路径（AR）极轴（PO）]< 矩形 >：R

选择夹点以编辑阵列或 [关联（AS）基点（B）计数（COU）/ 间距（S）/ 列数（COL）/ 行数（R）/ 层数（L）/ 退出（X）]< 退出 >：COL

输入列数或 [表达式（E）]<4>：10

指定列数之间的距离或 [总计（T）表达式（E）]<18>：50

选择夹点以编辑阵列或 [关联（AS）基点（B）计数（COU）间距（S）列数（cOL）行数（R）层数（L）退出（X）]< 退出 >：R

输入行数或 [表达式（E）]<3>：10

指定行数之间的距离或 [总计（T）表达式（E）]<18>：50

指定行数之间的标高增量或 [表达式（E）]<0>：

选择夹点以编辑阵列或 [关联（AS）基点（B）计数（COU）间距（S）列数（cOL）/ 行数（R）层数 L）退出（X）]< 退出 >：

课堂练习 5-6：绘制如下图形。

（1）单击“绘图”工具栏中的“圆”按钮，分别绘制半径为 100 和 10 单位的圆，如图 5-13 所示。

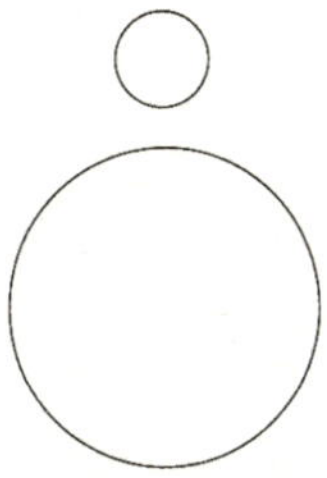

图 5-13

（2）单击“修改”工具栏中的“阵列”按钮，选择“环形阵列”。

（3）选择前面已绘制好的小圆为对象，进行环形阵列，如图 5-14 所示。具体操作如下：

命令：AR

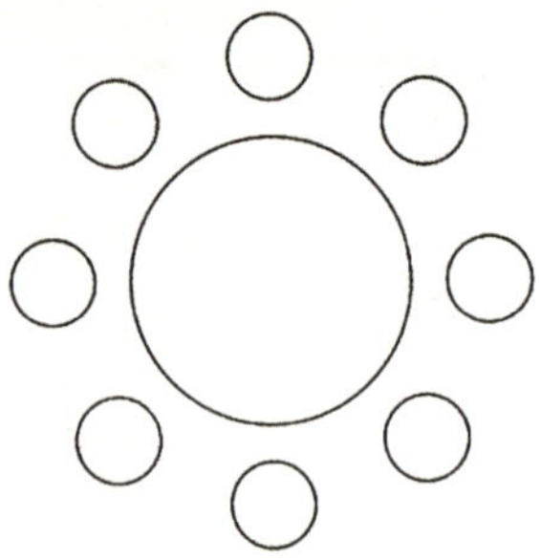

图 5-14

ARRAY 选择对象：选择所画小圆

选择对象：找到 1 个

ARRAY 输入阵列类型 [矩形（R）路径（AR）极轴（PO）]< 矩形 >：PO

类型 = 极轴关联 = 是

指定阵列的中心点或 [基点（B）旋转轴（A）]: 选择大圆中心点

选择夹点以编辑阵列或 [关联（AS）基点（B）项目（I）项目间角度（A）/ 填充角度（F）/ 行（ROW）/ 层数（L）/ 旋转项目（ROT）/ 退出（X）]< 退出 >：I

输入阵列中的项目数或 [表达式（E）]<6>：8

选择夹点以编辑阵列或 [关联（AS）基点（B）项目（I）项目间角度（A）/ 填充角度（F）/ 行（ROW）/ 层数（L）/ 旋转项目（ROT）/ 退出（X）]< 退出 >：

6. 修改对象的形状

6.1 缩放图形对象

缩放命令可以使被选对象以基点为参照进行等比例缩放，从而调整对象的大小。启动旋缩放命令，可以使用以下 3 种方式执行命令：

※ 命令行：输入命令 SCALE（也可输入快捷命令“SC”，按回车键）。

※ 工具栏：单击“修改”工具栏中的“缩放”按钮。

※ 快捷菜单：先选择要缩放的对象，在绘图区域右键选择“缩放”。

课堂练习 5-7：将下图盆栽缩小一倍绘制图形，如图 5-15 所示。

（1）单击“修改”工具栏中的“缩放”按钮，缩小一倍绘制图形。具体操作如下：

命令：SC

选择对象：（选择整个盆栽）

指定基点：捕捉盆栽的一点

指定比例因子或 [复制（C）/ 参照（R）]<2.000>：C

指定比例因子或 [复制（C）/ 参照（R）]<2.000>：2

（2）单击“移动”工具，绘制如下图形，如图 5-16 所示。

图 5-15

图 5-16

6.2 修剪图形对象

修剪命令可以使被选对象精确地终止于其他对象的边界，是一个使用频率较高的编辑命令。启动修剪命令，可以使用以下 2 种方式执行命令：

※ 命令行：输入命令 TRIM（也可输入快捷命令“TR”，按回车键）。

※ 工具栏：单击“修改”工具栏中的“修剪”按钮 ⺈。

注意：

修剪命令可以具有延伸的功能只要在选择延伸对象时按住“Shift”键。

课堂练习 5-8：用修剪命令绘制如下图形。

（1）单击“绘图”工具栏中的“矩形”按钮，分别绘制如下图形，如图 5-17 所示。

（2）单击“修改”工具栏中的“偏移”按钮，绘制如下图形，如图 5-18 所示。

图 5-17

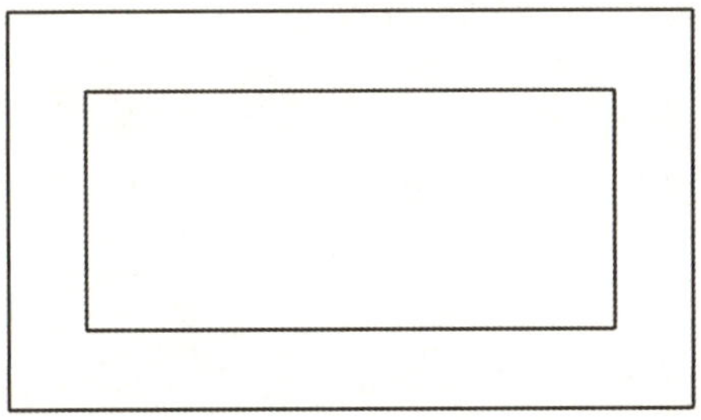

图 5-18

（3）单击“绘图”工具栏中的“直线”按钮，分别绘制如下图形，如图 5-19 所示。

（4）单击“修改”工具栏中的“修剪”按钮，绘制如下图形，如图 5-20 所示。

命令：TR

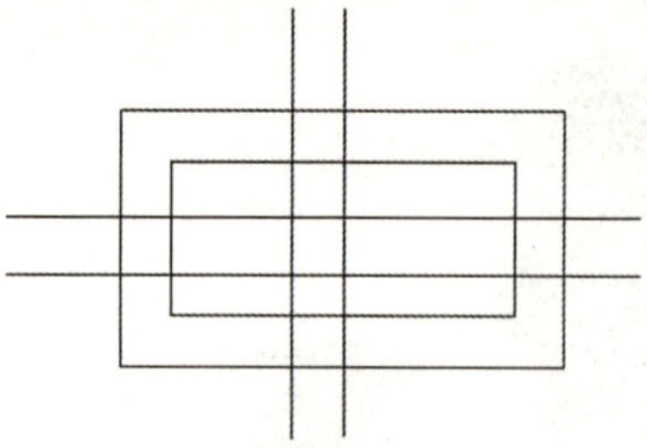

图 5-19

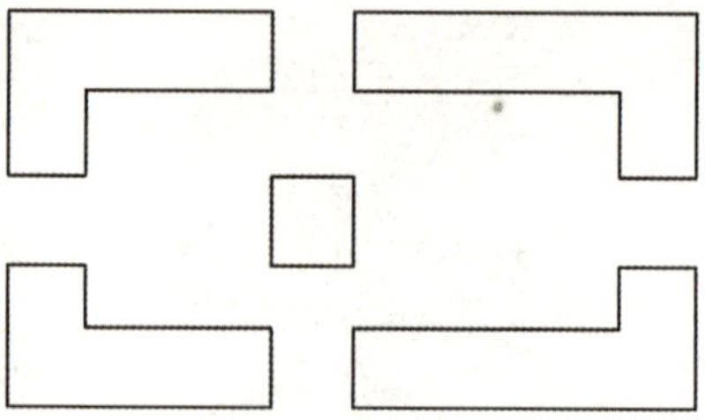

图 5-20

当前设置：投影 =UCS，边 = 无

选择剪切边 ...

选择对象或 < 全部选择 >：（全部选择）

选择对象：

选择要修剪的对象，或按住 Sht 键选择要延伸的对象，或 [栏选（F）窗交（C）投影（P）边（E 删除（R）放弃（U）]：（依次选择两条直线的中间）

选择要修剪的对象，或按住 Sht 键选择要延伸的对象，或 [栏选（F）窗交（C）投影（P）边（E）删除（R）放弃（U）]：

（5）单击“修改”工具栏中的“删除”按钮，删除中间方形，绘制如下图形，如图 5-21 所示。

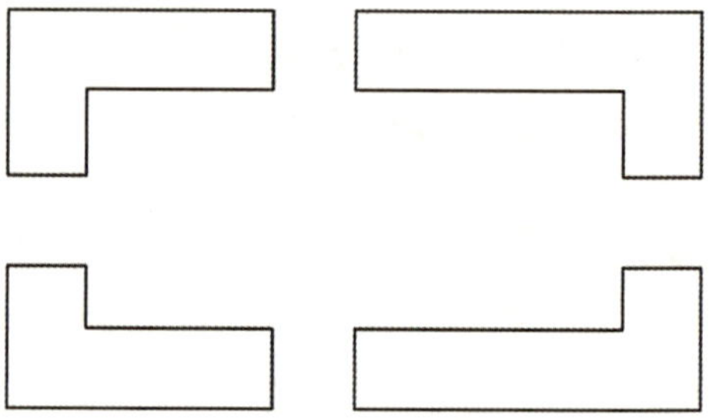

图 5-21

6.3 延伸图形对象

延伸命令可以使被选对象延长到指定边界。启动延伸命令，可以使用以下 2 种方式执行命令：

※ 命令行：输入命令 EXTEND（也可输入快捷命令“EX”，按回车键）。

※ 工具栏：单击“修改”工具栏中的“延伸”按钮。

课堂练习 5-9：用延伸命令绘制如下图形。

（1）单击“绘图”工具栏中的“圆”和“直线”按钮，分别绘制如下图形，如图 5-22 所示。

（2）单击“编辑”工具栏中的“修剪”工具，选择“修剪”工具中的“延伸”按钮，分别绘制如下图形。如图 5-23 所示，具体操作如下：

命令：EX

当前设置：投影 =UCS，边 = 无

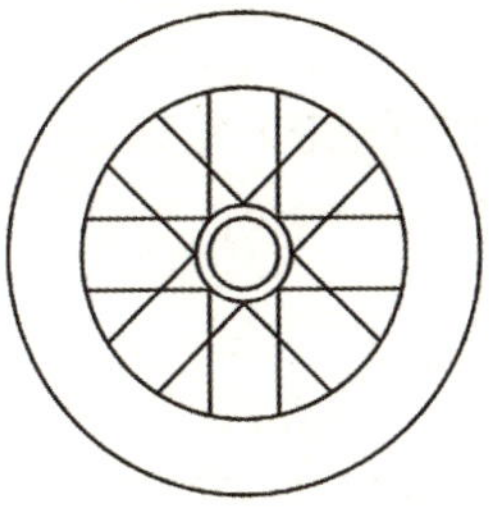

图 5-22

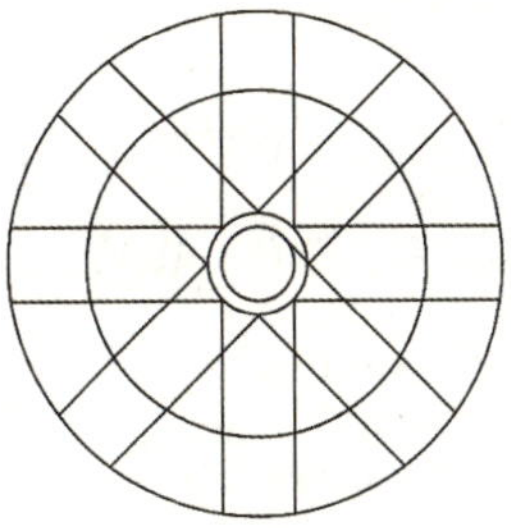

图 5-23

选择边界的边 ...

选择对象或 < 全部选择 >：（全部选择）指定对角点，找到 25 个

选择对象：

选择要延伸的对象，或按住 Shift 键选择要修剪的对象，或 [栏选（F）窗交（C）投影（P）边（E）放弃（U）]：（选择所有直线）

选择要延伸的对象，或按住 Shift 键选择要修剪的对象，或栏选 [窗交（C）投影（P）边（E）放弃（U）]：

【选项说明】

延伸命令可以具有修剪的功能，只要在选择修剪对象时按住“Shift”键。

7. 角操作

7.1 倒角图形对象

倒角相当于将图形做出有倾斜的角度，倒角只能对于直线类的实体而不能对圆弧进行倒角。启动倒角命令，可以使用以下 2 种方式执行命令：

※ 命令行：输入命令 CHAMFER（也可输入快捷命令“CHA”，按回车键）。

※ 工具栏：单击“修改”工具栏中的“圆角”下的“倒角”按钮。

课堂练习 5-10：用倒角命令绘制如下图形。

（1）单击“绘图”工具栏中的“直线”按钮，绘制 500 单位的正方形。如图 5-24 所示。

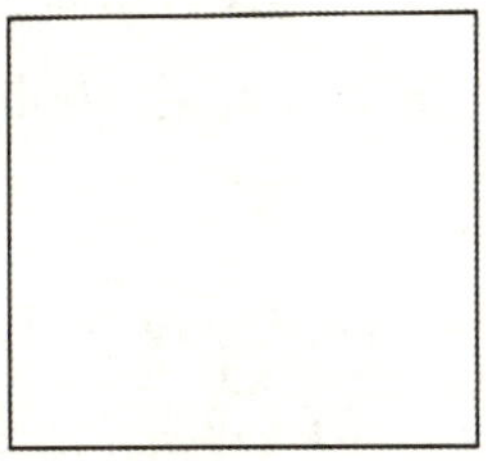

图 5-24

（2）单击“修改”工具栏中的“倒角”按钮，绘制如下图形。如图 5-25 所示。具体操作如下：

命令：CHA

CHAMFER 选择第一条直线或 [放弃（U）多段线（P）距离（D）角度（A）修剪（T）方式（E）多个（M）]：D

指定第一个倒角距离 <0.0000>：50

指定第二个倒角距离 <0.0000>：50

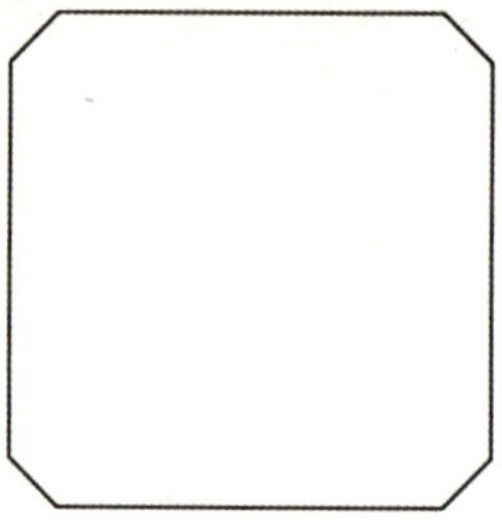

图 5-25

选择第一条直线或 [放弃（U）/ 多段线（P）/ 距离（D）/ 角度（A）/ 修剪（T）/ 方式（E）/ 多个（M）]：（选择左上角纵向线段）

选择第二条直线，或按住 Shift 键选择直线以应用角点或 [距离（D）角度（A）方法（M）]：（选择左上角横向线段）

选择第一条直线或 [放弃（U）/ 多段线（P）/ 距离（D）/ 角度（A）/ 修剪（T）/ 方式（E）/ 多个（M）]：（选择左上角纵向线段）

选择第二条直线，或按住 Shift 键选择直线以应用角点或 [距离（D）角度（A）方法（M）]：（选择左下角横向段）

选择第一条直线或 [放弃（U）/ 多段线（P）/ 距离（D）/ 角度（A）/ 修剪（T）/ 方式（E）/ 多个（M）]：（选择右上角横向线段）

选择第二条直线，或按住 Shift 键选择直线以应用角点或 [距离（D）角度（A）方法（M）]：（选择右下角纵向线段）

选择第一条直线或 [放弃（U）/ 多段线（P）/ 距离（D）/ 角度（A）/ 修剪（T）/ 方式（E）/ 多个（M）]：（选择右下角横向线段）

选择第二条直线，或按住 Shift 键选择直线以应用角点或 [距离（D）角度（A）方法（M）]：（选择右上角纵向线段）

7.2 圆角图形对象

圆角工具可以使用一段圆弧连接两个对象，使两个对象能够平滑过度。启动圆角命令，可以使用以下 2 种方式执行命令：

※ 命令行：输入命令 FILLET（也可输入快捷命令“F”，按回车键）。

※ 工具栏：单击“修改”工具栏中的“圆角”下的“圆角”按钮

课堂练习 5-11：用倒角命令绘制双人沙发。

（1）单击“绘图”工具栏中的“直线”按钮，绘制如下图形。如图 5-26 所示。

（2）单击“修改”工具栏中的“圆角”按钮，绘制如下图形。如图 5-27 所示。具体操作如下：

命令：F

选择第一个对象或 [放弃（U）/ 多段线（P）/ 半径（R）/ 修剪（T）/ 多个（M）]：R

指定圆角半径 <0.0000>：80

选择第一个对象或 [放弃（U）/ 多段线（P）/ 半径（R）/ 修剪（T）/ 多个（M）]：（选择沙发的一个边角的两边）

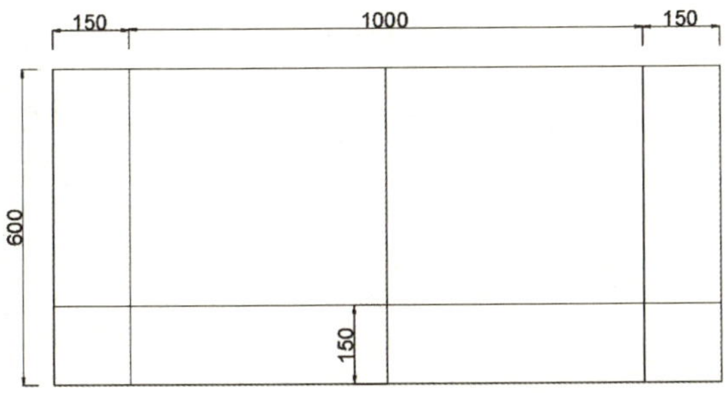

图 5-26

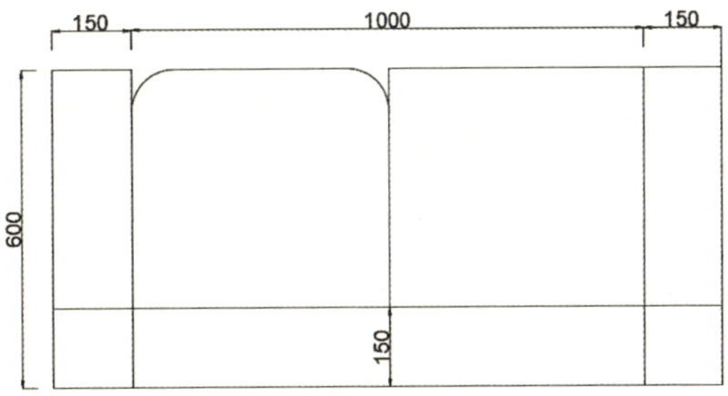

图 5-27

（3）用圆角命令重复上述步骤，绘制如下图形。如图 5-28 所示。

（4）用删除命令修剪线条，绘制如下图形。如图 5-29 所示。

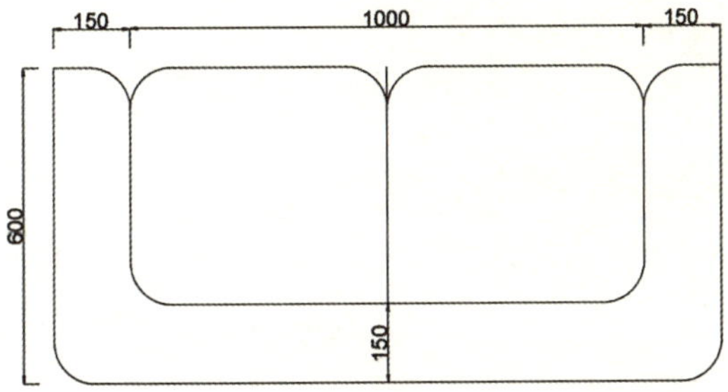

图 5-28

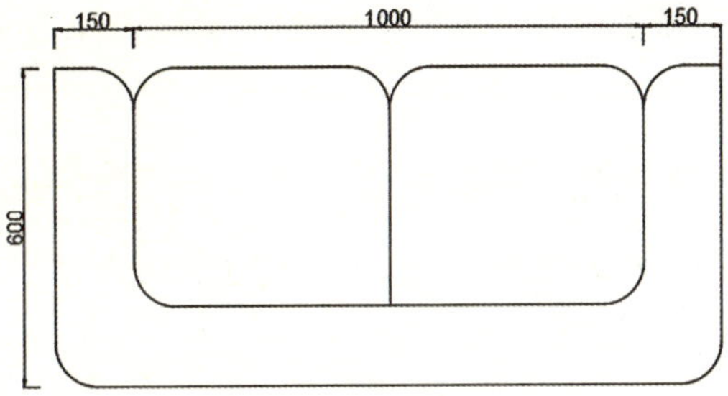

图 5-29

8. 打断、合并和分解操作

8.1 打断图形对象

打断命令可以对某些与其他图形没有相交的对象进行切断或分割操作。启动打断命令，可以使用以下 2 种方式执行命令：

※ 命令行：输入命令 BREAK（也可输入快捷命令“BR”，按回车键）。

※ 工具栏：单击“修改”工具栏中的“打断”按钮。

课堂练习 5-12：用打断打断直线。

（1）单击“绘图”工具栏中的“直线”按钮，绘制一条直线。如图 5-30 所示。

（2）单击“修改”工具栏中的“打断”按钮，打断该直线。如图 5-31 所示。

命令：BR

选择对象：（选择该直线）

指定第二个打断点或 [第一点（F）]：F

指定第一个打断点：（选择 A 点）

指定第二个打断点：（选择 B 点）

图 5-30

图 5-31

8.2 合并图形对象

合并命令可以将相似的对象合并为一个对象。启动合并命令，可以使用以下 2 种方式执行命令：

※ 命令行：输入命令 JOIN（也可输入快捷命令“J”，按回车键）。

※ 工具栏：单击“修改”工具栏中的箭头下“合并”按钮

8.3 分解图形对象

分解命令可以将一个对象分解成多个对象，这样方便对其中的一个对象进行编辑。启动分解命令，可以使用以下 2 种方式执行命令：

※ 命令行：输入命令 EXPLODE（也可输入快捷命令“X”，按回车键）。

※ 工具栏：单击“修改”工具栏中的“分解”按钮。

9. 拉长图形对象

拉长命令可以修改线段和圆弧的长度和角度。启动拉长命令，可以使用以下 2 种方式执行命令：

※ 命令行：输入命令 LENGTHEN（也可输入快捷命令“LEN”，按回车键）。

※ 工具栏：单击“修改”工具栏中的“拉长”按钮。

课堂练习 5-13：拉长线段

（1）单击“绘图”工具栏中的“直线”按钮，绘制长为 200 单位的直线，如图 5-32 所示。

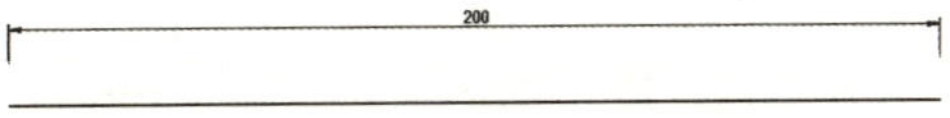

图 5-32

（2）单击“修改”工具栏中的“拉长”按钮，将直线的右边延长 80 单位长度的直线，如图 5-33 所示。具体操作如下：

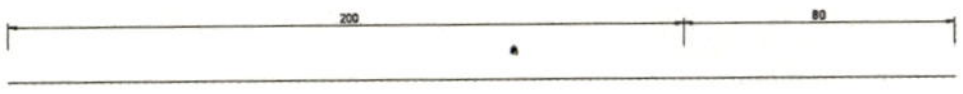

图 5-33

命令：LEN

选择要测量的对象或 [增量（DE）/ 百分比（P）/ 总计（T）/ 动态（DY）]<：DE

输入长度增量或 [角度（A）]<0.0000>：80

选择要修改的对象或 [放弃（U）/]：选择线段右侧

选择要修改的对象或 [放弃（U）/]：

课堂练习 5-14：拉长圆弧

（1）单击“绘图”工具栏中的“圆弧”按钮，绘制半径为 100 单位的四分之一圆，如图 5-34 所示。

图 5-34

（2）单击“修改”工具栏中的“拉长”按钮，将圆弧的延长为半圆，如图 5-35 所示。具体操作如下：

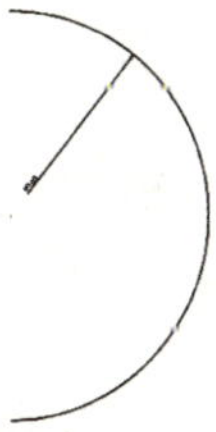

图 5-35

命令：LEN

选择要测量的对象或 [增量（DE）/ 百分比（P）/ 总计（T）/ 动态（DY）]<：DE

输入长度增量或 [角度（A）]<0.0000>：A

输入角度增量 <0>：90

选择要修改的对象或 [放弃（U）/]：选择圆弧右端

选择要修改的对象或 [放弃（U）/]：

【选项说明】

（1）增量（DE）：用指定增加的长度或角度量来改变对象。

（2）百分数（P）：用指定修改对象的长度占总长度的百分比来改变对象。

（3）全部（T）：指定新的总长度或总角度值，来改变对象的长度或角度。

（4）动态（DY）：使用拖拉鼠标的方法来动态地改变对象的长度或角度。

10. 夹点编辑图形

在 CAD 中，当你选中一个图形时，图形上会显示蓝色的方框，这就是图形的夹点（CAD 在默认状态下）。利用这些夹点，你可以直接修改图形的形状，调整图形的位置。

10.1 拉伸图形对象

使用夹点编辑图形中的拉伸命令，首先要选择一个夹点作为基点，然后选择拉伸操作，如图 5-36 所示。

图 5-36

10.2 移动图形对象

使用夹点编辑图形中的移动命令，首先要选择一个夹点作为基点，然后右击选择移动操作，如图 5-37 所示。

图 5-37

10.3 旋转图形对象

使用夹点编辑图形中的旋转命令，首先要选择一个夹点作为基点，然后右击选择旋转操作，如图 5-38 所示。

10.4 缩放图形对象

使用夹点编辑图形中的缩放命令，首先要选择一个夹点作为基点，然后右击选择缩放操作，如图 5-39 所示。

10.5 镜像图形对象

使用夹点编辑图形中的镜像命令，首先要选择一个夹点作为基点，然后右击选择镜像操作，如图 5-40 所示。

图 5-38

图 5-39

图 5-40

| 第六章 | 图案与渐变色填充

学习要点

1. 掌握图案填充和编辑

2. 掌握渐变色填充和编辑

在 AutoCAD2017 制图中，为了区别图形中不同形体的组成部分，增强图形的表现效果，可以使用填充图案和渐变色功能，对图形进行图案和渐变色填充。

1. 认识“图案填充创建”功能区

在进行图案填充之前，首先需要确定填充图案的图形区域，然后可以通过以下 3 种操作方法执行“图案填充”命令。

执行“绘图” > “图案填充”菜单。

单击“绘图”面板中的“图案填充”按钮。

执行 Hatch（H）命令。

执行“图案填充”命令，将打开“图案填充创建”功能区，在该功能区中可以设置填充的边界和填充的图案等参数，如图 6-1 所示。

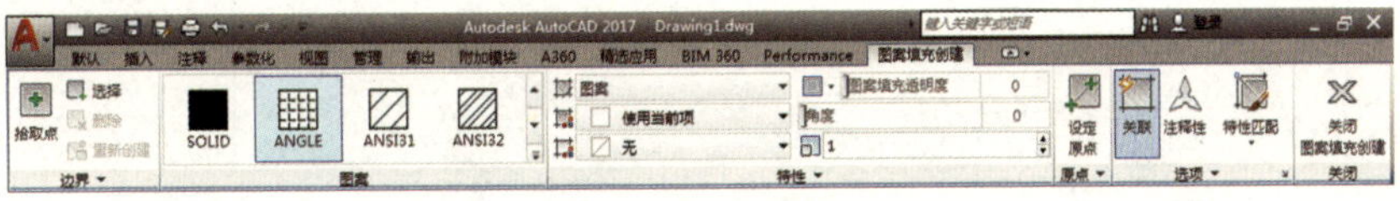

图 6-1“图案填充创建”功能区

1.1 选择填充边界

在“边界”面板中可以通过单击“拾取点”按钮指定填充的区域，或单击“选择”按钮选择要填充的对象。单击“边界”面板下方的倒三角按钮，如图 6-2 所示，可以展开“边界”面板中隐藏的选项，如图 6-3 所示。

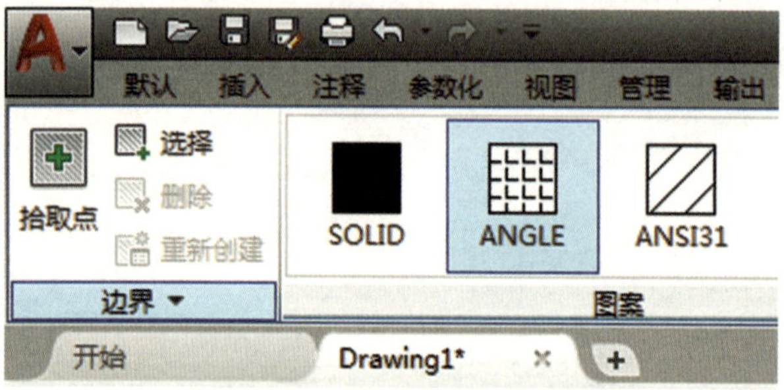

图 6-2 单击“边界”下拉按钮

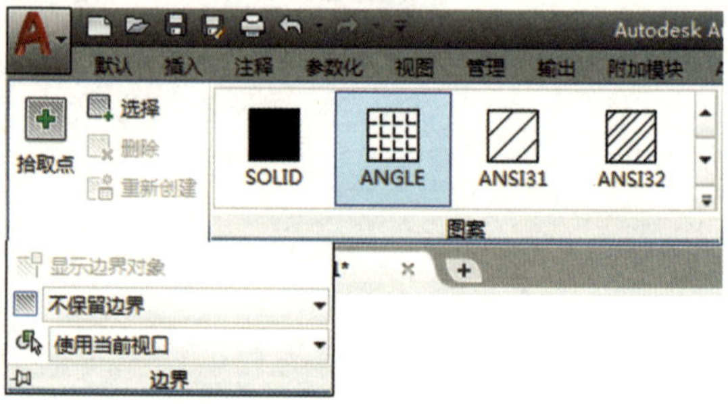

图 6-3 展开“边界”面板

1.2 选择填充图案

在“图案”面板中可以选择要填充的图案或渐变色。单击“图案”面板中右下方的按钮，如图 6-4 所示，可以展开“图案”面板。拖到“图案”面板右方的滚动条，可以显示隐藏的图案或渐变色，如图 6-5 所示。

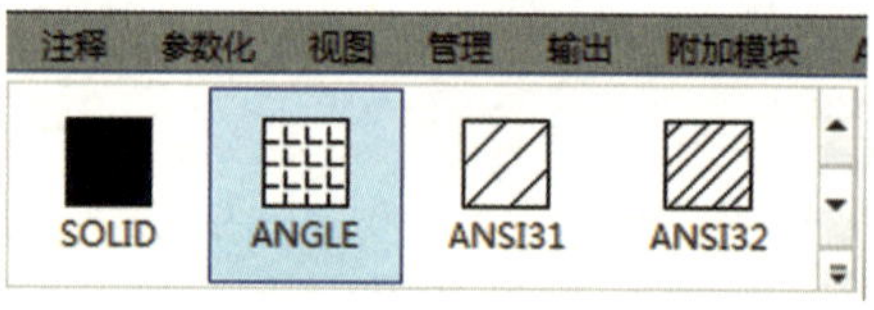

图 6-4 单击“图案”下拉按钮

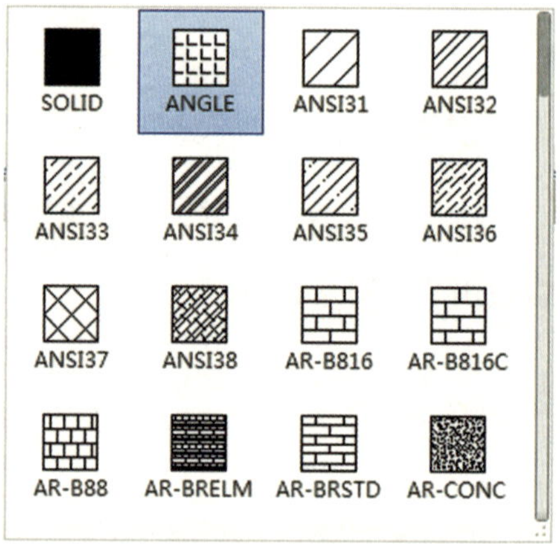

图 6-5 显示隐藏的图案

1.3 设置图案特性

在“特性”面板中可以设置图案或渐变色的样式、颜色、角度和比例等特性。单击“特性”面板中右下方的倒三角形按钮，可以展开“特性”面板中隐藏的选项，如图 6-6 所示。

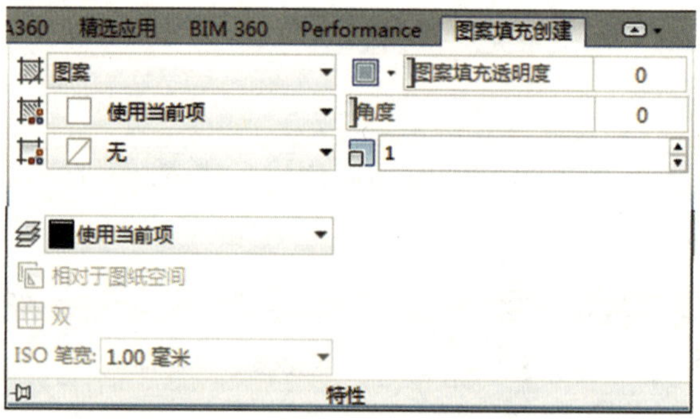

图 6-6 展开“特性”面板

1.4 设置其他选项

“原点”面板用于控制填充图案生成的起始位置。“选项”面板用于控制填充图案的关联、特性匹配和孤岛等选项。单击“选项”面板中下方的倒三角形按钮，可以展开 1 项面板中隐藏的选项，如图 6-7 所示。

提示：在设置好图案填充的参数后，单击“关闭”面板中的“关闭图案填充创建”按钮，即可完成图案或渐变色的填充操作。

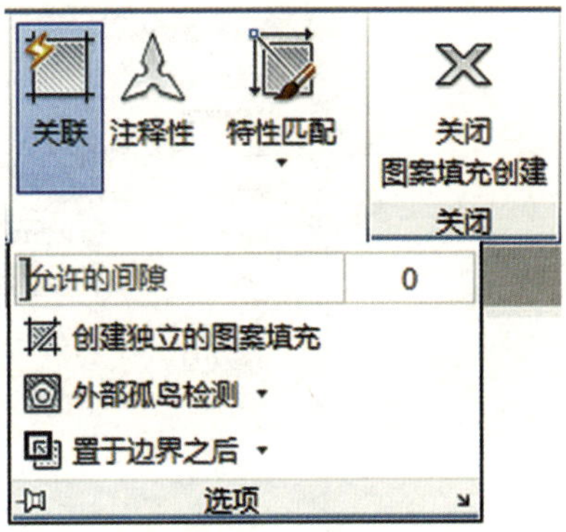

图 6-7 展开“选项”面板

2. 图案填充

在 AutoCAD2017 中，图案填充用来填充图形中的某个区域，以表达该区域的特征，例如在室内设计图中，用图案填充来表达剖切的区域等，可以使用不同的图案填充表达不同的墙体或者材料。

2.1 图案填充的设置

在 AutoCAD2017 中，可以使用预定义填充图案填充区域，也可以使用当前线型定义简单的线图案，还可以创建更复杂的填充图案。可以对封闭区域进行图案填充；对于没有封闭的图形，可以通过选择对象来定义边界进行图案填充。用户可以通过执行“绘图 > 图案填充”命令、单击“绘图”工具栏中的“图案填充”按钮或者在命令行输入 HATCH（或别名 H）命令并按 Enter 键三种方法调用“图案填充”命令。

执行“绘图 > 图案填充”命令，打开“图案填充和渐变色”对话框，单击该对话框右下角的“更多选项”按钮，可展开更多选项，如图 6-8 所示。在该对话框中，用户可以设置图案填充时的图案特性、填充边界以及填充方式等。

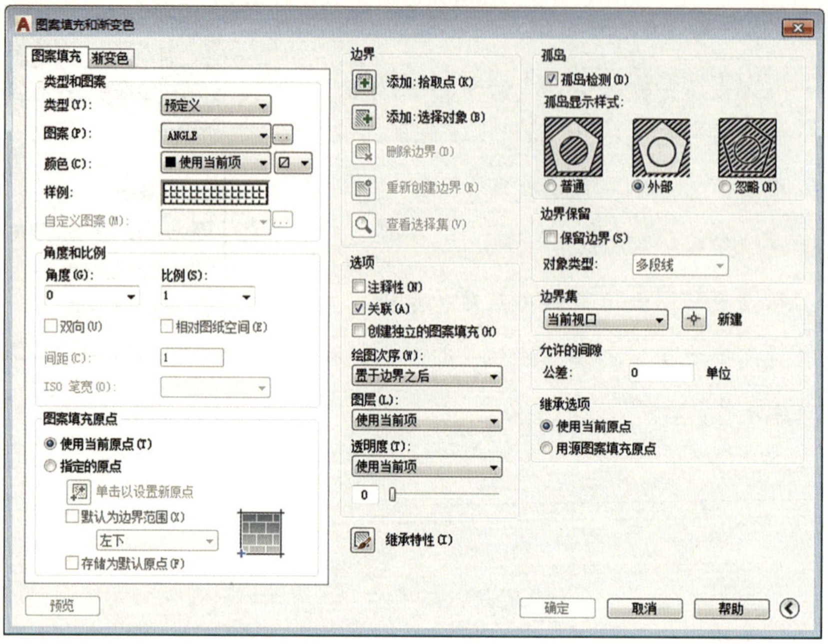

图 6-8“图案填充和渐变色”对话框

类型和图案：该选项组用于设置图案填充的类型和图案。

类型：用来设置填充图案的类型。在该下拉列表中包括“预定义”“用户定义”和“自定义”三个选项，如图 6-9 所示。

图 6-9 图案填充类型

选择“预定义”选项，将使用 AutoCAD 提供的图案进行填充；选择“用户定义”选项，则需要临时定义填充图案，该图案由一组平行线或互相垂直的两组平行线组成（即交叉线）；选择“自定义”选项，可以使用事先定义好的图案进行填充。

图案：当在“类型”下拉列表中选择“预定义”选项时，可在该下拉列表中选择填充的图案，也可以通过单击右侧的“填充图案选项板”按钮，在弹出的“填充图案选项板”对话框中选择填充图案，如图 6-10 所示（当在“类型”下拉列表中选择“用户定义”和“自定义”选项时，该下拉列表都不可用）。

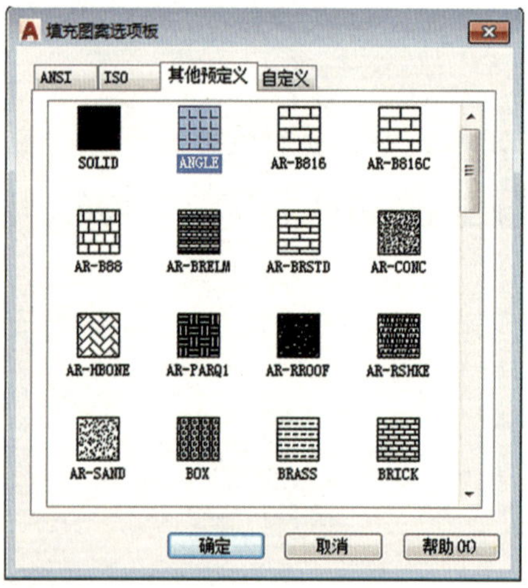

图 6-10“填充图案选项板”对话框

颜色：使用填充图案和实体填充的指定颜色替代当前颜色。该选项右侧的颜色下拉列表，用来设置图案填充对象的背景色。

样例：用来显示当前所选填充图案的预览图像。单击预览图像也可打开“填充图案选项板”对话框，可重新选择填充图案。

自定义图案：用来选择用户自定义的填充图案，只有在“类型”列表中选择“自定义”选项，该下拉列表才可用。最近使用的自定义图案将出现在列表的顶部。

角度和比例：该选项组用于设置图案填充的填充角度和缩放比例。

角度：用来设置填充图案的角度。每种图案在定义时的旋转角度都为零，用户既可以在“角度”文本框内输入图案填充时要旋转的角度，也可以从该下拉列表框中进行选择。此处的角度相对当前 UCS 坐标系的 X 轴。

比例：用来设置填充图案的缩放比例。每种图案在定义时的比例都为 1，用户既可以在“比例”文本框内输入图案填充时要缩放的比例，也可以从该下拉列表框中进行选择。只有在“类型”列表中选择“预定义”和“自定义”选项时，该选项才可用。

双向：当在“类型”列表中选择“用户定义”选项时，勾选该复选框，可使用相互垂直的两组平行线填充图形。

相对图纸空间：该复选框用来设置比例因子是否为图纸空间的比例。

间距：用来设置用户定义图案中的直线距离。当在“类型”列表中选择“用户定义”选项时，该选项才可用。

ISO 笔宽：用来设置笔的宽度，当填充图案使用 ISO 图案时，该选项才可用。

图案填充原点：该选项组用于设置图案填充原点的位置。

使用当前原点：单击该选项，当前用户坐标系的原点将作为图案填充的原点。

指定的原点：单击该选项，将使用用户指定点作为图案填充的原点。单击“单击以设置新原点”按钮，可直接在绘图窗口中单击选择某一点作为填充图案的原点；勾选“默认为边界范围”复选框，可以在该下拉列表中选择不同的点作为图案填充的原点；勾选“存储为默认原点”复选框，可将用户指定的点作为默认图案填充的原点。

边界：该选项组用于设置图案填充的边界。

“添加：拾取点”按钮：该选项以拾取点的方式确定填充区域的边界。单击该按钮可临时切换到绘图窗口，并提示选择内部点，用户可以在需要填充的封闭区域内任意单击拾取一点，AutoCAD 会自动确定包围该点的封闭填充边界，同时以虚线形式显示边界。如果在拾取点后系统不能形成封闭的填充边界，则会显示错误的提示信息。

“添加：选择对象”按钮：该选项以选择对象的方式确定填充区域的边界。单击该按钮可临时切换到绘图窗口并提示选择对象，用户可以选择需要填充的封闭对象。如果选择的对象不是封闭区域，将不能达到预期的填充效果。

删除边界：单击该按钮，可在临时切换的绘图窗口中单击选择要删除的边界。

重新创建边界：该选项用来重新创建图案填充边界。

查看选择集：单击该按钮，可在临时切换的绘图窗口中查看图案填充边界。仅当定义了填充边界时，该选项才可用。

选项：该选项组用于设置图案填充时的附加选项。

注释性：勾选该复选框，可将图案定义为可注释性对象。

关联：用来设置填充图案与填充边界的关联性。勾选该复选框，填充的图案将与填充边界保持关联关系。即对填充边界进行某些编辑时，AutoCAD 会根据边界的新位置重新生成填充图案。

创建独立的图案填充：用来设置当指定了多个单独的封闭边界时，创建单个图案填充或是多个图案填充。勾选该复选框，将创建多个图案填充。

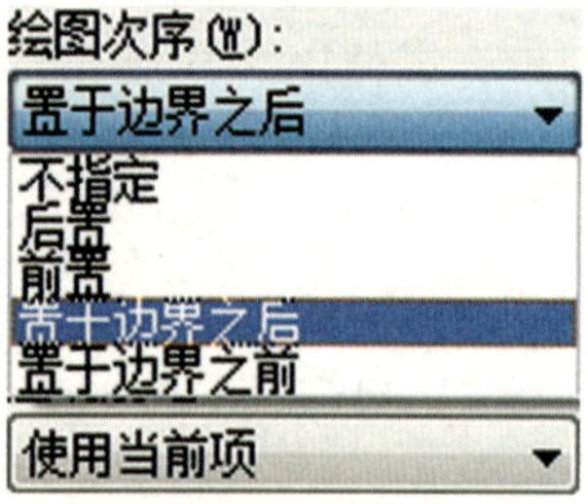

图 6-11 图案填充绘图次序

绘图次序：该选项用来设置图案填充的绘图顺序。图案填充可以放在所有其他对象之后、之前以及图案填充边界之后或者之前，如图 6-11 所示。

图层：为指定的图层指定新图案填充对象，替代当前图层。

透明度：用来设置新图案填充或填充的透明度，替代当前对象的透明度。选择“指定值”选项，用户可以拖动下方的滑轴或输入数值设置透明度。

继承特性：单击该按钮在临时切换的绘图窗口中选择某一填充图案对象，可使用选定对象的图案填充或填充特性对其他对象进行图案填充或填充。

孤岛：该选项组用来设置图形最外层边界图案填充的方法。

孤岛检测：该复选框用来控制是否检测内部闭合边界（内部闭合边界被称为孤岛）。“孤岛显示样式有普通、外部和忽略三种。普通样式：从外部边界向内填充，如果遇到内部孤岛，填充将关闭，直到遇到孤岛中的另一个孤岛。外部样式：从外部边界向内填充，此选项仅填充指定的区域，不会影响内部孤岛。忽略样式：忽略所有内部的对象，填充图案时将通过这些对象。

边界保留：该选项组用来设置是否将填充边界以对象的形式保留下来以及保留的类型。

保留边界：勾选该复选框，可将填充边界以对象的形式保留，并将其添加到图形中。

对象类型：用来设置新边界对象的类型。边界对象结果可以是多段线对象，也可以是面域对象。只有勾选了“保留边界”复选框，该选项才可用。

边界集：该选项组用来定义填充边界的对象集，即确定 AutoCAD 将根据哪些对象来填充边界。默认情况下，将根据当前视口中所有可见对象确定填充边界。或者单击“新建”按钮，在绘图窗口中指定对象来定义边界集，此时“边界集”下拉列表中将显示为“现有集合”选项（当使用“选择对象”定义边界时，选定的边界集无效）。

允许的间隙：用来设置将对象作用图案填充边界时可以忽略的最大间隙。默认值为 0，此值指定对象必须封闭而没有间隙。

继承选项：用来设置当用户使用“继承特性”选项创建图案填充时是否继承图案填充原点。

预览：单击该按钮可临时切换到绘图窗口查看图案填充效果，在绘图窗口中单击对象或按 ESC 键可返回到“图案填充和渐变色”对话框，单击鼠标右键或按 Enter 键则确认图案填充。

2.2 图案填充的编辑

创建图案填充后，还可以对图案进行相应的编辑，用户可以根据需要修改填充图案或修改图案区域的边界执行“修改” > “对象” > “图案填充”菜单，根据命令行的提示在绘图窗口中选择已有的填充图案，将弹出“图案填充编辑”对话框，如图 6–12 所示。

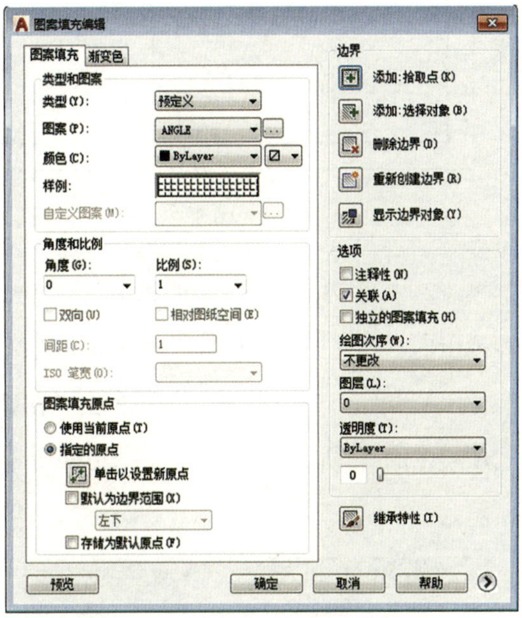

图 6–12 “图案填充编辑” 对话框

该对话框和“图案填充和渐变色”对话框相同，只是孤岛和定义填充边界选项组不再可用，在该对话框中，用户只能进行改变填充图案、填充比例和旋转角度等操作。

直接在绘图窗口中双击已填充的图案，将弹出“图案填充”面板，如图 6–13 所示，在该面板中可以对填充的图案进行少量的修改。

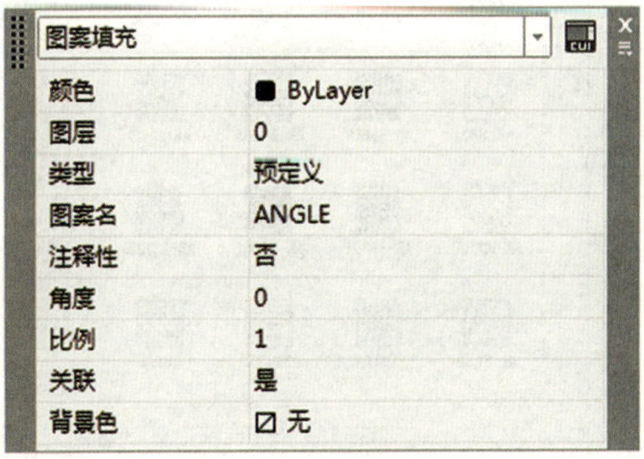

图 6–13 “图案填充” 面板

在 AutoCAD 中图案是一种特殊的块，这种块被称为“匿名块”，是一个单独的对象。可以使用“修改”>“分解”命令对其进行分解，当图案被分解后，它将不再是一个单独的对象，而是一组组成图案的线条。同时分解后的图案将失去与图形的关联性，无法再使用“修改” > “对象” > “图案填充”命令对其进行编辑。

课堂练习 6–1：填充图案。

源文件：6.1.dwg

（1）打开素材文件“素材 \ 第 6 章 \6.1.dwg”，如图 6–14 所示。执行“绘图” > “图案填充”命令，弹出“图案填充和渐变色”对话框，如图 6–15 所示。

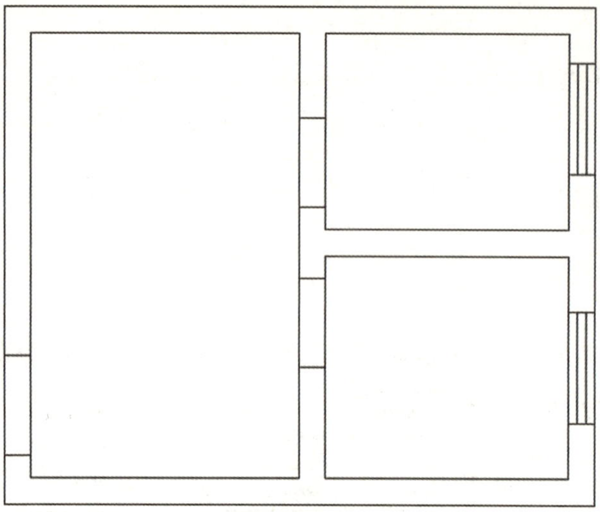

图 6-14 打开素材文件

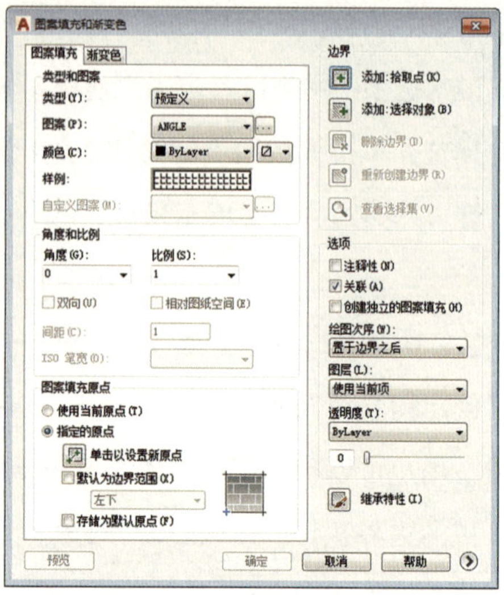

图 6-15 “图案填充和渐变色”对话框

（2）在该对话框的“类型和图案”选项组中，单击图案选项右侧的“填充图案选项板”按钮，在弹出的“填充图案选项板”对话框中选择要填充的图案，如图 6-16 所示。

（3）单击“确定”按钮，返回到“图案填充和渐变色”对话框中，单击该对话框中“边界”选项组中的“添加：拾取点”按钮，根据命令行的提示，在要填充图案的区域内部单击，如图 6-17 所示。

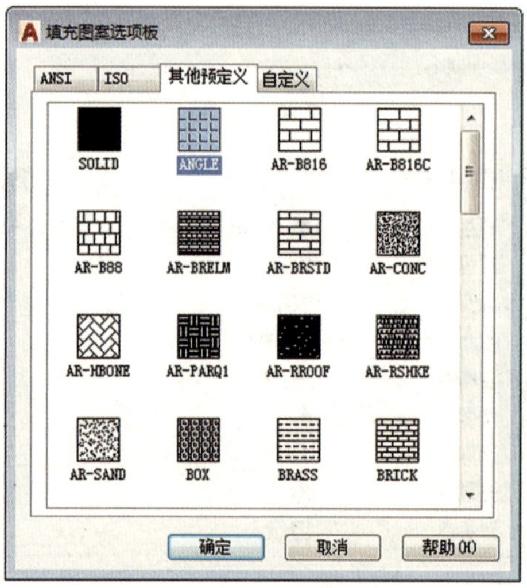

图 6-16 “填充图案选项板”

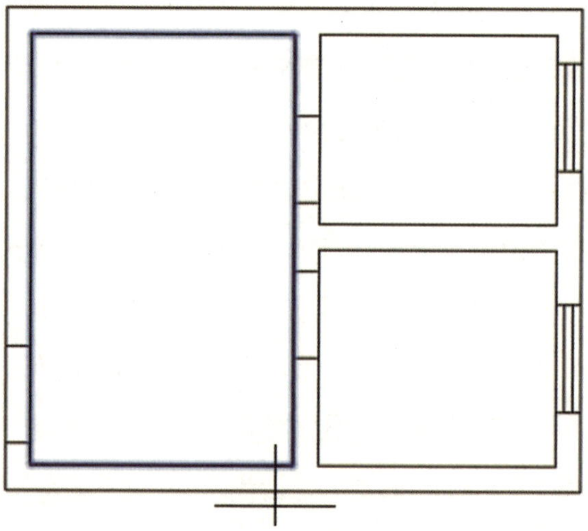

图 6-17 拾取内部点

（4）按 Enter 键返回到“图案填充和渐变色”对话框，单击“确定”按钮，图案填充效果如图 6-18 所示。使用相同的方法，为图形的其他区域填充图案，效果如图 6-19 所示。

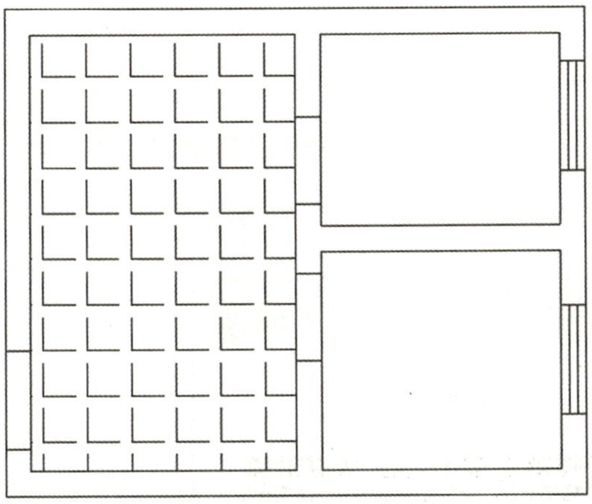

图 6-18 图案填充效果

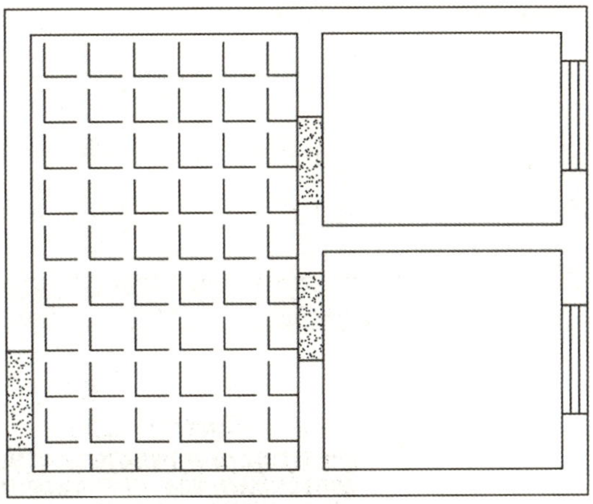

图 6-19 图案填充最终效果

3. 渐变色填充

在 AutoCAD 中不仅可以为对象填充图案，还可以为图形对象进行渐变填充，渐变填充包括单色渐变填充和双色渐变填充。

3.1 渐变色填充设置

单击“图案填充和渐变色”对话框中的“渐变色”选项卡，如图 6-20 所示，在该对话框中可以对图形对象进行单色或双色渐变填充。

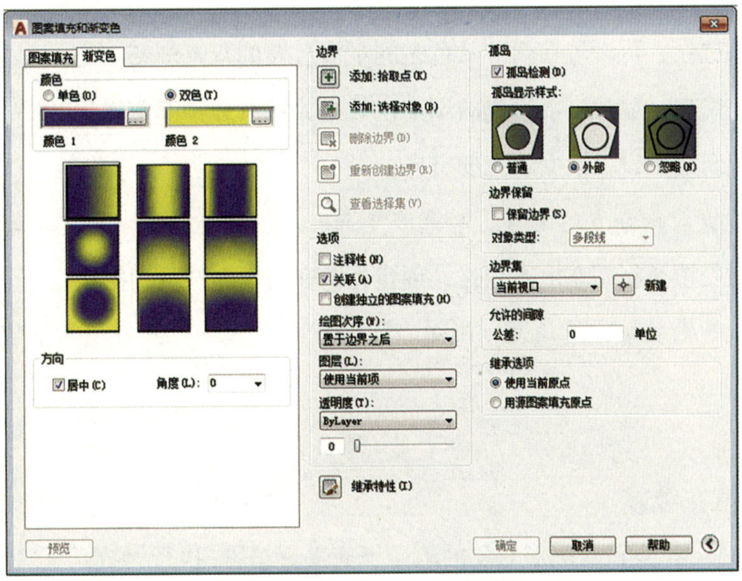

图 6-20“渐变色”选项卡

颜色：该选项组用来设置图形对象填充的颜色。

单色：单击该选项，可以使用指定的一种颜色产生的渐变色来填充图形。双击该选项，可从弹出的“选择颜色”对话框中，指定渐变填充的颜色，如图 6–21 所示。拖动“色调”滑块，可指定一种颜色的渐浅（选定颜色与白色的混合）或着色（选定颜色与黑色的混合）。

图 6-21 选择颜色对话框

双色：单击该选项，可设置在两种颜色之间平滑过渡的双色渐变填充。

渐变填充预览窗口：显示当前设置的渐变色效果，共有九种渐变效果。

方向：该选项组用来设置渐变填充的方向。

居中：用来设置对称渐变色配置。勾选该复选框，所创建的渐变色为均匀渐变；如果没有勾选该复选框，渐变填充将朝左上方变化，创建光源在对象左边的图案。

角度：用来设置渐变填充的角度。相对当前 UCS 指定角度，此选项与指定给图案填充的角度互不影响。

3.2 渐变色填充编辑

同图案填充一样，也可以对图形对象的渐变填充进行编辑，执行“修改”>“对象”>“图案填充”命令，根据命令行的提示在绘图区选择已填充的图形对象，将弹出“图案填充编辑”对话框，如图 6–22 所示。在该对话框中可以对已填充的渐变各选项进行编辑。

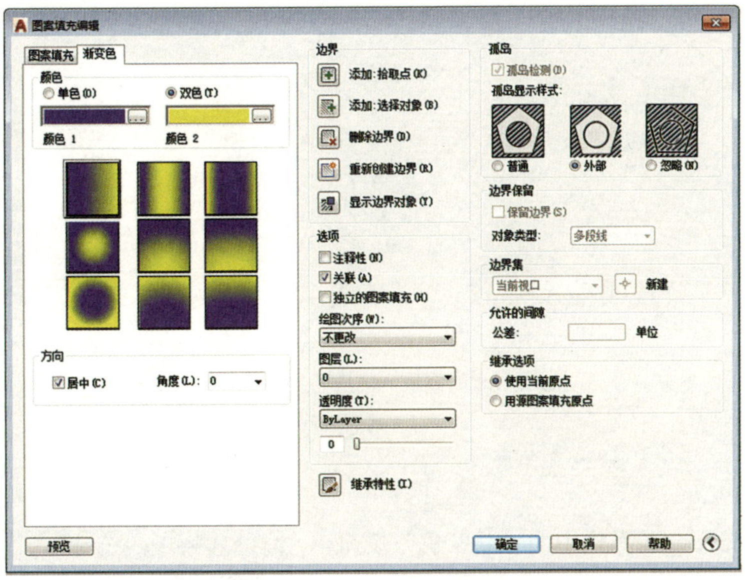

图 6-22“图案填充编辑”对话框

直接在绘图窗口中双击已填充的渐变色，弹出“图案填充”面板，如图 6-23 所示。在该面板中可对填充的渐变色进行少量的修改。

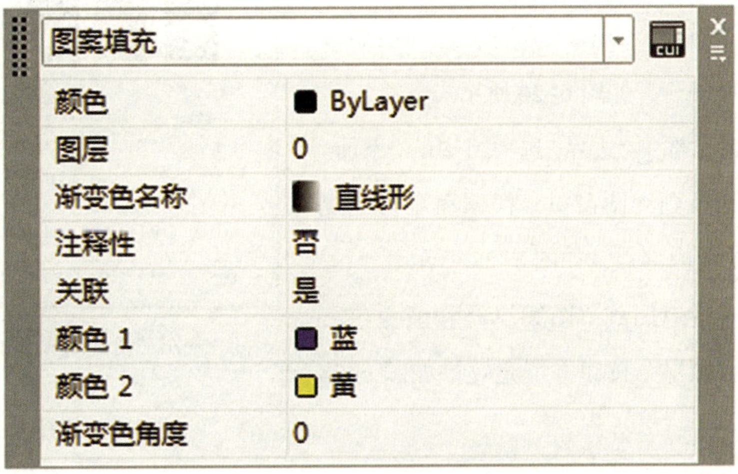

图 6-23“图案填充”面板

课堂练习 6-2：填充渐变色。

源文件：无

（1）单击“绘图”工具栏中的“圆”按钮，根据命令行的提示，绘制一个大小随意的正圆，如图 6-24 所示。

（2）使用相同的方法，结合“对象捕捉”辅助绘图工具，绘制一个较小的同心圆，如图 6-25 所示。

图 6-24 绘制正圆

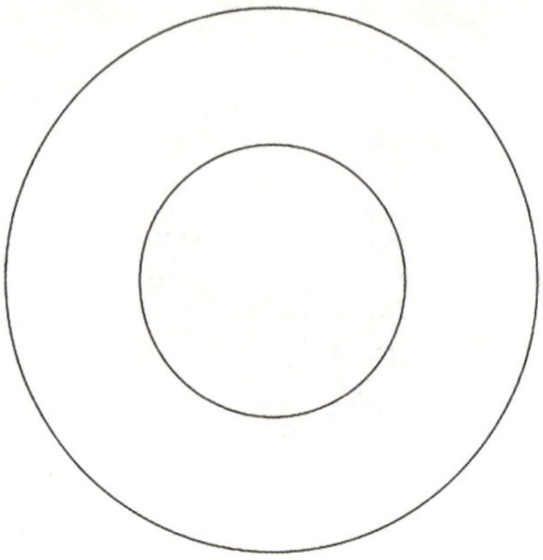

图 6-25 绘制同心圆

（3）单击“绘图”工具栏中的“渐变色”按钮，弹出“图案填充和渐变色”对话框。

（4）单击“颜色”选项组中的“单色”单选项，并打开“选择颜色”对话框，选择渐变颜色。

（5）单击“确定”按钮，在“渐变填充预览窗口”中单击选择第二个选项，并在“方向”选项组中设置渐变填充角度为 60° ，如图 6-26 所示。

（6）单击该对话框中“边界”选项组中的“添加：拾取点”按钮，切换到绘图窗口，根据命令行的提示单击图形内部拾取内部点，如图 6-27 所示。

（7）按 Enter 键返回到“图案填充和渐变色”对话框中，单击“确定”按钮，填充效果如图 6-28 所示。

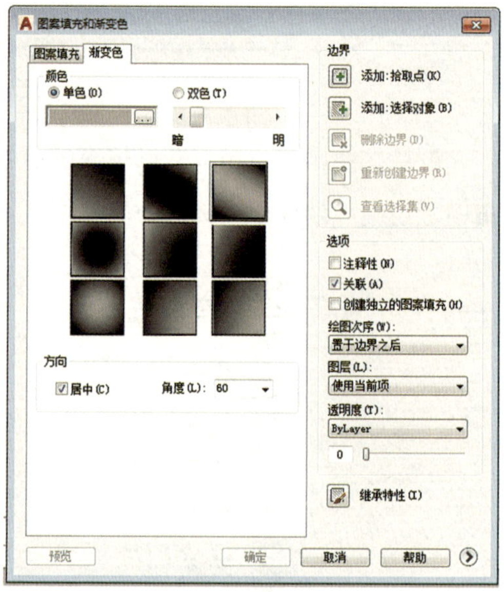

图 6-26 “图案填充和渐变色”对话框

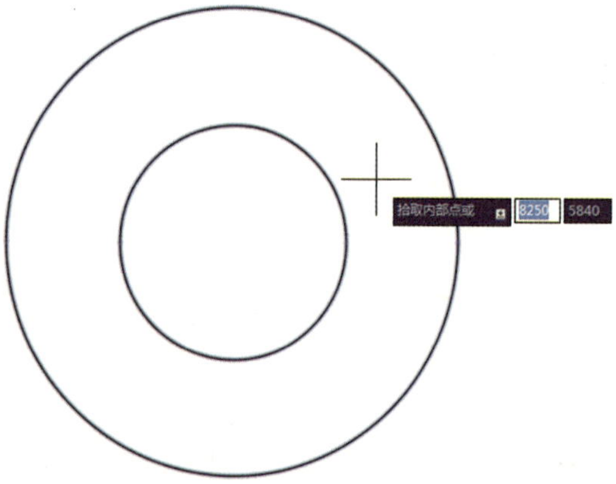

图 6-27 指定填充区域

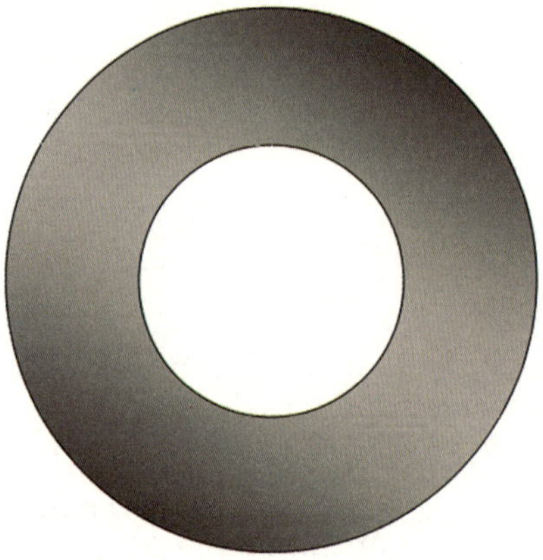

图 6-28 渐变填充效果

第七章　文字和表格的创建与编辑

学习要点

1. 设置文字样式
2. 创建单行文字
3. 创建多行文字
4. 编辑文字
5. 创建表格
6. 编辑表格

1. 设置文字样式

文字对象是 AutoCAD2017 图形中很重要的图形元素，是机械制图和工程制图中不可缺少的组成部分。在一个完整的图样中，通常都包含一些文字注释来标注图样中的一些非图形信息。文字在尺寸标注、材料说明、注释、标题中，和图形一起表达完整的设计思想。

1.1 设置文字样式

在创建文字注释和尺寸标注时，AutoCAD2017 通常使用当前的文字样式。也可以根据具体要求重新设置文字样式或创建新的样式。文字样式包括文字“字体”“字形”“高度”“宽度系数”“倾斜角”“反向”“倒置”以及“垂直”等参数。

（1）命令格式

下拉菜单：“格式”>“文字样式”

命令行：style↙（st）

工具栏：点击“文字样式”按钮

（2）操作步骤

执行该命令后出现如图 7-1 所示文字样式对话框

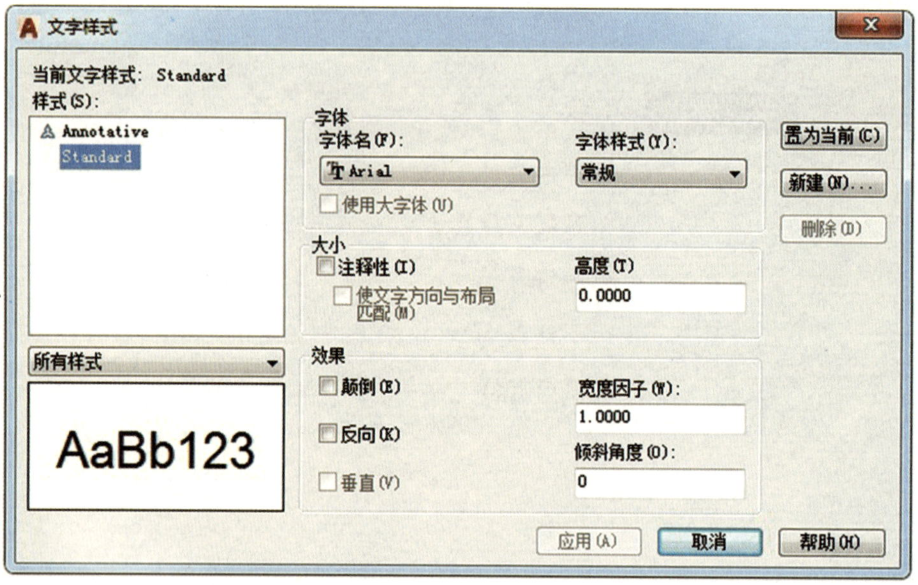

图 7-1 文字样式

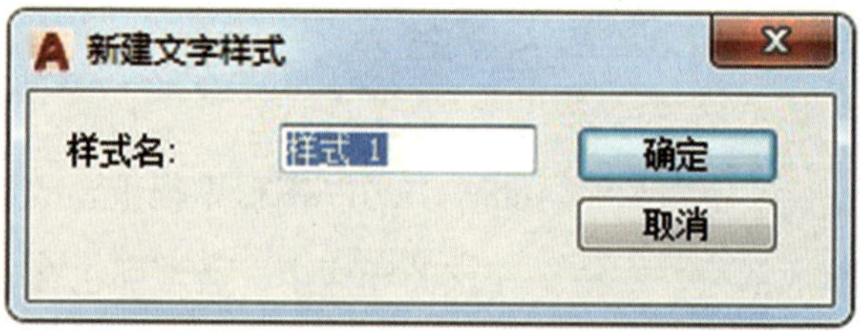

图 7-2 新建文字样式

“样式名”：在左侧方框中，列出当前可以使用的文字样式，选择其中一个，然后执行“置为当前”。默认文字样式为“Standard”样式。

“新建”：创建新的文字样式，单击该按钮，打开如图 7-2 所示的“新建文字样式”对话框，在“样式名”文本框中输入新建文字样式名称。

“删除”：单击该按钮可以删除某一已有的文字样式，但无法删除已经使用的文字样式和默认的 Standard 样式。

“字体”：在“字体名”下拉列表框用于选择字体文件，在对话框的“字体名”列表中会显示 CAD 自带的字体（*.shx），CAD 默认字体是（txt.shx）。也会显示操作系统带的 Truetype 字体（*.ttf），如宋体等，如图 7-3 所示。

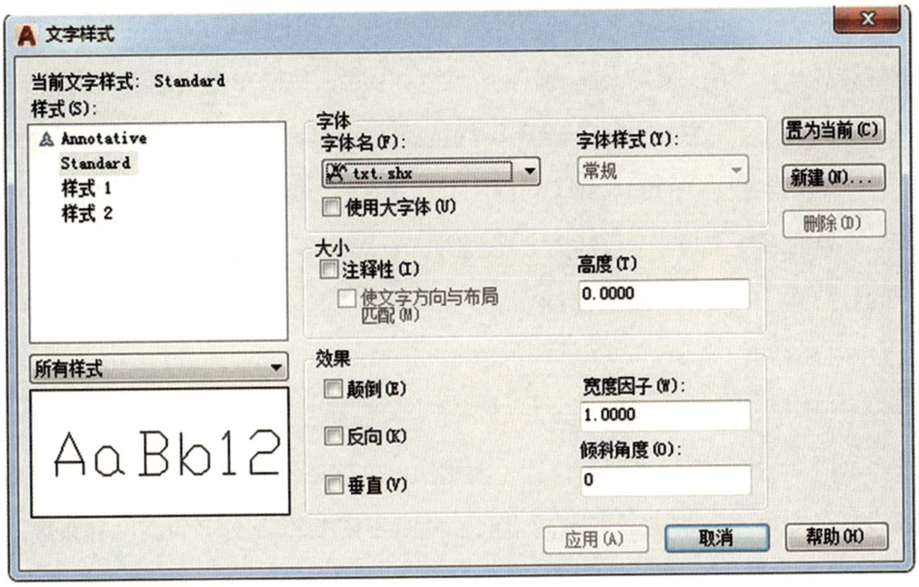

图 7-3 文字样式—字体

"字体样式"：该列表框一般是常规选项，个别有"Truetype"字体会有加粗、斜体等。

"高度"：高度文本框用于设置文字的高度。选中"使用大字体"复选框，"字体样式"下拉列表框变为"大字体"下拉列表框，用于选择大字体文件。如果将文字的高度设为 0，在使用 TEXT 命令标注文字时，命令行将显示"指定高度"提示，要求指定文字的高度。如果在"高度"文本框中输入了文字高度，AutoCAD 将按此高度标注文字，而不再提示指定高度。

"效果"：该选项用于设定文字的颠倒、反向、垂直、宽度比例和倾斜角度等显示效果。

1.2 创建单行文字

创建单行文字方法比较简单，只需执行"tcxt"命令即可。单行文字并不是指只能创建一行文字，而是指一行文字一个对象，多行文字多个对象。

（1）命令格式

下拉菜单："绘图" > "文字" > "单行文字"

命令行：text ↙

（2）操作步骤

执行该命令后，命令行出现如下提示"当前文字样式：standard 当前文字高度：0.200 注释性：否对正：左"

命令行提示："text 指定文字的起点或（对阵 J / 样式 S）"，用鼠标点击确定单行文字的位置。

命令行继续提示："text 指定文字的高度（0.200）"，按回车键或输入数值。

命令行继续提示："text 指定文字旋转的角度（0）"，按回车键或输入角度。

这时可以输入文字了，按一次回车键则换行显示，两次回车结束文字创建。

如果在："text 指定文字的起点或（对阵 J / 样式 S）"提示下不是给定起点，输入"J"则表示"对阵"，这时系统会提示："左（L）/ 居中（C）/ 右（R）/ 对齐（A）/ 中间（M）/ 布满（F）/ 左上（TL）/ 中上（TC）/ 右上（TR）/ 左中（ML）/ 正中（MC）/ 右中（MR）/ 左下（BL）/ 中下（BC）/ 右下（BR）"

其中每一项说明如下：

"对齐（A）"：控制文字高度和位置，要求给出文字基线的第一个端点和第二个端点。使用文字样式设置的宽度系数均匀分布在两点间。此时不需要输入文字的高度和角度。字高取决于字符串的长度。

"布满（F）"：要求给出文字基线的第一个端点和第二个端点。使用文字样式设置的高度均匀分布在两点间。字宽取决于字符串的长度如图 7-4 所示"对齐"和"布满"的区别。

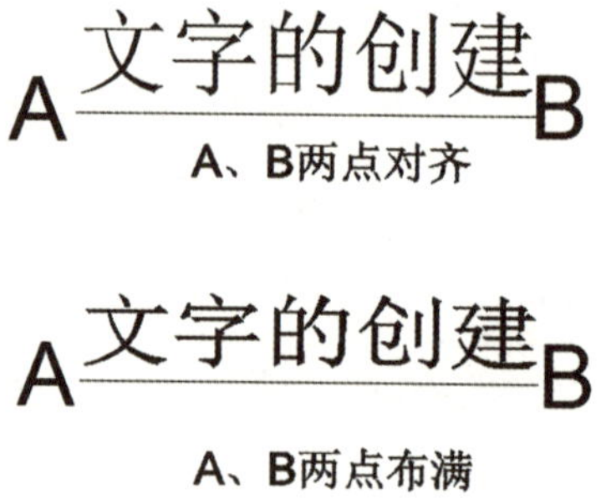

图 7-4"对齐"和"布满"的区别

"左（L）"：要求给出文字基线的左点，无论多少行，皆与该点对齐。

"居中（C）"：要求给出文字底线的中心点，无论多少行，皆与该点对齐。

"右（R）"：要求给出文字基线的右点，无论多少行，皆与该点对齐。

"中间（M）"：要求给出一点，文字的高、宽以此为中心。

"左上（TL）"：文字对齐在第一个字符的文字单元的左上角。

"中上（TC）"：文字对齐在文字单元串的顶部，文字串向中间对齐。

"右上（TR）"：文字对齐在最后一个文字单元的右上角。

"左中（ML）"：文字对齐在一个大写文字单元的垂直中点和第一个字符的左边。

"正中（MC"）：文字对齐在一个大写文字单元的垂直中点和文字串的水平中点。

"右中（MR）"：文字对齐在一个大写文字单元的垂直中点和第一个字符的右边。

"左下（BL）"：文字对齐在第一个字符的文字单元的左底部。

“中下（BC）”：文字对齐在一个串的文字单元的底部，串本身被水平地从中间划分。

“右下（BR）”：文字对齐在第一个字符的文字单元的右底部。

（3）实例操作

完成如图 7-5 所示工程图标题栏的文字创建

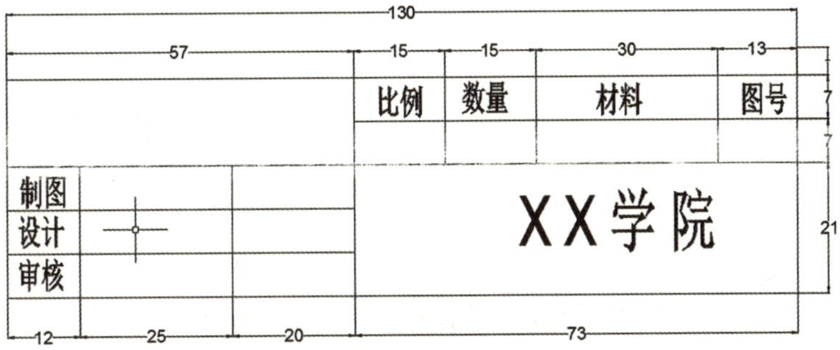

图 7-5 工程图标题栏

设置文字样式：同上面设置文字样式相同，新建文字样式名为“长仿宋体”，字体名“T 仿宋”，宽度因子“0.7”，如图 7-6 所示新建文字样式。

创建文字：输入 text ↙

当前文字样式：“长仿宋体”，文字高度：4.000，注释：否。

指定文字的起点或（对阵 J / 样式 S）：指定表格中的一点。

指定文字旋转的角度（0）：↙

输入文字“制图”二字后即可，其他小文字输入雷同。

输入文字“XX 学院”时文字高度要改为“8.000”。

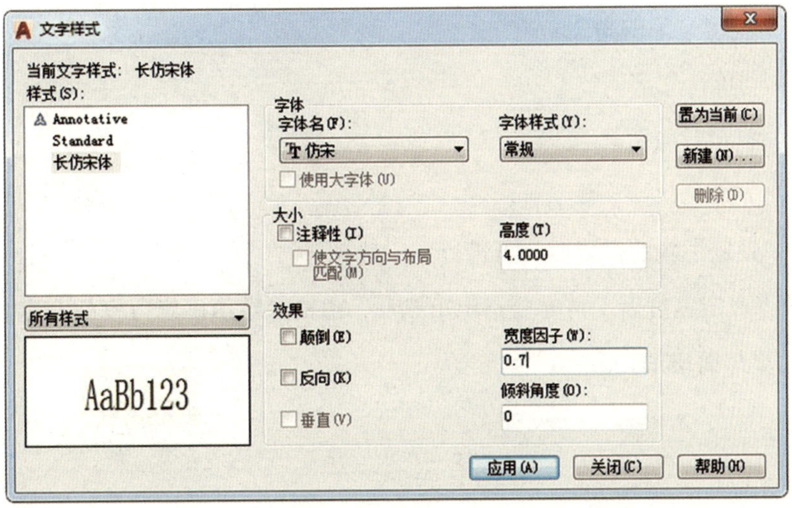

图 7-6 新建文字样式

1.3 创建多行文字

创建“多行文字”又称为段落文字，是一种更易于管理的文字对象，可以由两行以上的文字组成，而且各行文字都是作为一个整体处理。

（1）命令格式

下拉菜单：“绘图” > “文字” > “多行文字”

命令行：mtext↙（mt）

工具栏：在默认界面左侧有一列绘图工具栏，点击“多行文字”A按钮

（2）操作步骤

执行该命令后，命令行出现如下提示“当前文字样式：standard 文字高度：0.200 注释性：否

指定第一角点：点击文本标注区域的第一点。

系统继续提示：“指定对角点或高度 H / 对正 J / 行距 L / 旋转 R / 样式 S / 宽度 W”（点取文本标注区域的对角点），出现如图 7-7 所示文本编辑框。

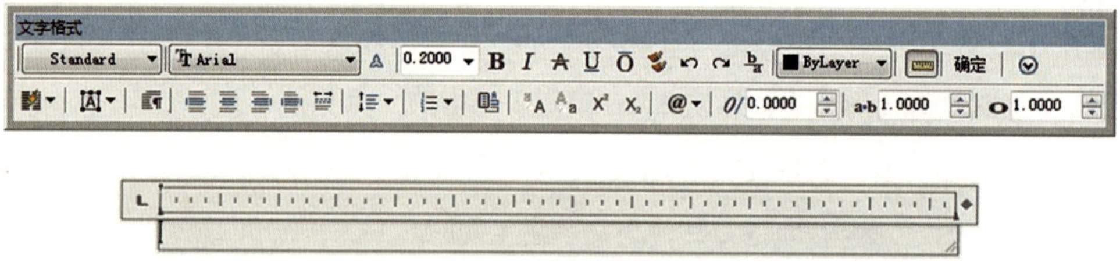

图 7-7 文本编辑框

高度（H）：指定文字的高度。

对正（J）：与单行文字一致。

行距（L）：指定行间距。

旋转（R）：与单行文字一致。

样式（S）：设定了新的样式后，可进行样式选择。

宽度（W）：设定宽度后不再需要指定第二点，由输入数值确定方框的宽度，而方框的高度随着输入行数的增加而增加。

（3）实例操作

创建多行文字，宋体，字高为“4”。

文字编辑框设定：设定两对角点后，如图 7–7 文本编辑框所示，图形窗口显示由两个对角点定义的矩形框，限制了多行文字的行宽，文字根据选择的对齐方式排列，可以突破上下界限。为指示文字扩展的方向，在矩形内上方有一个标尺，使之更加直观方便。

像 word 文档一样，在该框内可以输入文字，也可以对文字进行编辑。

将文字高度设定为“4”，字体为“宋体”。

按“确定”按钮，得到文字图形，如图 7–8 所示多行文本编辑。

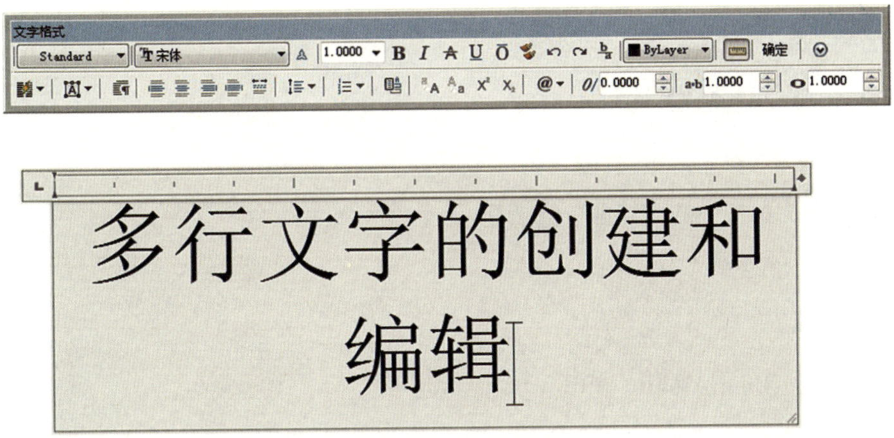

图 7–8 多行文本编辑

1.4 文本编辑

对已标注的文本进行编辑，AutoCAD2017 提供两种方法：“ddedit”和“properties”命令。

方法一：用“ddedit”命令编辑已存在的文本，主要用于修改文字内容。

（1）命令格式

下拉菜单：“修改”>“对象”>“文字”>“编辑”

命令行：ddedit ↙

（2）操作步骤

执行该命令后，系统提示，“选择注释对象或放弃（U）”，按照缺省选项，直接选择要编辑的文本。

如果选择的文本是用“text”命令创建，则弹出如图 7–9 所示的被选中的文本编辑框，用户只可以编辑文字的内容，其他都不能修改。

如果选择的文本是用“mtext”命令创建，则弹出如图 7–10 所示的被选中的文本编辑框，用户可以利用文本编辑框对文本的内容、文本属性等方面进行编辑。

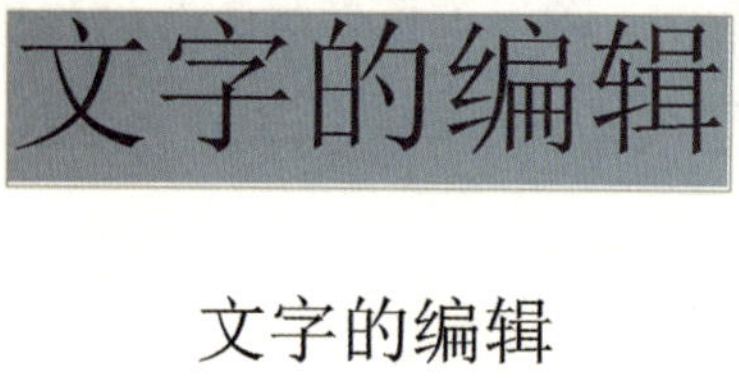

图 7-9 文本编辑框

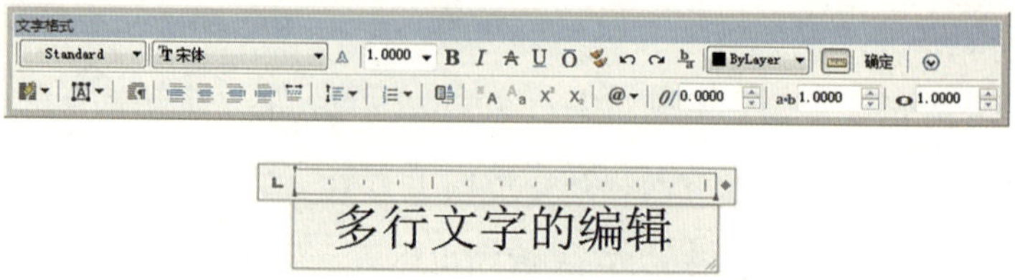

图 7-10 文本编辑框

方法二：用“properties”命令编辑已存在的文本，主要用于修改文字文字内容。

（1）命令格式

下拉菜单：“修改”>“特性”

命令行：“properties”↙

工具栏：标准工具栏中的“特性”按钮

（2）操作步骤

执行该命令后，AutoCAD2017 弹出“特性”窗口。

如果选择的文本是用“text”命令创建，则弹出如图 7-11 所示的“特性”窗口对话框。如果选择的文本是用“mtext”命令创建，则弹出如图 7-12 所示的“特性”窗口对话框。

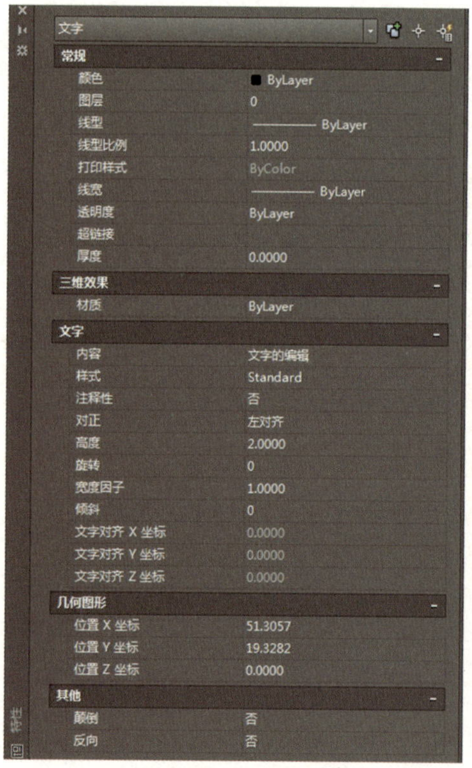

图 7-11 “特性”窗口

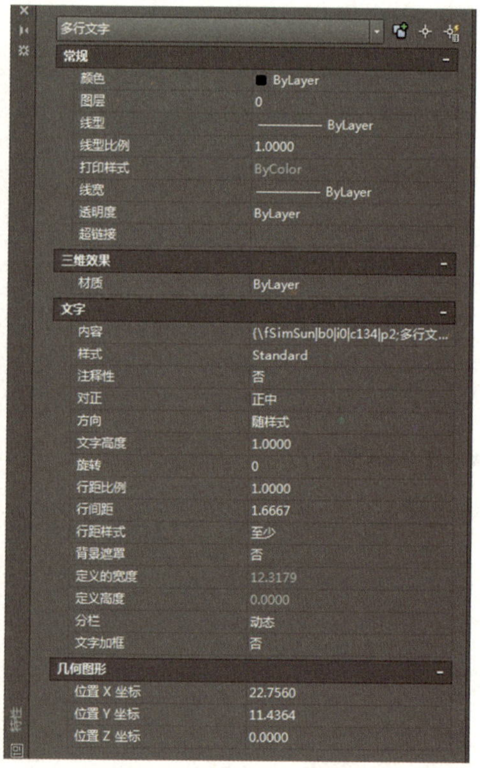

图 7-12 “特性”窗口

如果选择的文本是用“text”命令创建，窗口中除了各个对象都具有的通用属性外，还具有“text”特有的文本字符串、文本样式、对齐方式、字高、旋转角度、宽度比例系数和倾斜角度等属性。

如果选择的文本是用“mtext”命令创建，窗口中除了各个对象都具有的通用属性和“text”具有的属性外，还具有宽度、行距等属性。

2. 设置表格样式

表格是使用行和列，以一种简洁清晰的形式为用户提供信息，在工程制图中会大量使用表格，例如标题栏和明细表等。

2.1 设置表格样式

表格外观由表格样式控制，因此首先创建或选择一种表格样式，然后再创建表格。

（1）命令格式

下拉菜单：“格式”>“表格样式”

命令行：“tablestyle”↙

工具栏：在默认界面的右上侧有样式工具栏中，点击“表格样式”的按钮

（2）操作步骤

执行该命令后，AutoCAD2017 弹出如图 7-13 所示“表格样式”对话框。

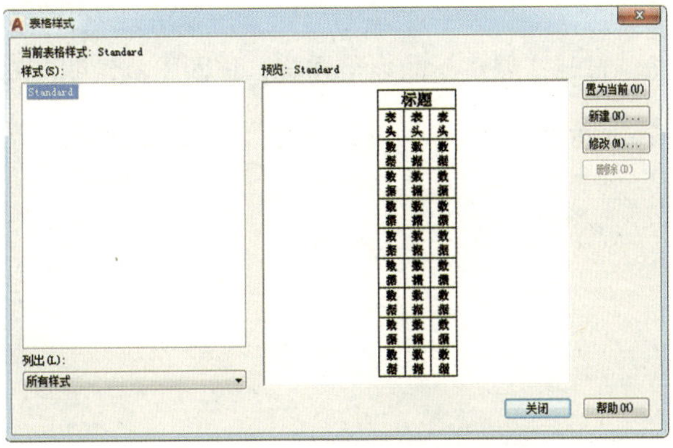

图 7-13 表格样式

默认情况下，表格样式是系统提供“standard”基础样式，选择这个样式，对话框的右侧显示其预览表格效果。

“列出（L）”：是控制表格样式的内容，可以选择在样式列表中显示所有样式，或显示正在使用的样式。

“置于当前（U）”：将样式列表中选择的表格样式设置为当前样式。

“修改（M）”：在打开的“修改表格样式”对话框中修改选中的表格样式。

“删除（D）”：删除选中的表格样式。

（3）“新建”表格样式

做一个室内顶面图例说明。

①点击“新建”按钮，打开“创建新的表格样式”对话框，输入新样式名为“顶面图例说明”，如图 7-14“顶面图例说明”所示。

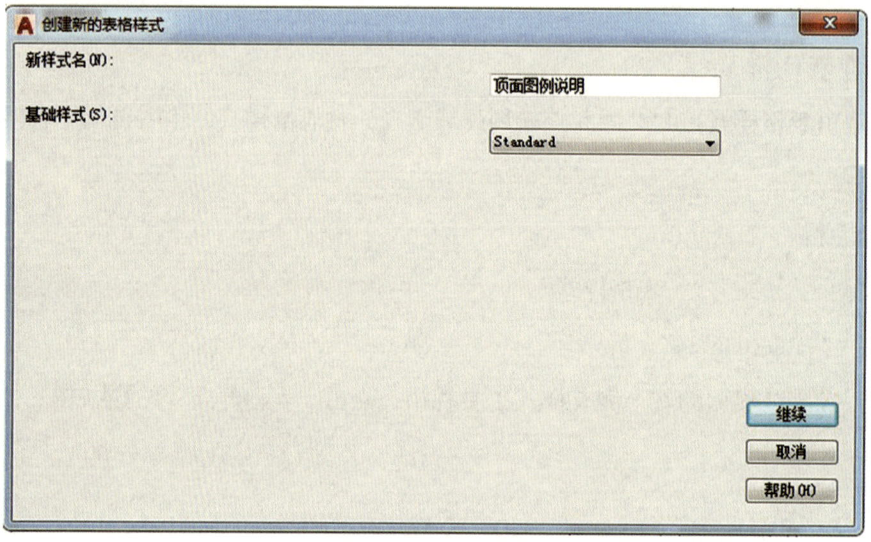

图 7-14 顶面图例说明

②点击“继续”按钮，打开“创建新的表格样式，顶面图例说明”对话框，如图 7-15 所示。左边是预览框，右边是设置表格的性质。在“单元格式”下拉列表有 3 个选项：标题、表头和数据，如图 7-16 所示单元样式。

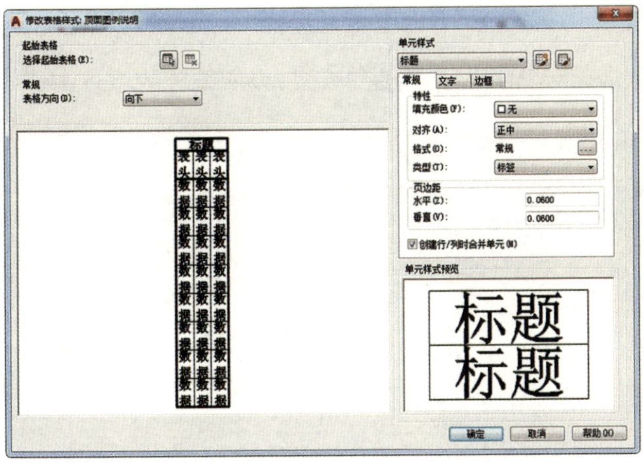

图 7-15 创建新的表格样式，顶面图例说明

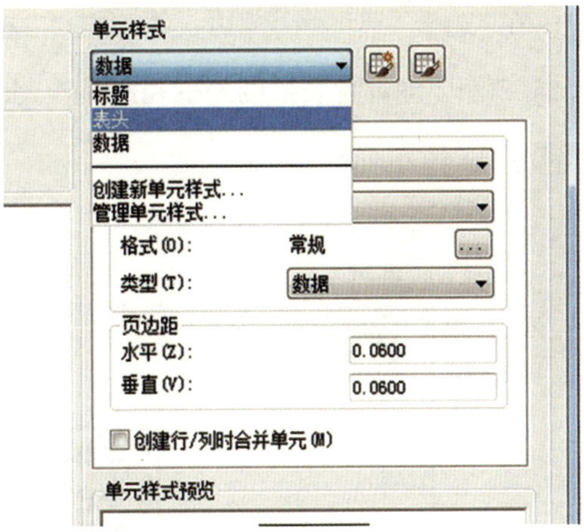

图 7-16 单元样式

③“单元格式”下方有 3 个选项卡：“常规”“文字”和“边框”，用于设置表格特性、文字特性和边框特性。

在“常规”选项卡中（参看图 7–15 创建新的表格样式，顶面图例说明），“填充颜色”是表格的背景色。“对齐”是设置表格单元中文字的对正和对齐方式，本例设置为“正中”，其他采用默认值。

在“文字”选项卡中，文字高度设置“8”，其他采用默认值，如图 7–17 所示文字。

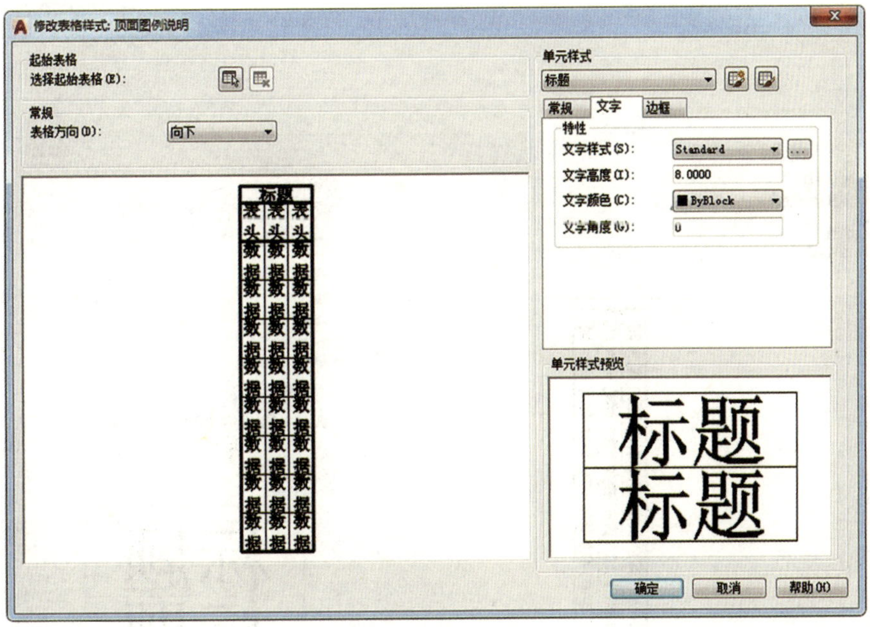

图 7-17 文字

在“边框”选项卡中，可设置表格的线型、线宽和颜色。本例中线宽选择“0.30mm”，点击“外边框”按钮，即设置表格的外框粗细为“0.30mm”，再点击其“内边框”按钮，设置线宽为“bylayer”，如图 7-18 所示“边框”。

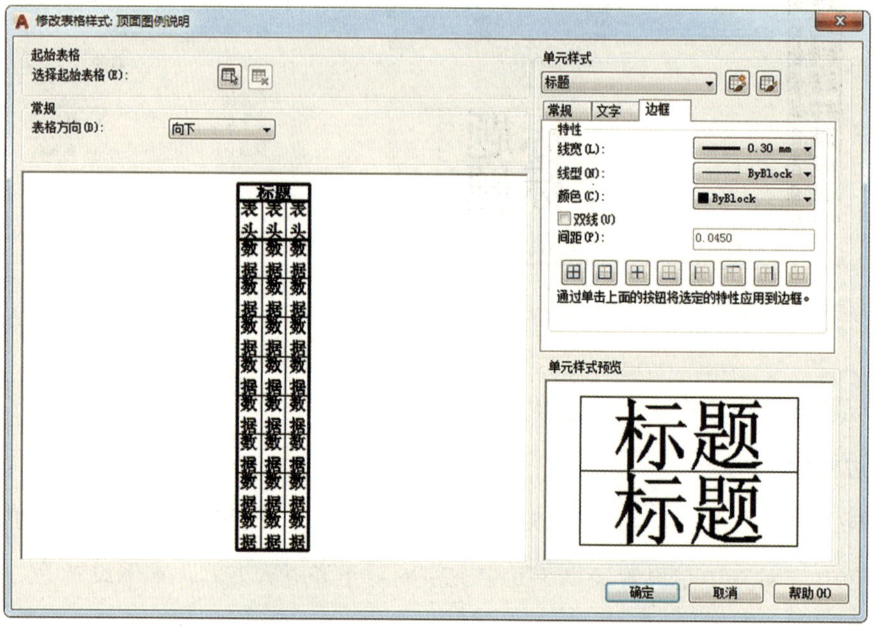

图 7-18 “边框”

④在单元样式列表中选“标题”，点击“外边框”按钮，线宽选择“0.30mm”；点击“内边框”按钮，设置线宽为“bylayer”；点击“底边框”按钮，设置线宽为“bylayer”，如图 7-19 所示标题边框。

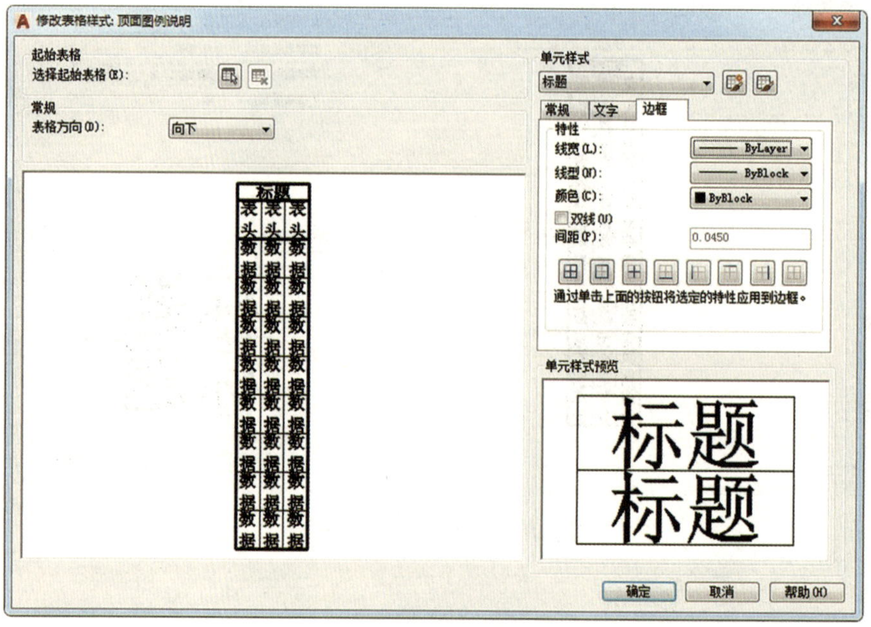

图 7-19 标题边框

⑤在单元样式列表中选“表头”，点击“外边框”按钮，线宽选择“0.30mm”；点击“内边框”按钮，设置线宽为“bylayer”；点击“底边框”按钮，设置线宽为“bylayer”，如图 7–20 所示表头边框。

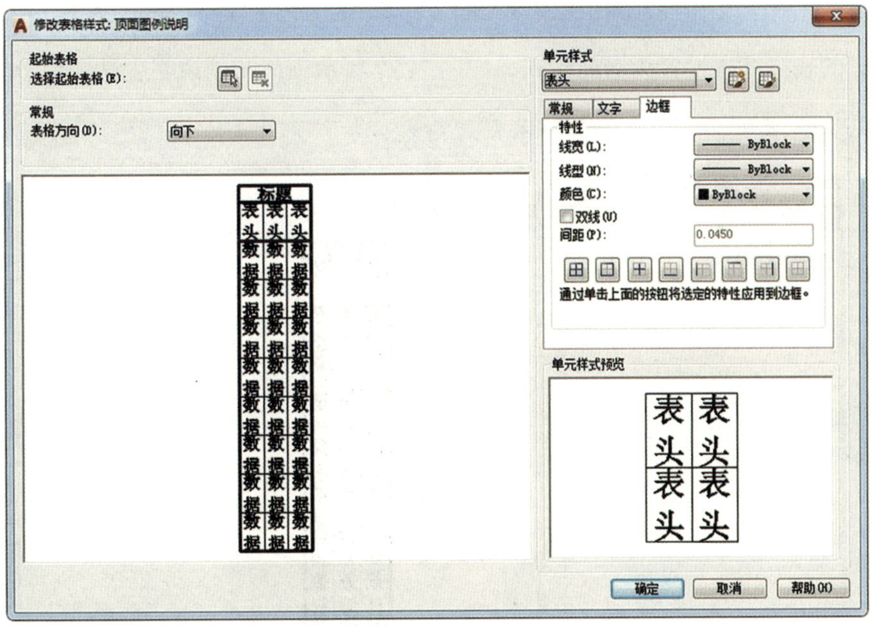

图 7–20 表头边框

⑥在“表格方向”中，有两个选项，“向上”和“向下”。默认选择是“向下”，即表示表格从上到下的顺序，标题栏会放置在表格的顶部；如果选择是“向上”，创建表格会由下向上读取表格，标题栏会放置在表格的底部，如图 7–21 所示表格方向。

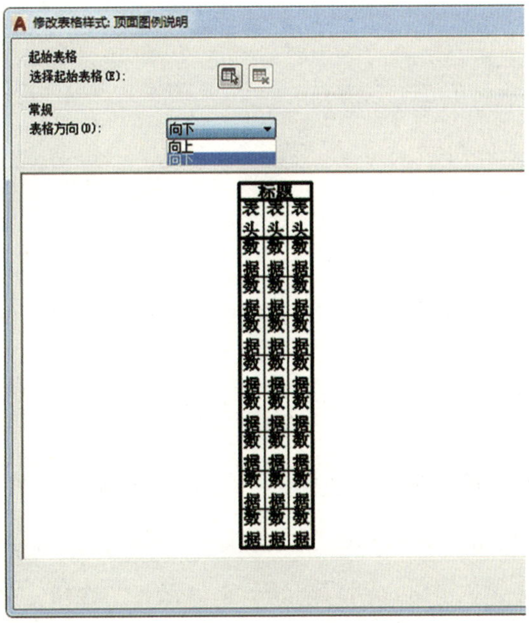

图 7–21 表格方向

⑦“页边距”用于设置单元格边框线和单元格文字内容之间的间距。单元边距设置将应用于表格中的所有单元格，默认设置为“0.06 英制”或“1.5 公制”。

⑧点击“确定”按钮，此时“表格样式”对话框的样式列表中会显示新建的样式名称“顶面图例说明”，右侧显示出“顶面图例说明”的表格样式，点击“置为当前”按钮，将选择的“顶面图例说明”的表格样式设置为当前样式，如图 7-22 所示顶面图例说明表格样式。

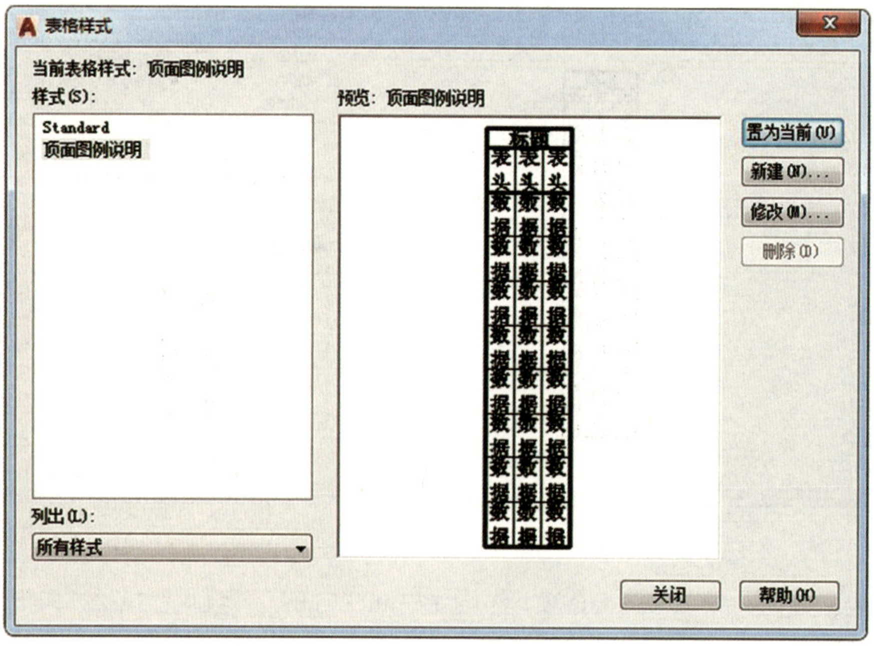

图 7-22 顶面图例说明表格样式

2.2 创建表格

（1）命令格式

下拉菜单：“绘图”>“表格”

命令行：table ↙

工具栏：在默认界面的左侧有一列绘图工具栏中，点击“表格”的▦按钮

（2）操作步骤

当使用表格命令后，打开插入表格对话框，如图 7-23 所示插入表格。

列表中显示的是当前使用的表格样式“顶面图例说明”，也可以在下拉列表中选择设置的任意一种表格样式或标准样式，也可点击右侧的“表格样式”按钮，创建一个新的表格样式。

①表格有两种插入方式：

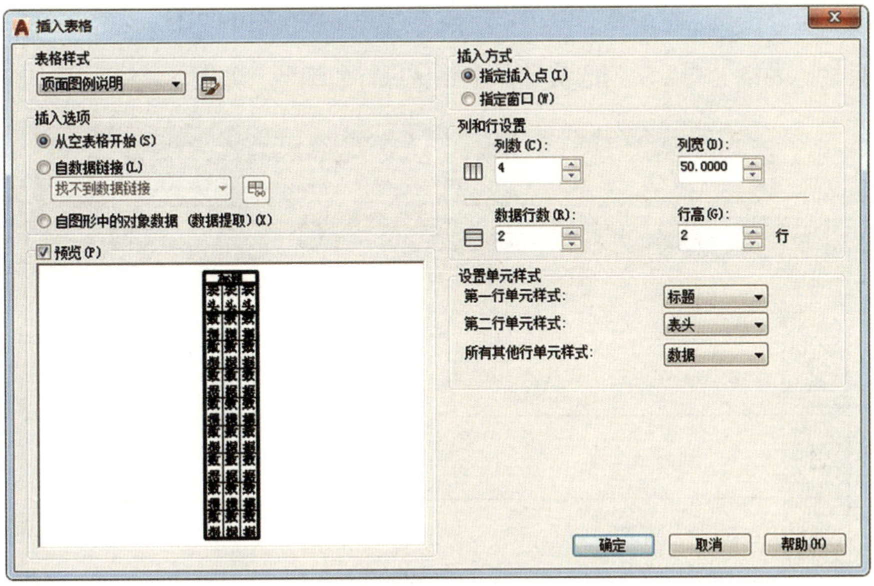

图 7-23 插入表格

指定插入点：在视图中点击一点作为表格左上角的位置。

指定窗口：可以在视图中点击并拖动鼠标，拖拽出表格大小和位置。

②设置列数、列宽、行数和行高

（3）实例应用

继续完成室内顶面图图例说明。

①使用“table”命令打开“插入表格”对话框，可以看到当前样式是“顶面图例说明”。设置列数“4”，列宽“50”，行数“2”行高“2”，如图 7-24 所示插入表格设置。

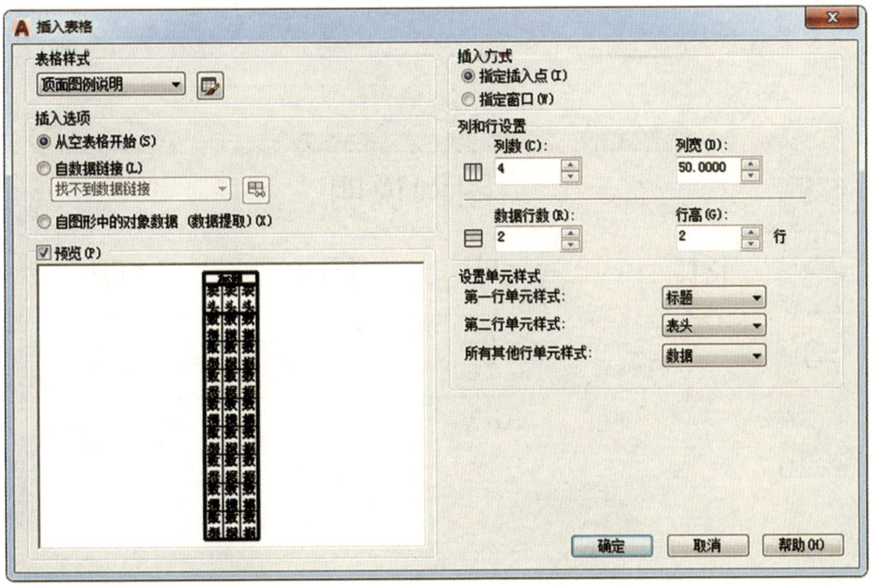

图 7-24 插入表格设置

②点击“确定”按钮，在命令行中“提示插入点”，在视图中点击，创建表格，并显示“文字格式”工具栏，表格上端显示列的编号，左侧显示行的编号，如图 7-25 所示创建新表格。

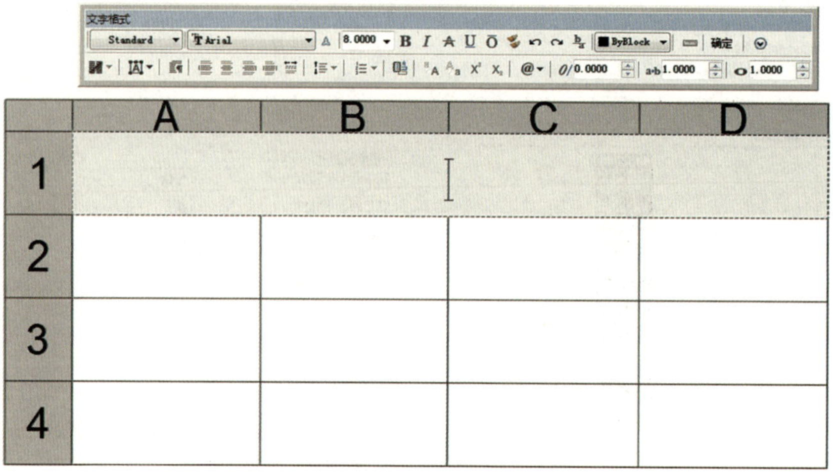

图 7-25 创建新表格

③在“文字格式”工具栏中设置文字的大小(字高 6）和字体（宋体）之后，即可在单元格中输入文字，如需要在下一个单元格中输入文字，可以按回车键或按键盘的上下左右键，也可以双击这个单元格，在“文字格式”工具栏中点击“确定”按钮，结束文字输入，如图 7-26 所示图例说明。

图例说明			
图例	说明	图例	说明
	筒灯		吸顶灯
	石英灯		节能灯

图 7-26 图例说明

④添加图块，表格中有图形时可用图块插入的方法解决。

将鼠标放在要插入图块的单元格内，单击鼠标右键，出现快捷菜单，选中“插入点”>“块”，如图 7-27 所示表格插入块。

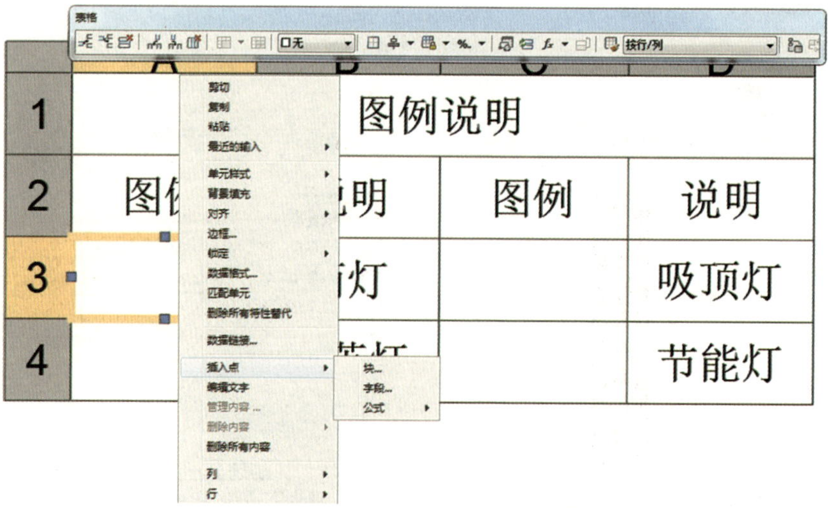

图 7-27 表格插入块

单击鼠标左键，出现“在表格中插入块”对话框，“全局单元对齐”用“正中”。如图 7–28 所示在表格中插入块对话框。

插入图块后如图 7–29 所示在图例说明中插入块。

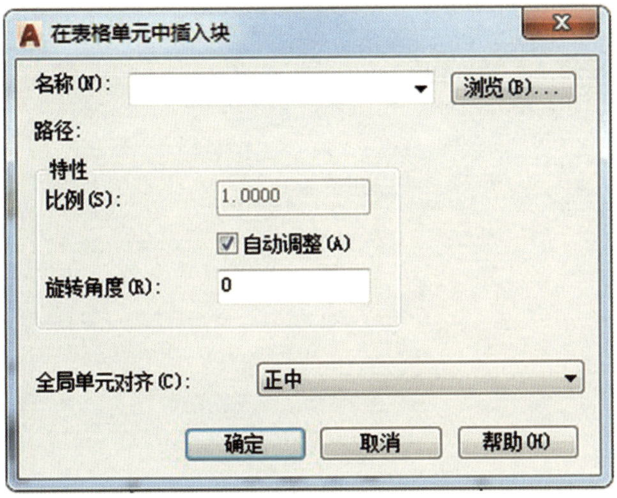

图 7–28 在表格中插入块

图例说明			
图例	说明	图例	说明
	筒灯		吸顶灯
	石英灯		节能灯

图 7–29 在图例说明中插入块

2.3 修改表格单元

表格创建完成后，用户可以单击该表格上的任意网格线，以选中该表格，然后使用“特性”选项板，弹出如图 7–30 所示表格特性对话框，或夹点来修改表格。用户可以随时修改，增加或删除列、行以及文字等。

（1）用鼠标左键单击表格中的单元格，在弹出的快捷菜单，选中“插入行”>“下方”或“上方”，可在选择单元格下方或上方插入一排新的单元格。

（2）用同样的方法在在弹出的快捷菜单中，选择“插入列”>“右”或“左”，可在选择的单元格右侧或左侧插入一排新的单元格。

（3）删除可同样操作。

（4）双击某个单元格，可重新打开“文本格式”工具栏，设置文字大小和字体后，在单元格中输入文字内容，输入的文字将采用新的格式。

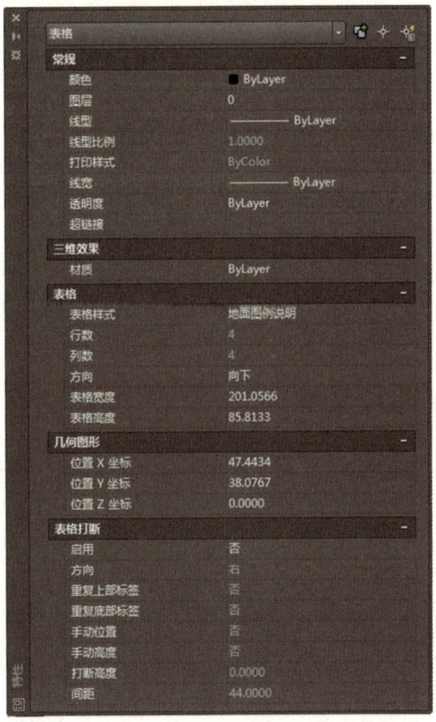

图 7–30 表格特性

| 第八章 | 标注图形尺寸

学习要点

1. 了解掌握尺寸标注
2. 创建尺寸标注样式
3. 编辑尺寸标注

1. 尺寸标注的概述

建筑形体的投影图，虽然已经清楚地表达形体的形状和各部分的相互关系，但还必须注上足够的尺寸，才能明确形体的实际大小和各部分的相对位置。在任何时候，一副工程图中尺寸标注是必不可少的重要部分。在作图中误差在所难免，但尺寸标注不能出现错误，否则将会给工程带来重大损失。因此学习和正确运用尺寸标注尤为重要。

1.1 尺寸标注构成

在 AutoCAD2017 中绘制图形中，尺寸标注由尺寸界线、尺寸线、尺寸文字、尺寸箭头和尺寸起止符组成，如图 8-1 所示尺寸标注构成图。

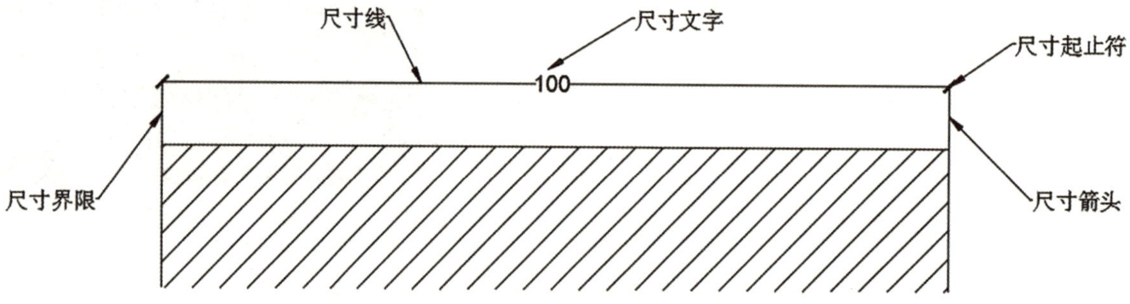

图 8-1 尺寸标注构成图

“尺寸标注构成”中的各项要求如下：

(1)尺寸界线：国标规定尺寸界线应用细实线绘画，一般应与被注长度垂直，其一端应离开图样的轮廓线不小于 2mm，另一端宜超出尺寸线 2 ~ 3mm。必要时可利用轮廓线作为尺寸界线。

(2)尺寸线：尺寸线也应用细实线绘画，并应与被注长度平行，但不宜超出尺寸界线之外（特殊情况下可以超出尺寸界线之外）。图样上任何图线都不得用作尺寸线。

(3)尺寸文字：用于表示尺寸位置的具体大小，尺寸文字包括基本尺寸，公差标注，还可以将极限尺寸作为尺寸文本。

(4)尺寸箭头：箭头就是尺寸的起点和终点，系统提供了箭头、斜线、圆点等尺寸线

(5)尺寸起止符：尺寸起止符一般应用中粗短斜线绘画，其倾斜方向应与尺寸界线成顺时针 45° 角，长度宜为 2 ~ 3mm。在轴测图中标注尺寸时，其起止符号宜用小圆点。

图 8-2 尺寸标注下拉菜单栏

1.2 尺寸标注的类型

AutoCAD2017 提供了 19 种尺寸标注类型，分别为快速标注、线性标注、对齐标注、坐标标注、半径标注、直径标注、角度标注、基线标注、连续标注、引线标注、公差标注、圆心标注等，在“标注”菜单和“标注”工具栏中列出了尺寸标注的类型，如图 8-2 所示尺寸标注下拉菜单栏、，如图 8-3 所示尺寸标注工具栏。

图 8-3 尺寸标注工具栏

1.3 尺寸标注的基本规则

(1)图纸的真实大小应以图样上所注的尺寸数值为依据，与图形的大小及绘图的准确度无关；

(2)图样中（包括技术要求和其他说明）的尺寸，以毫米为单位时，不需标注计量单位的代号或名称，如采用其他单位，则必须注明相应的计量单位的代号或名称；

(3)图样中所标注的尺寸，为该图样所示通知书的最后完工尺寸，否则应另加说明；

(4)图纸的每一尺寸，一般只标注一次，并应标注在反映该结构最清晰的图形上。

2. 设置标注样式

在进行尺寸标注时，尺寸标注样式控制尺寸界线、尺寸线、尺寸文字、尺寸箭头和尺寸起止符的外观和方式。它是一组标注变量的集合，可以用对话框的方式直观地设置这些变量，也可以在命令行中设置变量的值。

2.1 创建尺寸标注样式

（1）命令格式

①下拉式菜单：“标注” > “标注样式”。

②命令行：命令：ddim↙

③工具栏：在 CAD 经典模式的右上方有一“样式”工具栏，点击“标注样式”按钮。

（2）对话框介绍

执行该命令后，AutoCAD2017 弹出如图 8-4 所示标注样式管理器的对话框。利用该对话框及子对话框，用户可以形象直观地设置尺寸变量，建立尺寸标注样式。下面介绍对话框中的重要选项功能。

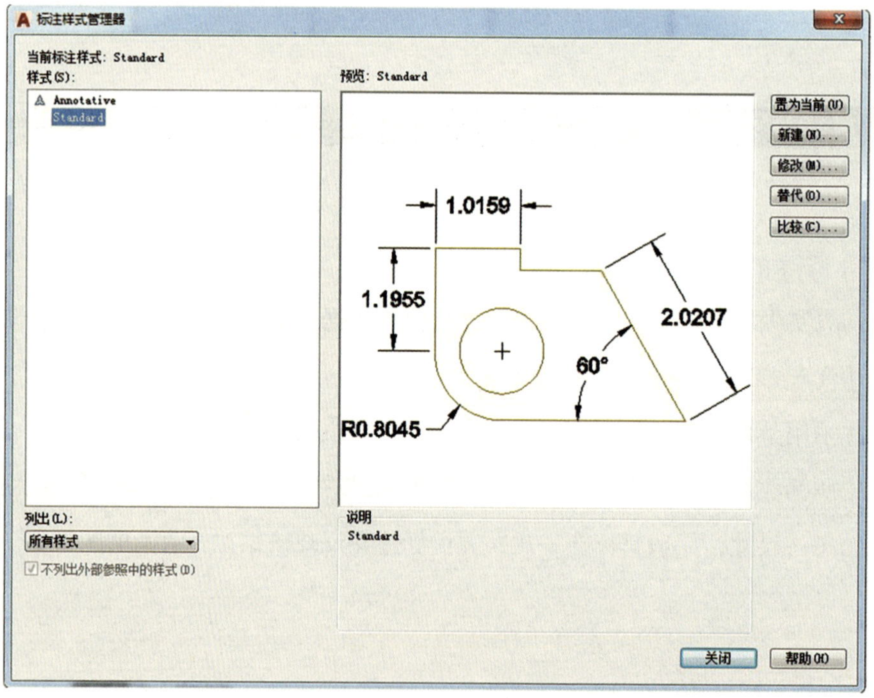

图 8-4 标注样式管理器

①当前标注样式：显示当前使用的尺寸标注格式。使用 AutoCAD 的 “acad.dwt” 图形样板文件，对话框中显示的样式名是 “standard” 。

②“样式(S)”列表框：显示已设置的图形中所有的标注样式，当前只有系统默认地“standard”样式。

③ “预览” 窗口：该窗口显示列表中选中样式标注的图形效果。

④“置为当前(U)”按钮：单击该按钮，则将列表框中选定的标注样式置为当前尺寸标注样式。

⑤ “新建（N）” 按钮：建立一个新的尺寸标注样式。

⑥ “修改（M）” 按钮：修改已定义的尺寸标注样式。

（3）创建新的尺寸标注样式

下面详细介绍如何设置新尺寸标注样式。

①单击图 8-4 “标注样式管理器” 中 “新建” 按钮，出现如图 8-5 所示的 “创建新标注样式” 对话框，用户可以在 “新标注样式名” 中输入合适的名称。

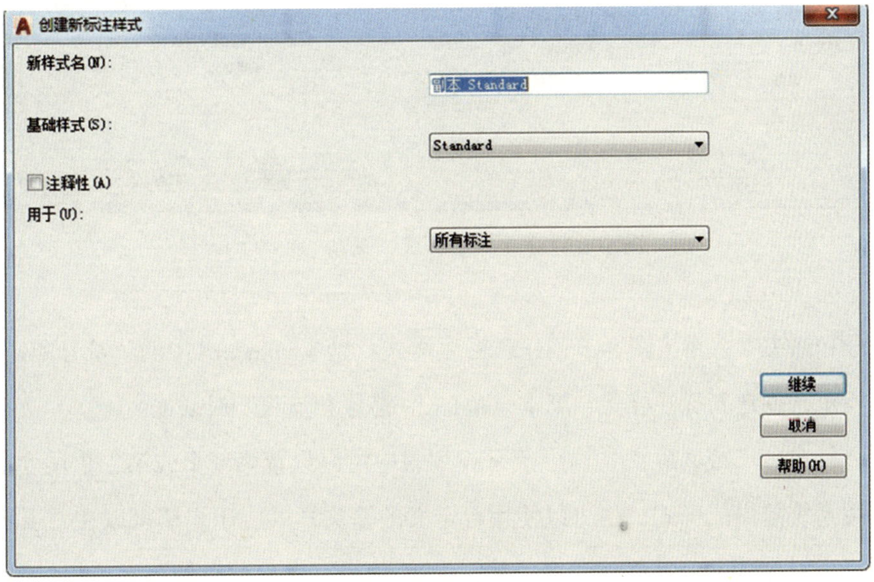

图 8-5 创建新标注样式

②单击图 8-5 “创建新标注样式” 中的 “继续” 按钮，打开如图 8-6 所示 “创建新标注样式：副本 standard” 对话框，该对话框共有 7 个选项卡，分别用于设置尺寸标注的 7 个方面，下面对主要选项卡主要功能分别介绍：

首先介绍 “线” 选项卡，在 “尺寸线” 框中，“颜色” 列表框用于显示和确定尺寸线的颜色。“线型” 列表框显示和确定尺寸线的线型。“线宽” 列表框用于显示和确定尺寸线的线宽；

在 “尺寸界线” 框中，“颜色” “尺寸界线 1 线型” 和 “尺寸界线 2 线型” 和 “线宽” 的作用和上面相同；

“超出尺寸线”是指尺寸界线超出尺寸线的距离。

“起点偏移量”是指设置尺寸界限的实际起始点和用户定义尺寸界限起始点之间的偏移量。

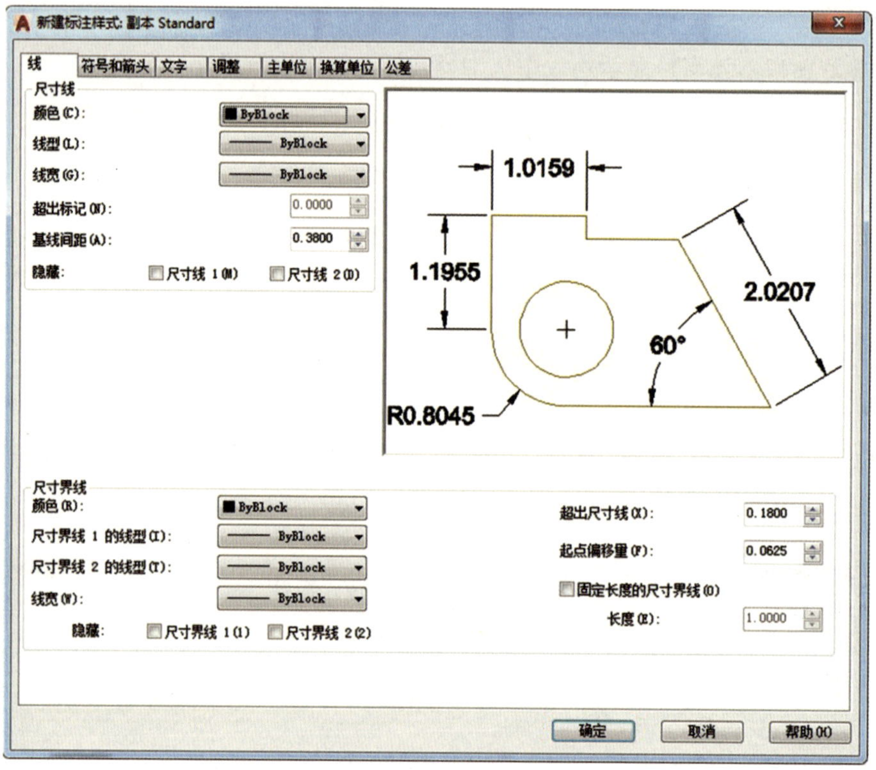

图 8-6 创建新标注样式：副本 standard

③“符号和箭头”：单击图 8-6 创建新标注样式：副本 standard 中的“符号和箭头”按钮，打开图 8-7 所示“创建新标注样式：副本 standard- 符号和箭头”对话框。

在“第一个（T）”或“第二个（D）”下拉列表中可以设置第一个或第二个尺寸箭头的样式，用户可以使用系统提供的样式，也可以使用自定义的箭头样式。用户还可以在“引线（L）”下拉列表中选择自己先要的引线样式。在“箭头大小（I）”用户可以使用系统提供箭头的大小，也可以使用自定义的箭头大小。

在“圆心标记”框中用户可以设置圆心标记的样式和大小，主要是针对圆或圆弧设定的。

在“折断标注”框中用户可以设置折断标注间隙的大小。

在“弧长符号”框中控制弧长标注中圆弧符号的显示。

在“半径标注折弯”框中控制折弯（Z 字型）半径标注的显示，折弯半径标注通常在圆心点位于页面外时创建。

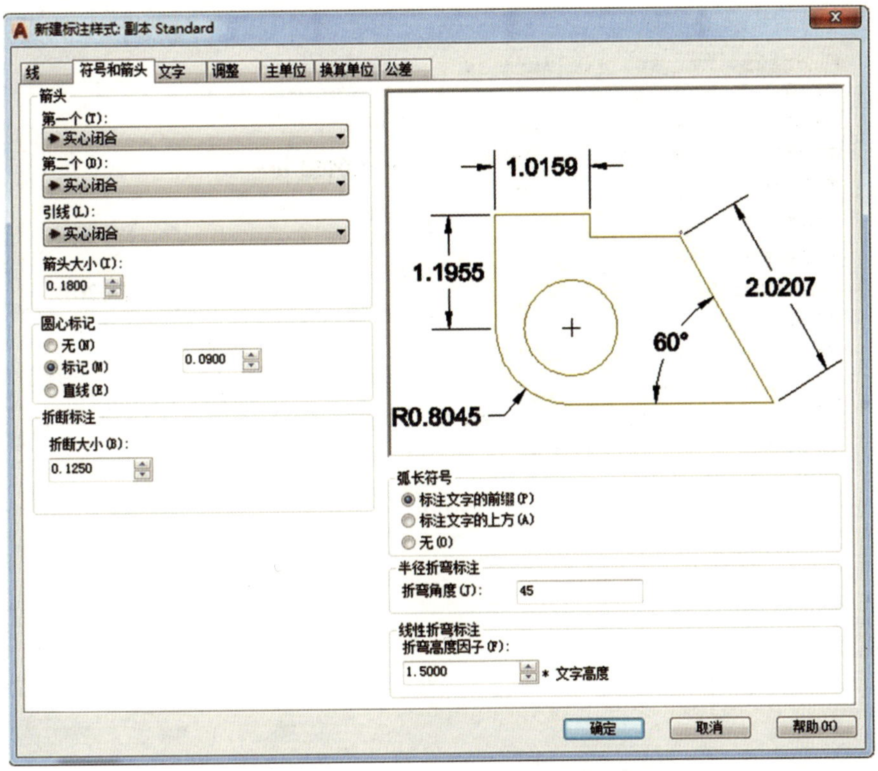

图 8-7 新建标注样式：副本 standard- 符号和箭头

④“文字”：单击图 8-6 创建新标注样式：副本 standard 中的“文字”按钮，打开如图 8-8 所示“新建标注样式：副本 standard- 文字”对话框。

在“文字外观”框中设置“文字样式（T）”，单击下拉箭头，列出已设置的文字样式供用户选择，单击后边“...”，可以添加新的文字样式。在“文字颜色”里可以定义标注文字的颜色。“填充颜色”是指可以设置标注中文字背景的颜色，单击下拉的箭头，可以选择文字背景的颜色。“文字高度”是定义尺寸文本的字体高度。“绘制文字边框”，选中该选框，标注基准尺寸，即在尺寸文本四周加上了一个矩形。

在“文字位置”框中，“垂直”是控制尺寸文本在垂直方向的位置，单击下拉箭头弹出下拉列表框，供用户选择。“水平”是控制尺寸文本在水平方向的位置，单击下拉箭头弹出下拉列表框，供用户选择。“观察方向”是控制尺寸文本方向的位置，单击下拉箭头弹出下拉列表框，供用户选择。“从尺寸线偏移”是指标注文字和尺寸线间隔的距离。

在“文字对齐”框中设置尺寸文本的放置方向。选中“水平”，尺寸文本水平放置。选中“与尺寸线对齐”，尺寸文本沿尺寸线方向放置。选中“ISO”，尺寸文本按 ISO 标准方向放置。

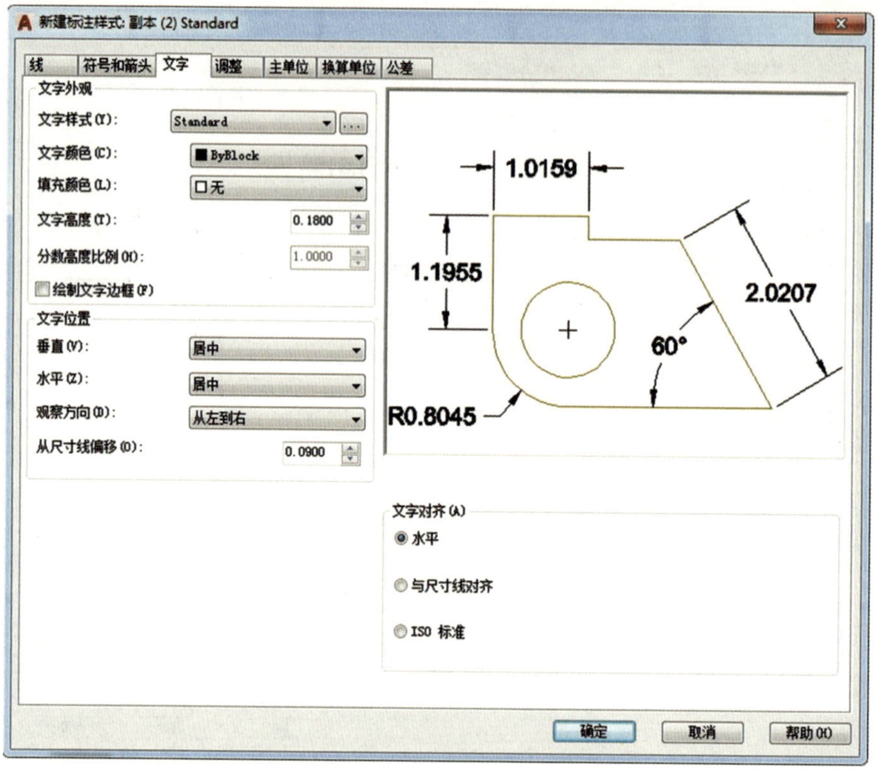

图 8-8 新建标注样式：副本 standard- 文字

⑤“调整”：单击图 8-6 创建新标注样式：副本 standard 中的“调整”按钮，打开如图 8-9 所示“新建标注样式：副本 standard- 调整”对话框。

在“调整选项”框中定义尺寸界限距离较近，不能容纳尺寸文本和箭头时，尺寸文本和箭头的布置方式如下：选中“文字或箭头（最佳效果）”时，当尺寸界限内不能容纳尺寸文本和箭头时，AutoCAD 尽量将其中一个放在尺寸界限内。选中“箭头”时，AutoCAD 优先考虑箭头放在尺寸界线内。选中“文字”时，AutoCAD 优先考虑文本放在尺寸界线内。选中“文字和箭头”时，当尺寸界线内不能容纳文字和箭头时，尺寸文本和箭头放在尺寸界线外。选中“文字始终保持在尺寸界线之间”时，尺寸文本一阵风全部在尺寸界线之间。选中“若箭头不能放在尺寸界线之内，则消除箭头”时，AutoCAD 在尺寸界线的空间不够时不绘制箭头。

在“文字位置”框中设置尺寸文本标注在尺寸界线之外时的文字：可以手动放置在“尺寸线旁边（B）”“尺寸线上方，带引线（L）”和“尺寸线上方，不带引线（O）”的位置。

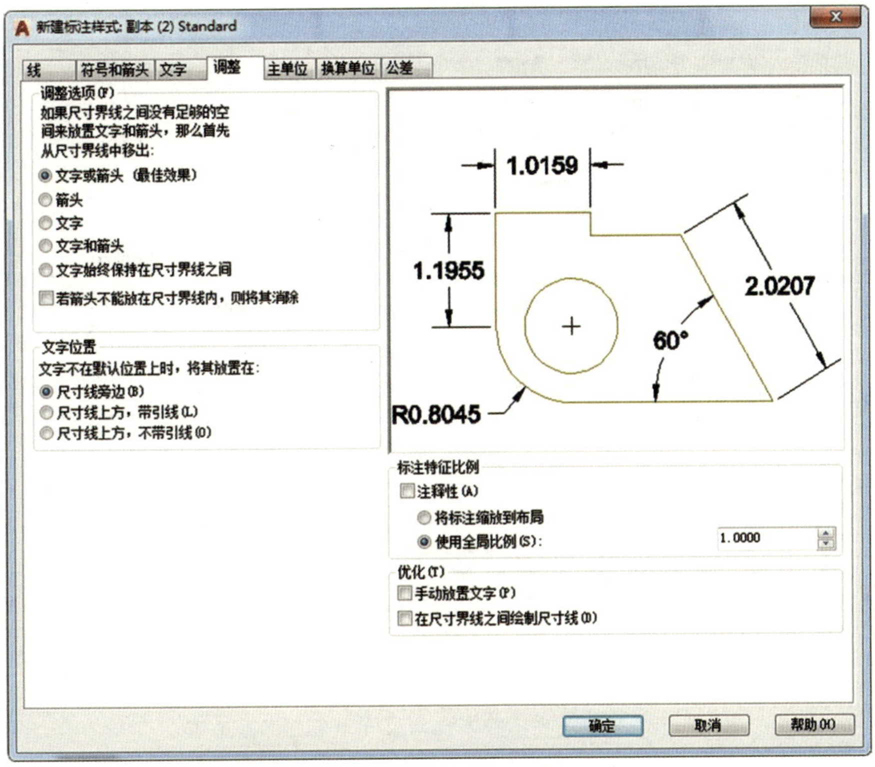

图 8-9 新建标注样式：副本 standard- 调整

⑥“主单位”：单击图 8-6 创建新标注样式：副本 standard 中的“主单位”按钮，打开如图 8-10 所示“新建标注样式：副本 standard- 主单位”对话框。

在“主单位”标注框中，设置线性尺寸的格式和精度如下：在“线性标注”框中，单击“单位格式（U）”后单击下拉的箭头，可以设置尺寸单位格式，系统默认是十进制小数。单击“精度（P）”后单击下拉的箭头，可以设置尺寸单位的精度，用户可以根据自己的需要在此选择小数点位数。单击“分数格式（M）”后单击下拉的箭头，设置分数格式。单击“小数分隔符（C）”后单击下拉的箭头，设置小数分隔符，可用逗号或句号。

在“测量单位比例”框中，单击“比例因子（B）”后单击下拉的箭头，设置尺寸测量比例因子。在“消零”框中，选中“前导”复选框，抑制尺寸文本小数点前的“0”，如尺寸为“0.6000”，抑制后变成“.6000”。，选中“后续”复选框，抑制尺寸文本数字尾部的“0”，如尺寸为“0.6000”，抑制后变成“0.6”。

在“角度标注”框中，“单位格式”“精度”和“消零”同上。

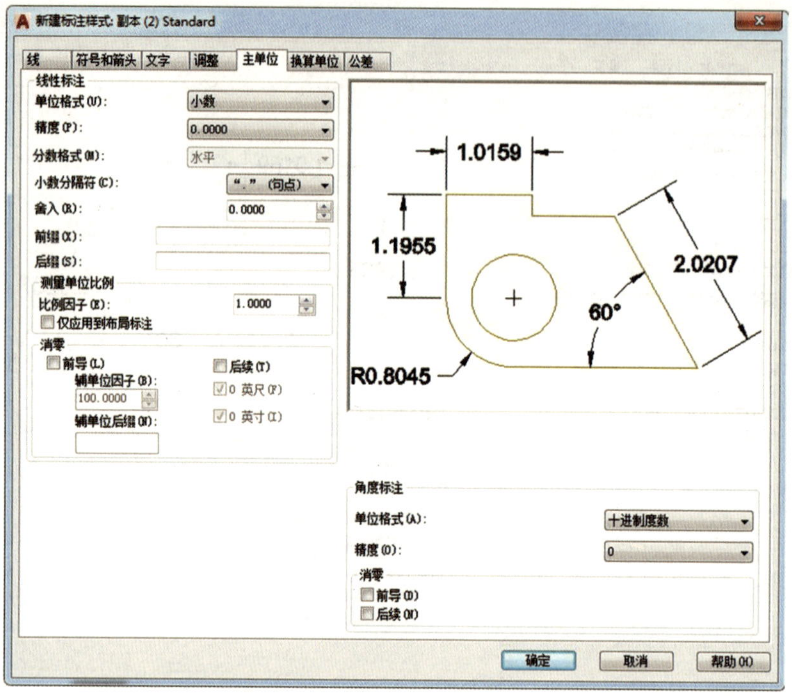

图 8-10 新建标注样式：副本 standard- 主单位

⑦“主单位”：单击图 8-6 创建新标注样式：副本 standard 中的“主单位”按钮，打开如图 8-11 所示“新建标注样式：副本 standard- 换算单位”对话框。

在“换算单位”标注框中，指定标注测量中换算单位的显示并设置其格式和精度。选中“显示换算单位（D）”复选框，表示使用换算单位，该对话框中的其余各项类似于上一个选项卡。

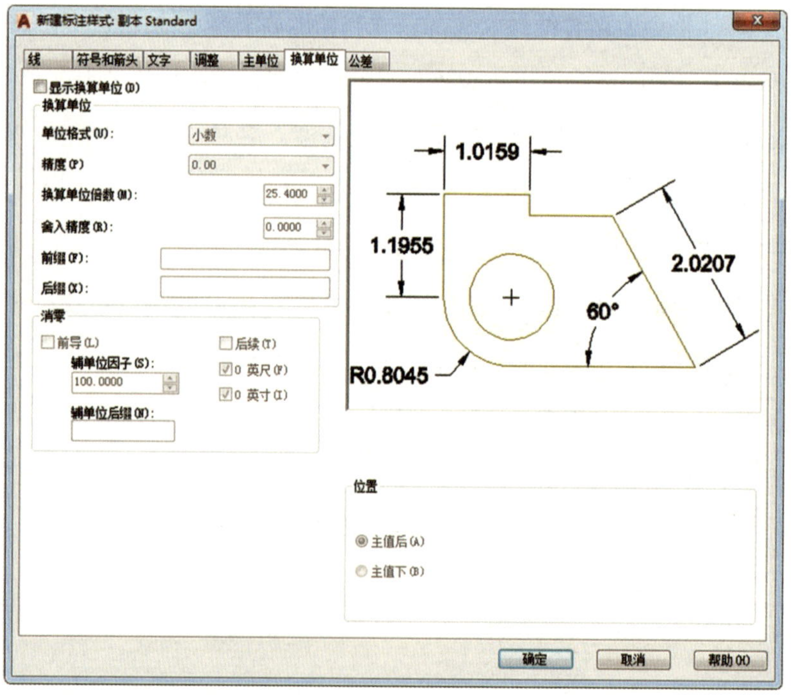

图 8-11 新建标注样式：副本 standard- 换算单位

⑧“公差”：单击图 8-6 创建新标注样式：副本 standard 中的“公差”按钮，打开图 8-12 所示“新建标注样式：副本 standard- 公差”对话框。

在“公差”框中，设置尺寸公差的标注和标注格式，就是设置实际参数值的允许变动量。在“公差格式”框中设置尺寸公差的标注格式，在“方式（M）”后选项中提供 5 个公差供用户选择。

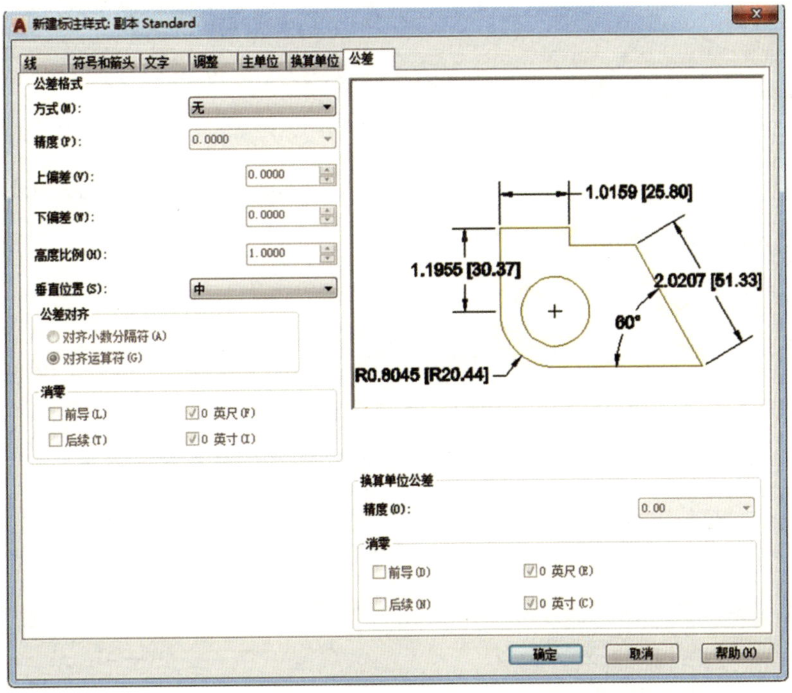

图 8-12 新建标注样式：副本 standard- 公差

2.2 设置标注样式举例

（1）线性尺寸标注：该功能用于水平、垂直的标注，如图 8-13 所示线性尺寸标注。

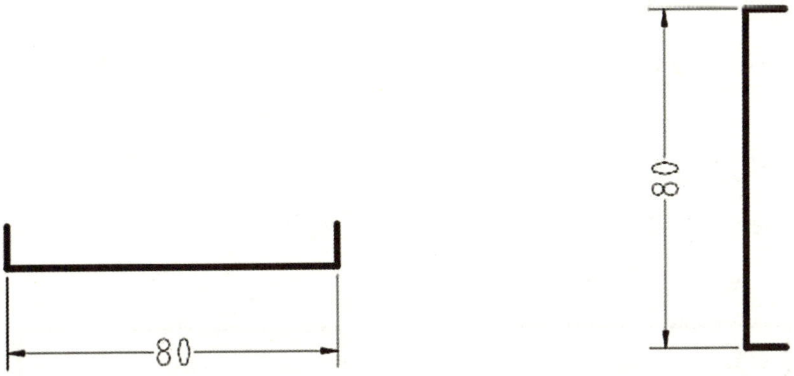

水平标注　　　　垂直标注

图 8-13 线性尺寸标注

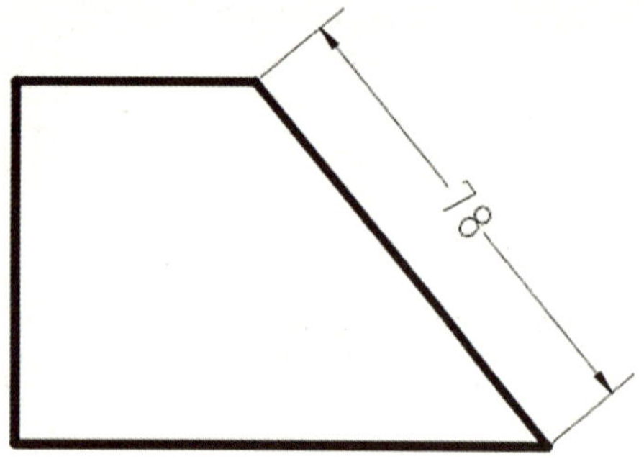

图 8-14 对齐标注

命令：dimlinear↙（或在“标注”>“线性”）

指定第一个尺寸界线原点：选择直线的一个端点

指定第二个尺寸界线原点：选择直线的另一个端点

指定尺寸线位置：鼠标往下（左）拉，在线外单击

注：在尺寸标注设置中“箭头”设置实心闭合，“箭头”大小是 2，文字高度为 3，单位“精度”为“0”。

（2）对齐尺寸标注：该功能用于标注倾斜方向的尺寸，它的尺寸线和斜线是平行的，可以直接标注斜直线的长度，如图 8-14 所示对齐标注。

命令：dimaligned↙（或在“标注”>“对齐”）

指定第一个尺寸界线原点：选择直线的一个端点

这里操作方法和“线性尺寸标注”相似，不再详述。

（3）半径标注：可以对圆或圆弧标注半径，我国国家标准规定小于或等于半圆的弧标注半径尺寸，使用这个命令标注时，系统会自动在数值前加“R”，如图 8-15 所示半径标注。

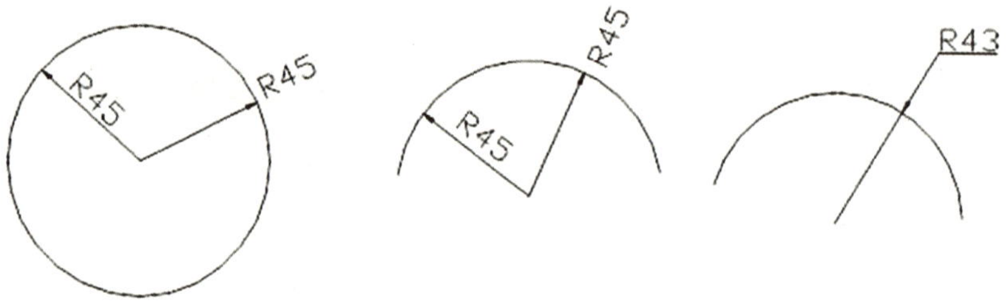

图 8-15 半径标注

命令：dimradius↙（或在“标注”>“半径”）

执行该命令后，系统提示“选择圆或圆弧”，要求用户选取圆或圆弧任意一点，即出现半径和尺寸文本。

注：在尺寸标注设置同上。

（4）连续尺寸标注：要求用户对图形的尺寸标注以连续位置进行计算并进行标注，如图 8-16 所示连续标注。

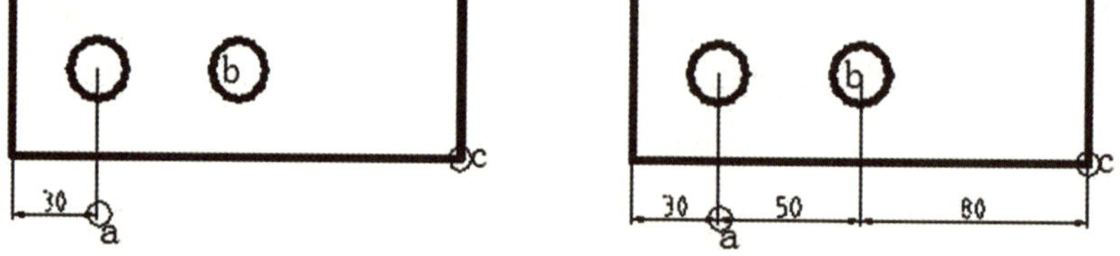

图 8-16 连续标注

命令：dimcontinue↙（或在“标注” > “连续”）

在使用“连续”标注前，用户首先“线性”标注尺寸绘制尺寸“a”，然后再用该命令进行连续标注。

选择“线性”标注：指定已存在的线性尺寸界线为起点，指定第二条尺寸界线原点或“放弃（U）”/“选择（S）”中“选择”。

这时在移动鼠标的过程中就可以清楚地看出行连续标注的尺寸线。

（5）基线尺寸标注：要求用户对图形的尺寸标注以按基准线位置计算的方法标注，如图 8–17 所示连续标注。

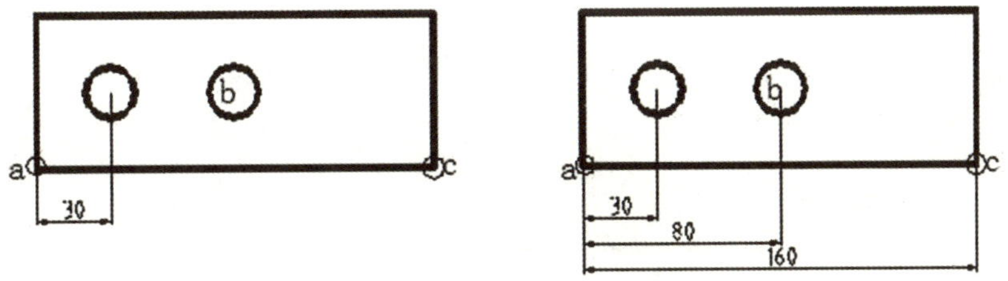

图 8–17 基线标注

命令：dimbaseline↙（或在“标注” > “基线”）

在使用“基线”标注前，用户首先“线性”标注尺寸绘制尺寸“a”，然后再用该命令进行基线标注。

选择“线性”标注：指定已存在的线性尺寸界线“左”为起点，指定第二条尺寸界线原点或“放弃（U）”/“选择（S）”中“选择”。

这时在移动鼠标的过程中就可以清楚地看出行基线标注的尺寸线。

(6)直径尺寸标注：可以对圆或圆弧标注直径，我国国家标准规定大于或等于半圆的弧标注直径尺寸，使用这个命令标注时，系统会自动在数值前加“Φ”，如图 8–18 所示直径标注。

命令：dimdiameter↙（或在“标注” > “直径”）

执行该命令后，系统提示“选择圆或圆弧”，要求用户选取圆或圆弧任意一点，即出现直径和尺寸文本。

注：在尺寸标注设置同上。

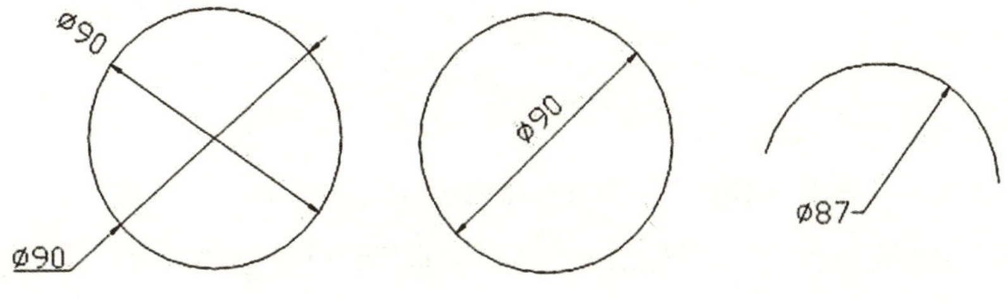

图 8–18 直径标注

（7）角度尺寸标注：该命令用于标注直线之间的夹角或一些特定的角度，如图 8–19 所示角度标注。

命令：dimangular ↙（或在“标注”>“角度”）

执行该命令后，系统提示“选择圆、圆弧、直线或（指定顶点）”，左边角度标注要求用户选择第一个对象是直线，系统会提示“第二条直线”，选择第二条直线后，标注角度的尺寸线和尺寸文本就会出现。

如果选择第一个对象是圆弧，则不要求选择第二条直线，直接要求指定标注圆弧位置。

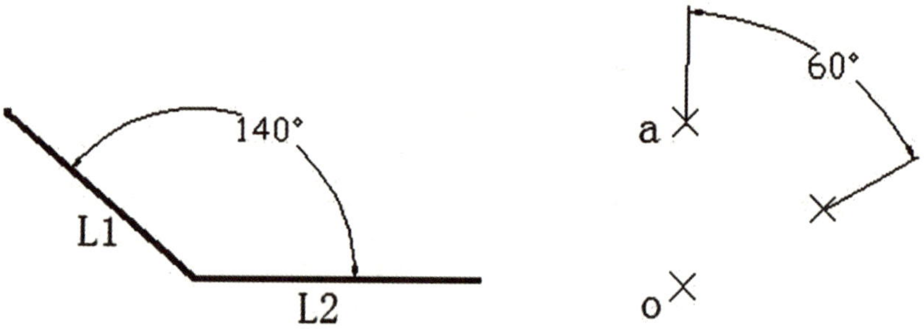

图 8–19 角度标注

（8）多重引线尺寸标注：该命令可以帮助用户在图形上画出尺寸引线，有些图形的尺寸在图形上标注不方便，可以引出来进行标注，如图 8–20 所示多重引线标注。

命令：mleader ↙（或在“标注”>“多重引线”）

执行该命令后，系统提示，“指定引线箭头的位置或引线基线优先（L）/ 内容优先（C）/ 内容优先（O）”，选择“引导线的起点”。

指定引线基线，选择“引导线的第二点”。

这时，出现多行文字编辑框，可以输入和编辑需要的文本。

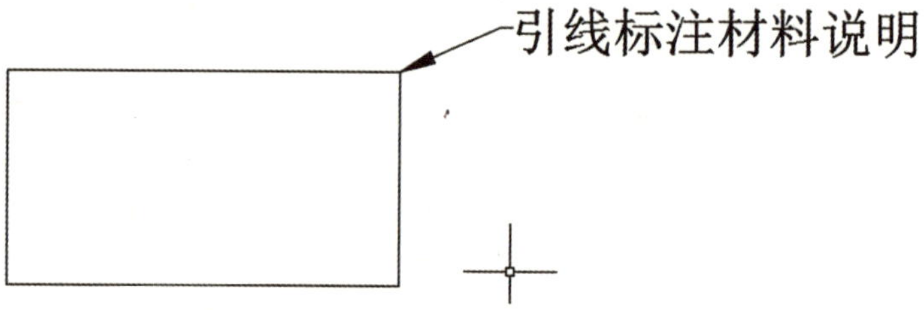

图 8–20 多重引线标注

（9）圆心标注：该命令可以给圆或圆弧找出圆心并加上圆心标记，如图 8–21 所示圆心标注。

命令：dimcenter ↙（或在“标注”>“圆心标记”）

执行该命令后，系统提示，“选择圆弧或圆”，要求用户选择圆或圆弧，即可标出圆心标记。

图 8-21 圆心标注

3. 编辑尺寸标注

3.1 尺寸标注编辑

该命令主要是为适应某些特殊需要对尺寸文本及尺寸界线进行编辑和操作。

（1）命令格式

工具栏：在标注工具栏内点击“编辑标注”按钮

命令行：输入 dimedit↙

（2）操作步骤

执行该命令后，系统提示，“输入标注编辑类型（默认 H / 新建 N / 旋转 R / 倾斜 O）默认”。

默认（H）：将尺寸文本按尺寸标注样式中所定义的位置、方向重新放置。选取该选项，输入“H”，系统继续提示“选择对象”，选取要编辑的尺寸标注，即对该尺寸标注进行修改。

新建（N）：修改所选择的尺寸标注尺寸文本。选取该选项，输入“N”，按回车键后弹出“多行文本”编辑框，用户可在此文本框中输入新的尺寸数值。

旋转（R）：改变尺寸文本的方向。输入“R”，按回车键后，系统提示“指定标注文字的角度”，输入角度后按回车键，系统继续提示“选择对象”，选取要编辑的尺寸标注文本，文本按输入角度旋转，如图 8-22（a）所示。

倾斜（O）：实行倾斜标注。即编辑线性尺寸标注，使其尺寸界限倾斜一个角度。操作方式与上述类似，结果如图 8-22（b）所示。

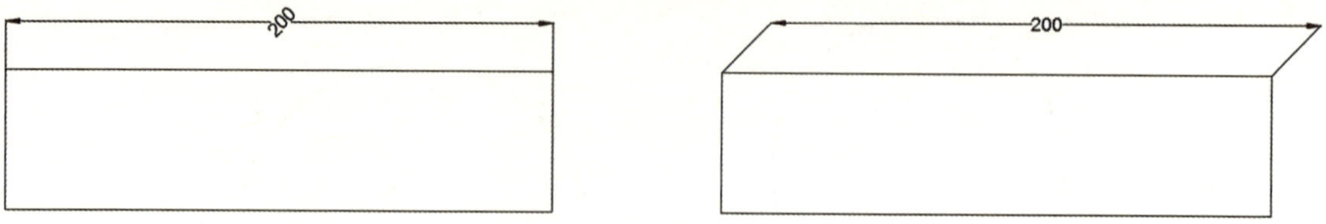

（a）　　　　　　　　　　（b）

图 8-22 编辑线性尺寸标注

3.2 用 DIMTEDIT 命令修改尺寸文本的位置

该命令用于旋转和重新定位尺寸文本。在标注样式定义的文本原点称为原位，可以将被移动和旋转的尺寸文本返回原位。

（1）命令格式

工具栏：在标注工具栏内点击“编辑标注文字”按钮

命令行：输入 dimtedit↙

（2）操作步骤

执行命令行或工具栏命令后，系统提示“选择标注”（选取要进行编辑的标注对象），随后系统提示“指定标注文字的新位置或（左 L / 右 R / 中心 C / 默认 H / 角度 A）”。

“指定标注文字的新位置”：输入一点以确定尺寸文本的新位置。

“左（L）”：输入“L”选项，将尺寸文本放在尺寸线的左边。

“右（R）”：输入“R”选项，将尺寸文本放在尺寸线的右边。

“中心（C）”：输入“C”选项，将尺寸文本放在尺寸线的中间。

“默认（H）”：将尺寸文本按尺寸标注样式中所定义的位置、方向重新放置。

“角度（A）”改变尺寸文本方向。选取该选项。输入“A”，继续提示“指定标注文字的角度”（输入尺寸文本的旋转角度）。

3.3 用“对象属性（PROPERTIES）”命令修改尺寸标注

（1）命令格式

工具栏：在标注工具栏内点击“对象属性”按钮

命令行：输入 properties↙

（2）操作步骤

首先选择尺寸标注对象，执行该命令后，系统出现如图 8–23 所示尺寸标注属性对话框。从该对话框中可以看出，尺寸标注的属性分为：常规属性、直线和箭头、文字属性、调整属性、主单位属性、换算单位属性、公差属性和其他属性。

“常规”：该属性组是图形对象基本的也是所有图形对象都具有的公共属性，包括颜色、图层、线型等等。

“其他”：该属性组包括尺寸标注的特有属性项如尺寸标注样式名等。

“直线”：该属性组包括尺寸标注的特有属性项，箭头 1 名称、箭头 2 名称、箭头尺寸、尺寸线宽度、尺寸界线宽度和是否隐藏尺寸线等等。

“文字”：该属性组包括尺寸标注的特有属性项，尺寸标注类型、尺寸文本颜色、尺寸文本的高度和尺寸文本与尺寸线之间的距离等。

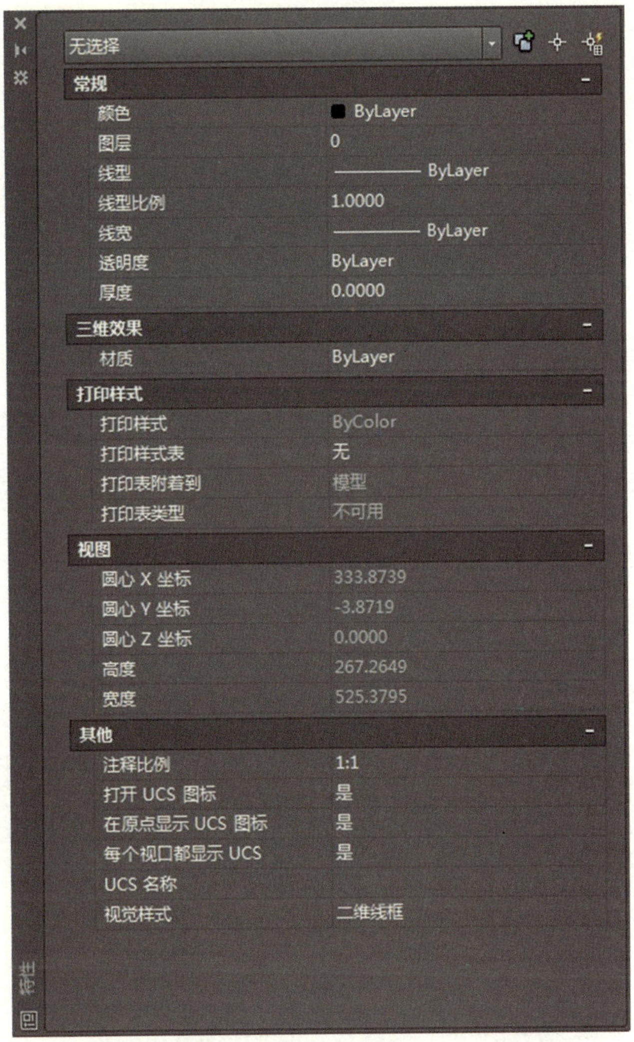

图 8–23 尺寸标注属性

还有其他几个属性组，从中可以看出这些属性都是在定义一个新的尺寸标注样式时需要涉及的内容，具体内容都与“标注样式管理器”的选项卡对应。

第九章 创建块和使用块

学习要点

1. 图块简介
2. 图块的定义
3. 图块的分解
4. 插入图块
5. 图块的重新定义
6. 块的属性

使用 AutoCAD 进行绘图时，常常需要重复使用一些自己绘制的图形，或者是与其他 AutoCAD 图形文件中的图形。如果每个图形都重新绘制，就会浪费大量的时间，同时还会占用大量的存储空间。如果把这些图形定义为一个图块（图块是一个整体），插入到图形中不同的位置处，既节省了绘图时间，又节省了存储空间。

本章主要介绍 AutoCAD 的块、块的属性等概念，同时介绍一些使用方法。利用 AutoCAD 的块以及属性功能，可以大大提高绘图效率。

1. 图块简介

1.1 图块特点

在绘制图形时，如果图形中有大量相同或相似的内容，或者所绘制的图形与已有的图形文件相同，则可以将需要重复绘制的图形创建成块（也称为图块），并根据需要为块创建属性，指定块的名称、用途及设计者等信息，在需要时直接插入它们，从而提高绘图效率。另外，用户还可以将已有的图形文件以参照的形式插入到当前图形中（即外部参照），或是通过 AutoCAD 设计中心浏览、查找、预览、使用和管理 AutoCAD 图形、块、外部参照等不同的资源文件。在

AutoCAD 中，使用块可以提高绘图速度、节省存储空间、便于修改图形并能为其添加属性。

1.2 图块的功能

（一）用来建立图形库

在不同的专业中，设计时常常会遇到一些重复出现的图（如机械设计中的螺栓、螺母；环艺设计中的桌椅、门窗等）。如果把这些经常出现的图形做成块，存放在一个图形库中，当绘制图形时，就可以用插入块的方法绘制图形，即把绘图变成拼图，这样可避免大量的重复工作，而且还提高了绘图的速度与质量。

（二）节省存储空间

在图中绘制每一个对象都会增加磁盘上相应图形文件的大小，这是因为 AutoCAD 必须保存每一个对象的所有信息，如这个对象的类型、位置、定义坐标等。比如一张椅子，它由多条线段和弧线组成，显然这张椅子需要占据一定的磁盘空间。如果一张图上需要数十张这样的椅子，每张椅子都要保存的话，就会占据较大的磁盘空间。如果事先把上述椅子定义成一个名为 "Yizi" 的块（块名可由用户任意定义），在绘制椅子时就可以把该块插入到图形中各个相应位置，这样既满足了绘图要求，又可以节省磁盘空间。这是因为虽然在“Yizi”块的定义中包含椅子中的全部对象，但只需要这样的定义。对块的每一次插入，AutoCAD 仅需要记住这个块对象（包括块名、插入点坐标、插入比例等），从而大大节省了磁盘空间。比较复杂的图形需要多次绘制时，利用块就会使这一优点更加显著。

（三）便于修改图形

一张工程图纸往往需要进行多次修改。如在环艺设计中，一张宾馆平面图有很多卫生间，原来的客户要求是一种坐便器样式，新的要求是用另一种样式。如果对已有的图纸按新要求进行修改，既费时又不方便。但如果将坐便器定义成块，用户只要简单地再定义一次该块，则图中插入的所有该块均会自动地作相应的修改，从而提高了效率。

（四）可以加入属性

有时图中还经常需要一些文本信息（如定位轴线的编号等），以满足施工与管理上的要求。AutoCAD 允许为块建立属性，即加入文本信息。这些信息可以在每次插入块时改变，而且还可以像普通文本一样显示或不显示。用户也可以从图中提取这些信息并将其传送到数据库。

2. 图块的定义

2.1 内部图块

内部图块是在一个文件内定义的图块，可以在该文件内部自由使用，内部图块一旦被定义，它就和文件同时被存储和打开。在一张图中可以定义任意多个内部图块，每个图块都必须有一个图块名，否则 AutoCAD 将无法对图块进行管理。内部图块的定义一般用对话框的方式创建。

（一）命令格式

（1）下拉式菜单：执行“绘图”>“块”>“创建”菜单。

（2）命令行：输入命令：BLOCK（也可输入简化命令“B”，按回车键）。

（3）工具栏：在默认界面的左侧有列绘图工具栏，点击“创建块”按钮。

（二）操作步骤

输入建立图块的命令后，系统出现如图 9-1 所示的对话框。

对话框内各项的意义为：

1. 名称

在“名称”输入框中指定图块名，它由字母、数字、$ 和 _ 组成，不得超过 31 个字符。图块名可以是中文。

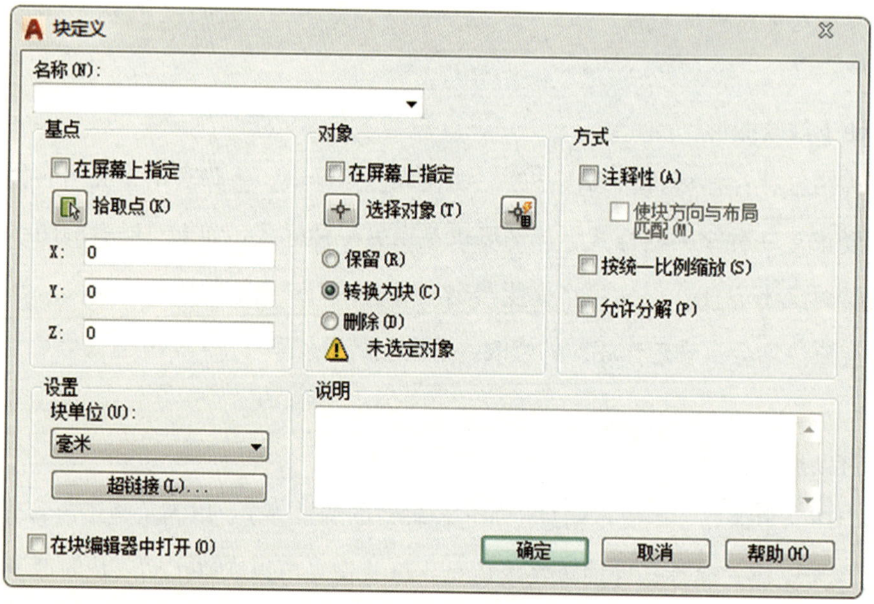

图 9-1 块定义对话框

2. 基点

在插入时作为参考点，或者是插入时与光标距离为“0”的点。可以用两种方式定基点：一是单击“拾取点”按钮，在图形窗口用捕捉或键盘输入方法给出一点；二是直接在对话框内输入基点的 X、Y、Z 坐标值。二维绘图时 Z 值为“0”。

3. 对象

所谓对象是指组成图块的图元。刚打开对话框时，对象栏的下方提示：未选定对象，如图 9-1 所示。单击“选择对象”按钮，对话框暂时消失，用户可以进行选择，选择完毕，重新显示对话框，这时，显示所选实体的总数，如图 9-4 所示。

选择“转化为块”选项，则在用户创建完图块后，AutoCAD 自动将这些构成图块的对象转化为一个图块来对待。

选择“转化为块”选项，则在用户创建完图块后，AutoCAD 自动将这些构成图块的对象转化为一个图块来对待。

“删除”选项和“保留”相反，所选图形被定义成图块以后，原来图形将被删除。

在“选择对象”右边的是“快速选择”按钮，单击该按钮出现如图 9-2 所示的对话框。

其实这是一个选择过滤器，可以方便地帮助用户快速选取所需的图形。

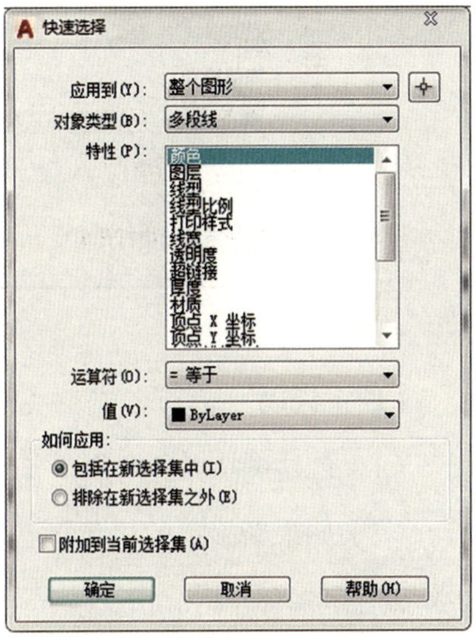

图 9-2 快速选择对话框

4. 设置

（1）块单位。一般选用默认值，公制绘图用毫米。

（2）按统一比例缩放。选中该项后，以后插入该图块时，比例系数 X 与 Y 方向必须一致。

（3）允许分解。如不选该项，生成的图块将不能分解。

（4）说明。在“说明”框中可以输入所定义图块的描述文字。一般也可不作说明。

（三）应用实例

将图 9-3 所示的图定义成块，块名为“洗脸池”。

步骤：

（1）首先画出图 9-3 所示的图形。

（2）命令：执行快捷键命令“B”。

出现如图 9-1 所示的对话框，在“名称”栏内输入“洗脸池”

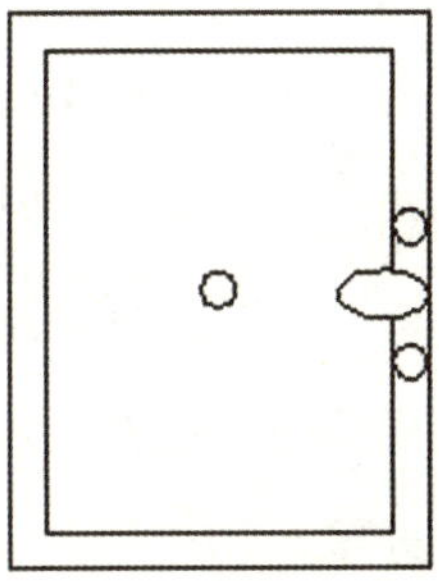
图 9-3 洗脸池

（3）单击“拾取点”按钮，然后选取圆心点。

（4）单击“选择对象”按钮，然后选择图中的对象。系统继续要求选择对象，直接按回车键则完成块的定义。

如图 9–4 所示，相对于图 9–1 多了基点坐标和“已选择 6 个对象”，并且在名称的右边出现了预览图。

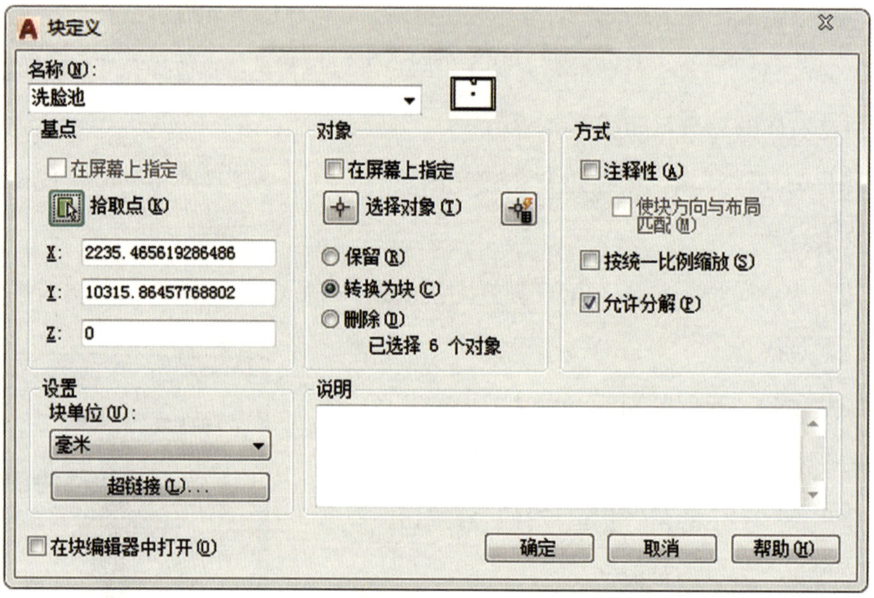

图 9–4 洗脸池块定义对话框

（四）说明

（1）创建图块时，必须事先绘出要建块的对象。

（2）如果新给定的块名与已定义的块名重复，AutoCAD 提示是否重新定义。关于块的重定义本章后面将有介绍。

（3）关于基点选择。用户可以指定一点作为基点（参考点），供以后插入该块时使用。从理论上讲，用户可以定义任意一点作为基点。但为了作图方便，应根据图形的结构选择基点。一般将基点选在块的中心、左下角或其他有特征的位置。如果不选择基点，系统自动将坐标原点定义成基点。

（4）用“BLOCK”命令建的块，只能由块所在的图形文件使用，而不能由其他文件使用。如果希望任何用户的任何图形均能使用某块，需用“WBLOCK”命令建立外部图块。

（5）块可以嵌套，一个块中还可以包含对其他块的引用。例如在一个图形中插入了某些图块。我们还可以将包含了图块的图形整个地再定义成另一个图块。利用块嵌套能够方便用户的绘图过程。

2.2 外部图块

外部图块将块以文件的形式写入磁盘（后缀为，DWG）。用户可以用“WBLOCK”命令将图形的一部分或者是全部写入磁盘，这样其他文件也就可以使用该图块了，请注意这是内部图块和外部图块的一个重要区别。

（一）命令格式

命令行：输入命令 WBLOCKL（也可输入简化命令“W”，按回车键）。

（二）操作步骤

结果出现如图 9–5 所示的“写块”对话框：在该对话框的“源”区，定义要作为外部块对象和插入点。选中“块”表示将选择一个已经定义的内部图块作为外部图块的内容；“整个图形”表示将整个图形作为一个外部图块；“对象”表示将有选择地将对象作为外部图块的内容，此时操作和内部块定义相同。在“目标”区中，用户可以定义外部图块存储的文件名、路径和单位。

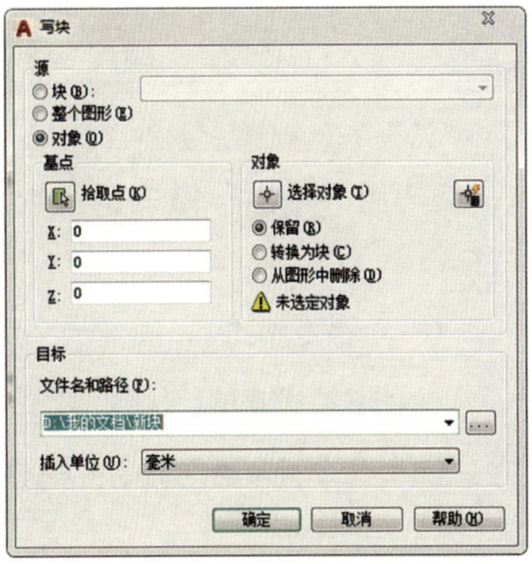

图 9–5 写块对话框

（三）应用实例

例 1：将刚才生成的内部图块“洗脸池”做成外部图块。

（1）命令行：执行快捷键命令“W”。

（2）出现如图 9–6 所示的对话框，在该对话框的“源”区，选择“块”，点击右侧的下拉列表，出现了当前文件的内部图块（当前文件有五个图块）。选中“洗脸池”，点击“目标”区内“文件名和路径栏”右侧的按钮，出现“浏览图形”对话框，如图 9–7 所示。找好路径和起好文件名（文件名可与内部块名相同，也可不同），按“保存”按钮。回到“写块”对话框，在“目标”区出现选定的路径和文件名，按“确定”完成外部块的建立，同时在屏幕的左上方，外部图块图形会闪一下。

例 2：如果在屏幕上还有一个浴缸没有做成内部图块，现在想把它直接做成外部图块。

如图 9–5 所示，在“写块”对话框的“源”区，选择“对象”，基点选择和对象选择的操作与内部图块一样，与内部图块不同的是需选择路径和文件名，选择路径和文件名的方法同例 1，不再重复。

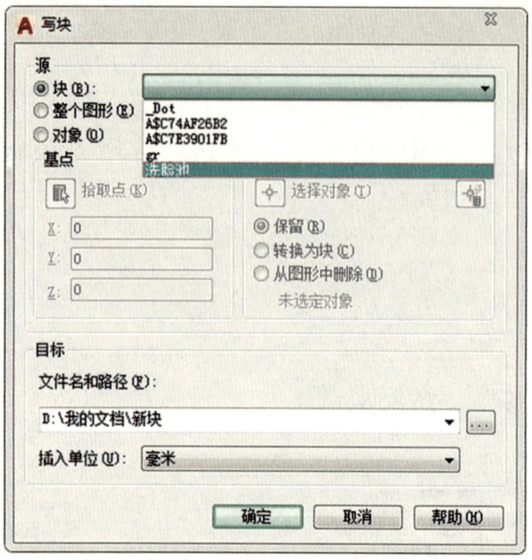

图 9-6 洗脸池写块对话框

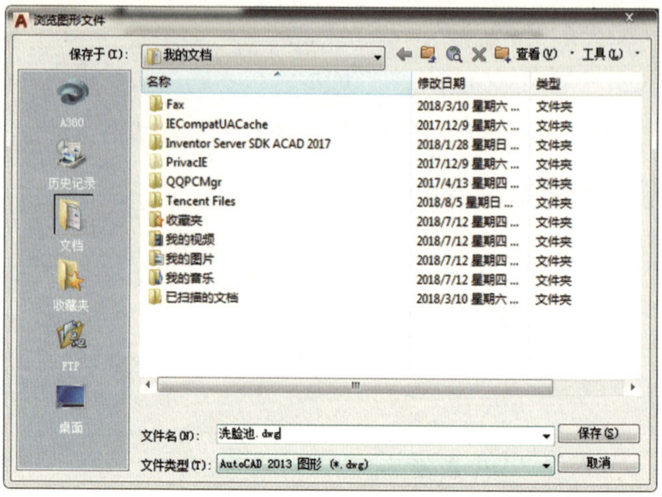

图 9-7 浏览图形文件对话框

2.3 用“输出”做外部图块

（一）命令格式

（1）下拉式菜单：执行“文件”>“输出”菜单。

（2）命令行：输入命令：EXPORTK（也可输入简化命令“EXP”按回车键）。

（二）操作步骤

使用该命令后，出现如图 9-8 所示的“输出数据”对话框。

（1）首先一定要在“文件类型”栏内选定“块（*.dwg）”。

（2）选定路径和文件名，文件名有两种方式：内部图块名相同或不同。

①与内部图块名相同。

如当前文件已有一内部图块“A”，在“文件名”栏内输入“A”按“保存”按钮，对话框消失，命令行提示：“输入现有块名或 [=（块 = 输出文件）/*（整个图形）]（定义新图形）：”输入“=”按回车键，图块图形在左上角闪一下后，已经在指定的路径上保存了该图形。

②与内部图块名不同名。

如果在图 9-8 的“文件名”栏内输入任意文件名，按“保存”按钮，对话框消失，命令行提示：“输入现有块名或 [=（块 = 输出文件）/*（整个图形）]（定义新图形）：”输入“*”后按回车键，将整个图形定义为一个外部文件。

如果直接按回车键，命令行提示：“指定插入基点：”，选定一个基点。

命令行继续提示：“选择对象：”，选择需要作为外部块的对象。

命令行继续提示：“选择对象：”，按回车键后完成外部图块的建立。

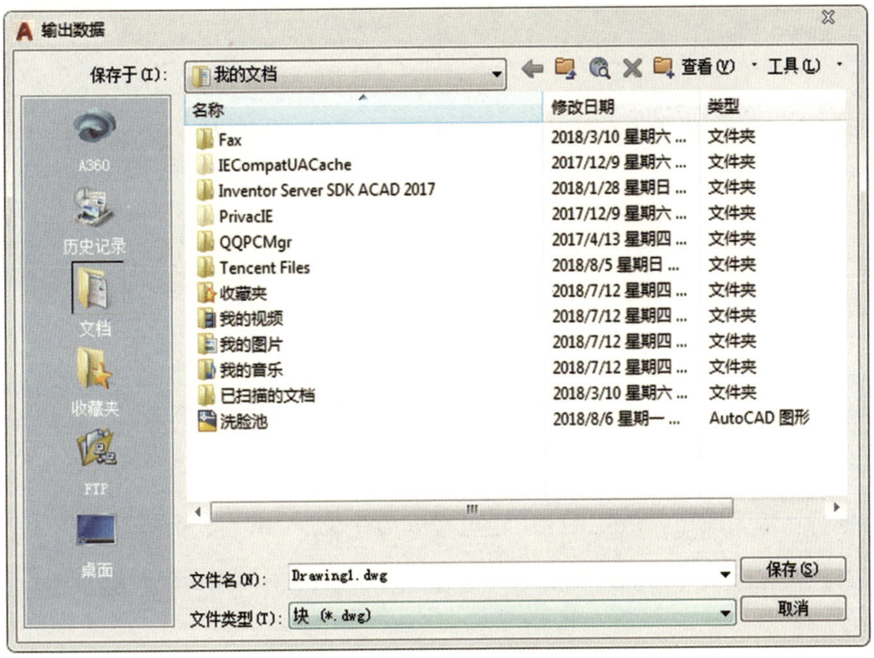

图 9-8 输出数据对话框

3. 图块的分解

图块是多个图形对象的集合，图块一旦被定义，图块内的所有对象就组合形成一个新的对象。如在图块插入以后需要对图块内的对象重新进行修改，则必须在图块插入时将其分解。前面已经介绍了图块分解的方法，那就是在图块插入时选择“分解”选项；另一种方法就是在图块已经插入到图形中以后，如想分解它，则可以在命令行中直接输入“Explode”命令。

操作过程如下：

输入命令：EXPLODEL

选择对象：选中对象按回车键即可（也可以同时多选几个）。

注意：

（1）“EXPLODE”命令将插入的图块分解，并返回到其原始对象。所有对象在被分解后都返回到其原始特性设置。

（2）如果是块嵌套，则被分解到生成时的组成块，而非其原始对象。

（3）如果分解的块带有属性，则属性值丢失。属性定义被保留且显示属性标志。

4. 插入图块

该功能将已定义的图块（内部图块或外部图块）插入到图形中。在插入的同时还可以改变所插入图形的比例与旋转角度。

4.1 插入外部或内部图块

（一）命令格式

（1）下拉式菜单：执行“插入”>“块”菜单。

（2）命令行：输入命令：INSERTL（也可输入简化命令“I”按回车键）。

（3）工具栏：在默认界面的左侧有一列绘图工具栏，点击“插入块”按钮。

（二）操作步骤

当使用插入命令后，系统出现如图 9–9 所示的“插入”对话框。

选择好插入块，比如“洗脸池”，按“确定”，系统提示：“命令：_insert 指定插入点或 [基点（B）/ 比例（S）/X/Y/Z/ 旋转（R）]：”

直接在屏幕上输入一点，可以鼠标点击，也可键盘输入，完成块的插入。

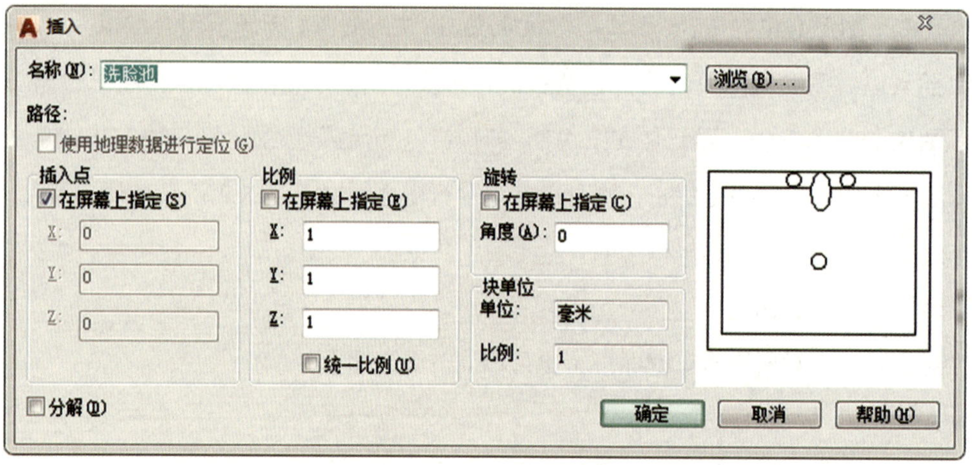

图 9–9 插入块对话框

（三）说明

（1）在“名称”栏中选取要插入的块。使用“浏览”可以选择外部图块。

（2）在“插入点”区，用户既可以“在屏幕上指定”图块插入的位置，也可以直接输入 X，Y，Z 的值确定插入点的位置。插入点就是定义图块时所定义的基点。

（3）在“比例”区，用户可以直接输入 X，Y，Z 方向的缩放比例，勾选“在屏幕上指定”前的方框，可以在屏幕上指定长度作为缩放比例。如果不勾选“在屏幕上指定”前的方框，用户可以在命令行选关键字确定比例。如果选择“统一比例”就可以将 X，Y，Z 三个方向的比例设置为同一个数。

（4）在“旋转”区，用户可以定义图块在插入时的旋转角度，当然角度也可以用“在屏幕上指定”的方法确定或在命令行确定。

（5）如果选择了“分解”，图块在插入后就不再是一个整体，而自动分解成图形对象，用户就可以对其中的对象进行编辑或其他操作。

（6）插入块时，比例系数可正可负。

4.2 图块的阵列形式多重插入

（一）命令格式

命令行：输入命令：MINSERTL。

（二）操作步骤

输入该命令后，命令行提示：“输入块名 [？]（洗脸池）：”。

如果之前没有插入过图块，括号内是一个问号，如果已经插入过图块，系统则记住最近插入的图块名。如果要阵列插入当前图块，可按回车键。如果不是则可输入问号后两次按回车键，系统会列出全部内部图块给你提示。

确定块名按回车键后，系统提示与一般块插入一样，不再重复。

只不过到最后有矩阵的输入提示：

“输入行数（---）<1>：”（输入阵列的行数）

“输入列数（|||）<1>：”：（输入阵列的列数）

“输入行间距或指定单位单元（---）：（输入行间距）

“指定列间距（|||）”：（输入列间距）

执行结果为将块按指定的格式实现矩形阵列插入。

（三）说明

用“MINSERT”命令阵列插入的块不能用“Explode”分解。图块作为一个整体而存在，不能单独编辑阵列中的某一块，但节省存储空间，因为它不重复存储具体块的信息，而只存储图块插入的行数、列数、行间距、列间距等信息。

4.3 图块与图层的关系

块可以由绘制在若干层上的对象组成，AutoCAD将层的信息保留在了块中。插入这样的块时，AutoCAD遵循如下约定：

（1）0层是一个特殊的层，绘制在0层上的图形在插入时是浮动的。即块插入后原来位于0层上的对象被绘制在当前层上，并按当前层的颜色与线型绘制。因此有时我们在插入图块时会出现意想不到的结果，为避免出现这种情况，建议用户养成建块时定义0层为当前层，插入图块时也定义0层为当前层的良好绘图习惯。

（2）对于块中其他层上的对象，若块中有与图形图层同名的图层，则块中该层上的对象绘制在图中同名的图层上，并按图中该层的颜色与线型绘制。而其他层上的对象仍在它原来的层上绘出，并给当前图形增加相应的层。

（3）如果插入的块由多个位于不同图层上的对象组成，那么冻结某一对象所在图层后，此图层上属于块上的对象就会变得不可见，而当冻结插入块的当前层时，不管块中各对象处于哪一图层，整个块均变得不可见。

比如，在一个图形中插入块“A”，该图块中的图形分别位于“Y1”层、“Y2”层和“Y3”层，插入块时的当前层为“Y4”，当冻结“Y1”层后，该层上的图形不可见，而当冻结“Y4”图层后，整个图形均不可见。

5. 图块的重新定义

随着设计规范和标准的不断更新，一些图例符号发生变化。有时，在修改设计时需要修改原来已定义好并已插入到图形中的图块对象，这时可以运用图块的重新定义及图块替换方法来实现。

前面已经讲述了如何编辑单个图块，但是，如果用户需要编辑整个图形中相同的所有图块，该怎么办？例如用户在图中多处设置了若干相同对象，若此时想统一对这些对象进行修改，单个地编辑它们将很费时费力。

AutoCAD通过“图块重新定义”技术可以对图形中所有同名的图块进行统一修改。命令有两个：“BMAKE”和“BLOCK”，过程和结果都一样。

具体步骤为：

（1）用“BLOCK”命令插入要修改的图块或使用图中已存在的图块。

（2）用“EXPLODE”命令将图块分解。

（3）用编辑命令修改图形。

（4）选择“BLOCK”或“BMAKE”命令，重新选择对象来定义图块，定义图块名称时使用与分解前的图块相同的名字。

（5）完成此命令后会出现如图 9-10 所示的对话框，此时回答“是”，图块就被重新定义。图中所有相同名称的图块都自动变成修改后的结果。

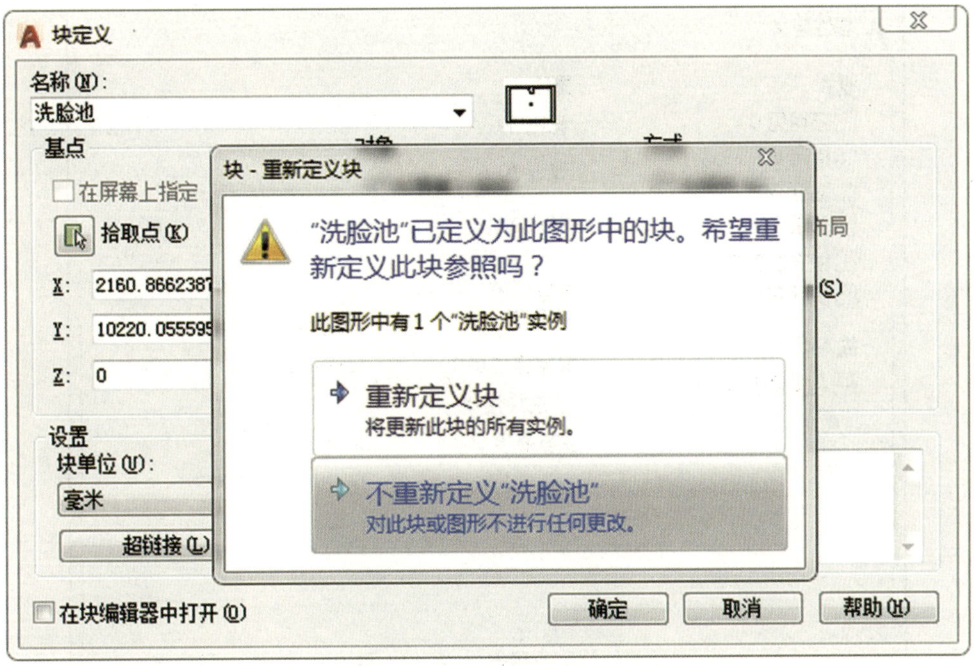

图 9-10 重新定义块对话框

6. 块的属性

属性是附属于块的非图形信息，它是块的一个组成部分。实际上，属性是块中的文本对象，即块是由图形对象和属性共同组成的一个整体。创建了带属性的块之后，在插入时可以输入文字信息。它可以将数据附着到块上，属性可以包含多种数据，如标高、轴线编号等。当用“ERASE”命令删除块时，属性也被删除。当用“CHANGE”命令改变块的位置与转角时，其属性也随之移动和转动。

6.1 创建块属性

（一）命令格式

（1）下拉式菜单：执行“绘图”>“块”>“定义属性”菜单。

（2）命令行：输入命令：ATTDEFL（也可输入简化命令“ATT”，按回车键）。

（二）操作步骤

执行该命令后系统出现如图 9-11 所示的对话框。

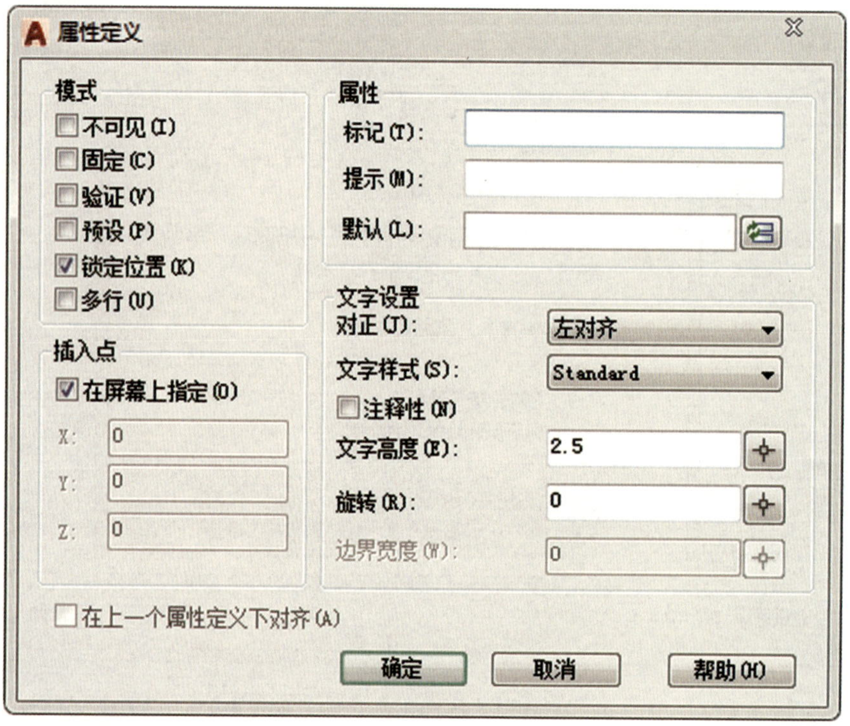

图 9-11 属性定义对话框

该对话框中的各项含义如下：

1. 模式

确定属性的模式。通过关闭或打开“不可见”“固定”“验证”“预设”中的开关来确定属性是否采用可见、固定、验证及预设方式。

2. 属性

确定属性的标记、提示以及缺省值。用户可以在“标记”编辑框内输入属性标记，在“提示”编辑框内输入属性提示，在“值”编辑框内输入属性的缺省值。

3. 插入点

确定属性文本排列时的参考基点。用户可以用默认的方法在屏幕上指定，也可以在“X”，

"Y”，“Z”所对应的编辑框内输入参考点的位置。

4. 文字选项

确定属性文本的格式。该设置区中各项的含义如下：

（1）“对正”：确定属性文本相对于参考点的排列形式。用户可通过点取其右边的箭头从下拉列表中选择。

（2）“文字样式”：确定属性文本的式样。

（3）“高度”：确定属性文本字符的高度。

（4）“旋转”：确定属性文本行的倾斜角度。

4 种模式的说明如下：

（1）“不可见”：该属性为不可见显示方式，即插入块并输入该属性值后，属性的值在图中不显示。

（2）“固定”：该属性值为常量方式，即属性值在属性定义时给定后，在插入块时该属性值固定不变。

（3）“验证”：该属性值输入的验证方式，即在插入块时，对输入的属性值又重复给出一次提示，让用户校验所输入的属性值是否正确。

（4）“预设”：该属性值的预设方式，用这种方式可以生成在块插入期间不请求输入的变量属性。当插入包含预设属性的块时，不请求输入属性值，而是自动填写缺省值。

（三）应用实例

假设图 9-12 所示图形中的 4 条环线是室外景观微地形的等高线，用属性块的方式标注微地形的标高。

例 1：内部属性块标注。

（1）首先画出如图 9-12 所示左边的标高符号。

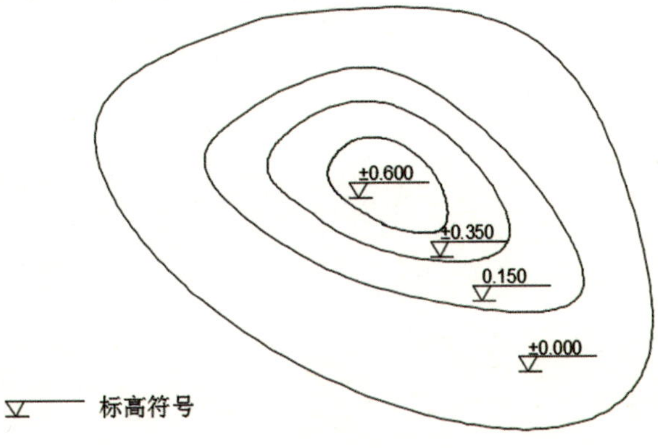

图 9-12 等高线标高符

（2）定义属性。

命令：输入命令 ATTDEFL

出现“属性定义”对话框，按如图 9-13 所示的内容输入每项。

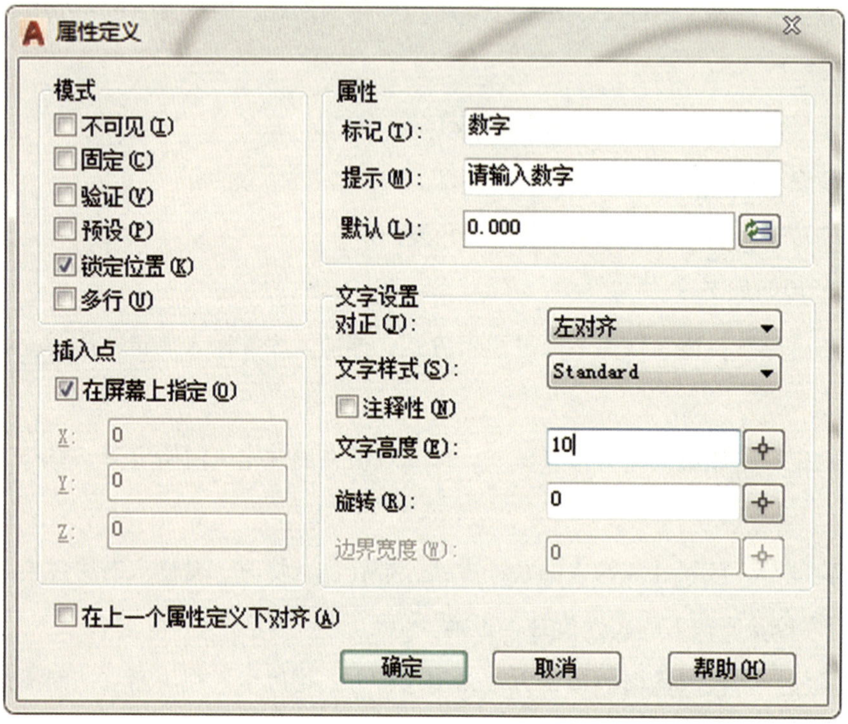

图 9-13 属性定义对话框

（3）按“确定”对话框消失，命令行提示：“指定起点”。

（4）在如图 9-12 所示左图的标高符号的上方，三角形的右上角选取一点。

（5）在点击处出现“数字”文本。如图 9-14 所示 .

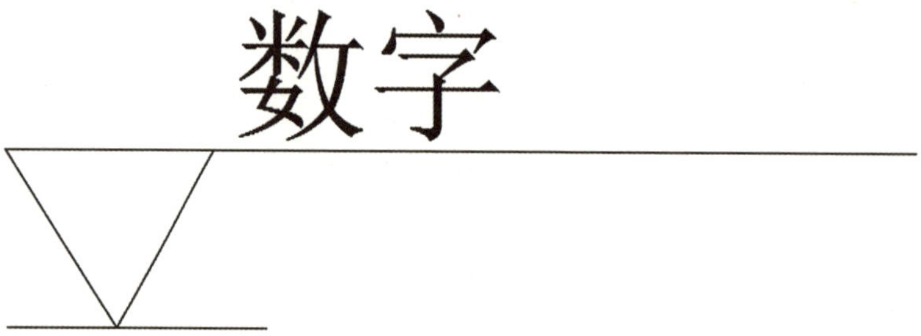

图 9-14 文本

（6）定义块。

命令：输入命令 BLOCKK

在对话框的“名称”栏中输入“标高”。

然后给定基点（以三角形的下顶点为基点），用固口方式将目标全部选中，如图 9-15 所示。

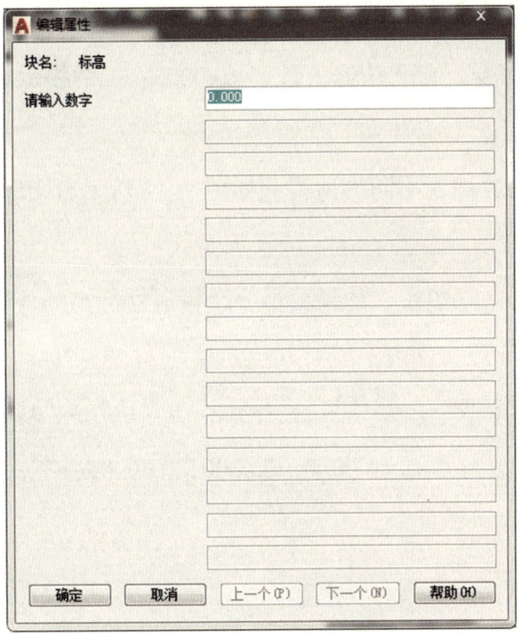

图 9-15 编辑属性对话框

（7）点击“确定”按钮退出。出现如图 9-16 所示“编辑属性”对话框。该对话框是让用户再次确定属性，修改或不修改，按“确定”，原来图块上的“数字”文本变为输入的值“0.000”，如图 9-17 所示。

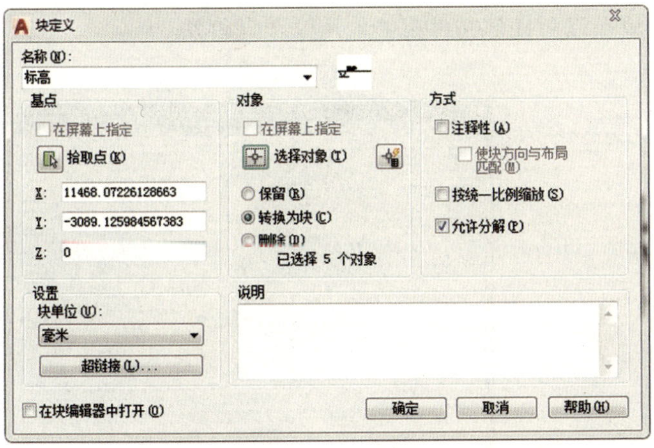

图 9-16 再次确定属性对话框

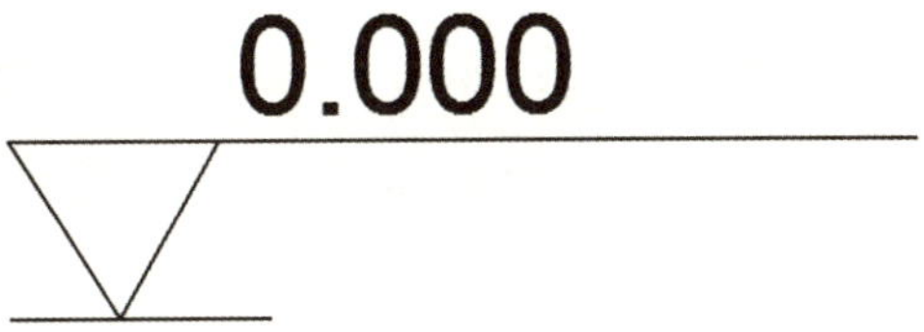

图 9-17 文本变成数字

（8）插入带属性的图块。

命令：输入命令 INSERTL

在“插入”对话框中的“名称”栏选择“标高”图块名，按“确定”按钮，提示行出现如下提示：“指定插入点或[基点（B）/比例（S）/X/Y/Z 旋转（R）]：”在该标注标高处点击。命令行继续提示：“输入属性值，请输入数字 <0.000>：”直接按回车键得到如图 9-12 所示右图的最下标注值。

继续使用“INSERT”命令，在“请输入数字 <0.000>：”的提示后输入“0.150”，可得到如图 9-12 所示右图的最下第二个标注值。

用相同的方法插入图块并输入不同的值得到如图 9-12 所示右图的结果。

例 2：外部属性块标注。

例 1 所讲内容只能作为内部图块，如果要做一个带属性标高的外部图块，则必须做改动。

（1）画出标高符号，注意文件内不能有其他元素。

（2）使用“BASE”命令或下拉菜单执行“绘图”>“块”>“基点”菜单。

（3）命令行提示：“输入基点 <0.0000，0.0000，0.0000>：”，用鼠标点击标高符号三角形的下端点。

（4）定义属性。

命令：输入命令 ATTDEF

出现“属性定义”对话框，按图 9-13 的内容输入每项。

（5）按“确定”，对话框消失，命令行提示：“指定起点：”。

（6）在图 9-12 左图所示的标高符号的上方，三角形的右上角选取一点。

（9）再次存盘。外部属性块建立。

（8）用外部块的插入方式，插入属性块。以后任何文件都能使用这个属性块。

6.2 修改属性定义

命令格式

命令：输入命令 DDATTEL

选择块参照：选择一个要修改的属性块

此时出现如图 9-18 所示的对话框，在该对话框中可以对属性内容进行修改和重新定义。

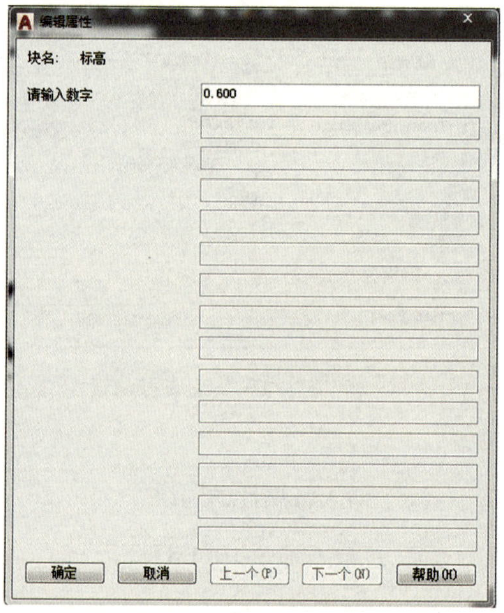

图 9-18 修改属性定义

第十章　图层、查询和设计中心

学习要点

1. 认识图层
2. 修改图层设置
3. 特性
4. 查询图形对象信息

为了方便、快速、高效地绘图，在 AutoCAD 中有各种控制图形对象显示的方法，图层可以根据需要显示全部图形，也可以显示图形的某一局部或者显示具有特定属性的对象，还可以给不同图形对象以不同的颜色或线型，以符合国家标准对工程图的线型规定或更灵活方便地控制图形。

1. 认识图层

1.1 图层的概念

图层是管理图形对象的工具，可以将图形、文字、标注等对象分别放置在不同的图层中，并根据每个图层中图形的类别设置不同的线型、颜色及其他属性，还可以设置每个图层的可见性、冻结、锁定和是否打印等。

图层是图形绘制中使用的主要组织工具，相当于图纸绘图中使用的透明重叠图纸，将每张图纸看作一个图层，在每张图纸上分别绘制墙线、家具、尺寸等图形，就是将同类型的对象放置在同一个图层中，最后将全部的图纸重叠在一起就是一个完整的图形，如图 10–1 所示。

图层工具栏默认情况下在界面的上端，如图 10–2 所示。栏中显示了当前图层的名称以及该图层的特性设置。点击三角形▾按钮，会打开下拉列表，显示出当前图形文件中包含的所有图层，选择一个就可以将该图层显示在工具栏中。

1.2 创建和删除图层

每个图形文件都自动创建一个图层，名称为“0”，它是不能删除或重命名的。该图层有两个用途：确保每个文件中至少包括一个图层；提供与图块中的控制颜色相关的特殊图层。如果用户要绘制图形，建议在创建的新图层上绘制，而不是将所有的图形都在“0”图层上绘制。

（一）创建图层

创建图层需要在“图层特性管理器”对话框中进行设置。

（1）启动图层特性管理器，有以下 3 种命令方法。

①在界面的上端图层工具栏中，点击“图层特性管理器”按钮。

②在命令行中输入“1ayer”，并按回车键。

③选择菜单命令，执行“格式”>“图层”菜单。

使用上述命令后，屏幕上会出现“图层特性管理器”对话框，如图 10-3 所示。

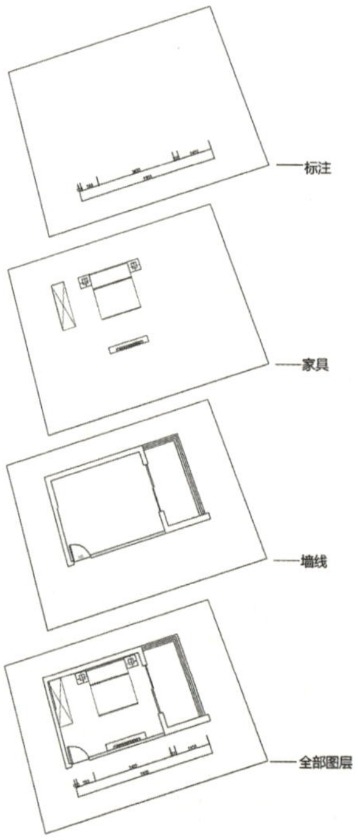

图 10-1

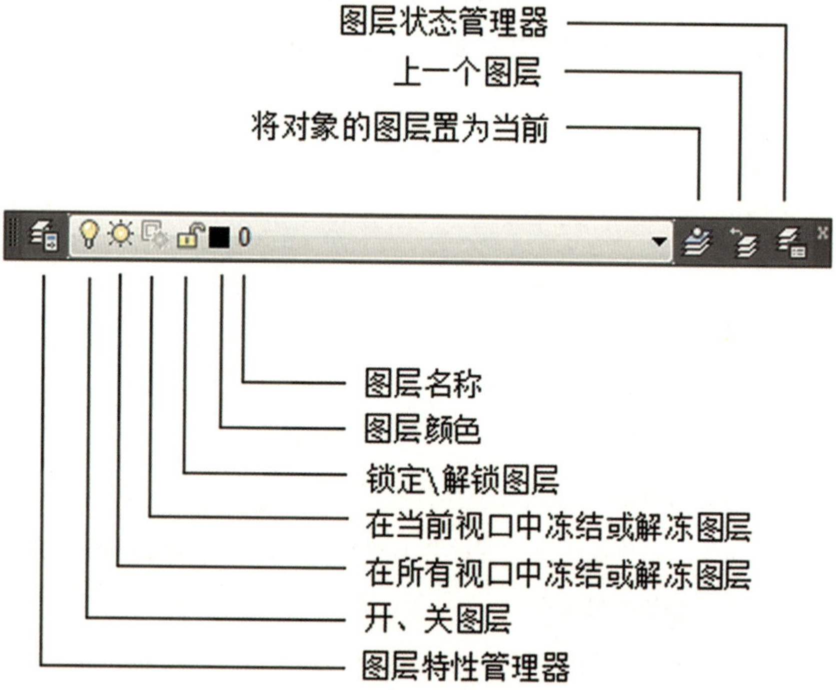

图 10-2 默认图层工具栏

（2）在对话框中点击“新建图层”按钮，或按“A1t”+“N”键，在下面的列表中就会自动生成一个名为“图层 1”的新图层，如图 10-4 所示。图层名处于选中状态，用户可以直接输入一个新图层名，例如“墙线”。

新图层将继承图层列表中当前选定图层的特性（颜色、开 / 关、状态等）。

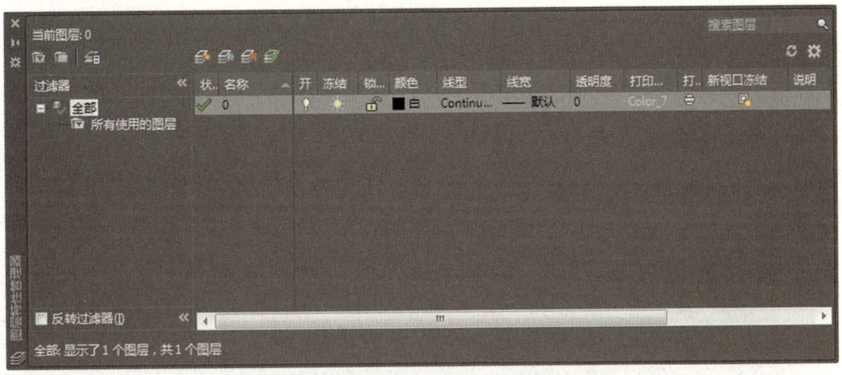

图 10-3 图层特性管理器对话框

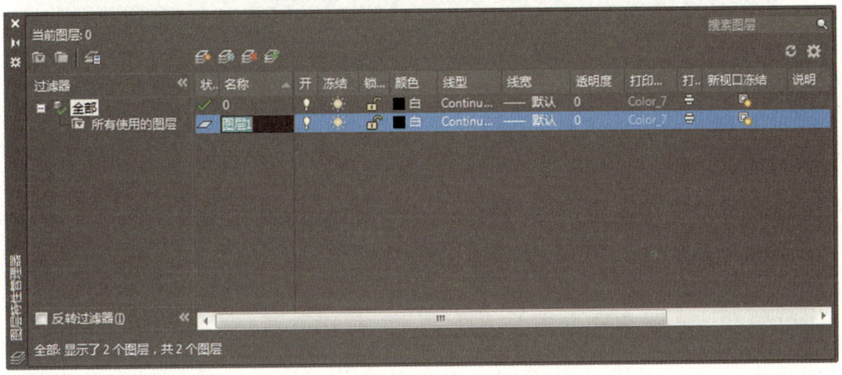

图 10-4 新建图层对话框

（3）点击对话框任意空白处，即可保存创建的图层。

（4）在对话框中选择一个图层，点击其名称或按“F2”键，输入新的名称“家具”，如图 10-5 所示。

（5）点击空白处，保存修改。

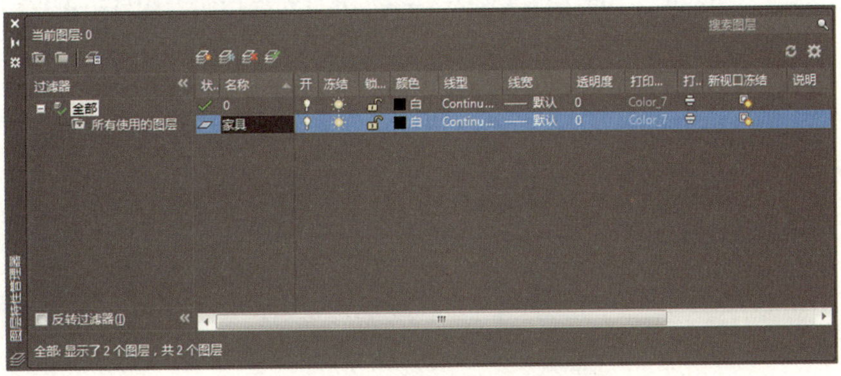

图 10-5 修改图层名称对话框

（二）删除图层

在“图层特性管理器]”对话框中点击要删除图层的名称，点击“删除图层”按钮义，如图 10–6 所示，即可删除该图层。

注意：

0 图层、当前图层（正在使用的图层）、含有图形对象的图层不能被删除。

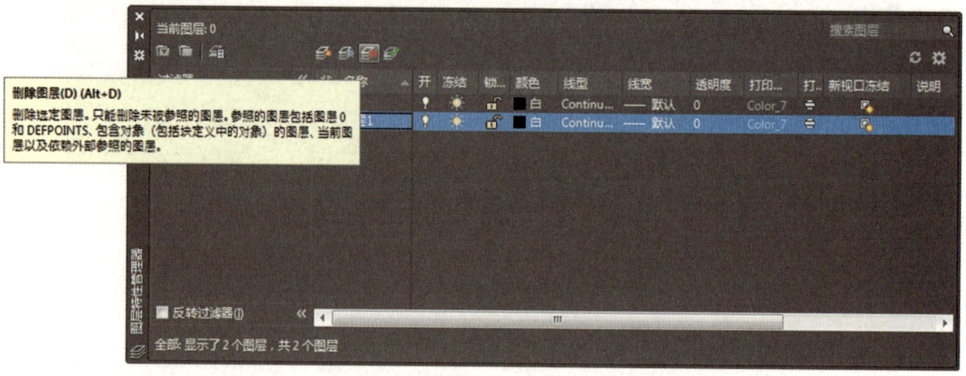

图 10–6 删除图层对话框

1.3 设置当前图层

绘图时，新创建的对象将被放置于当前图层上。默认情况下当前图层是“图层 0”，也可以是用户创建的任意图层。将其中一个图层置为当前图层后，也就是说用户将要在这个图层上工作，随后创建的任何对象都被放置在这个当前图层上，并采用其颜色、线型和其他特性。

图层被设置为当前图层之后，是不能被删除的。但是可以先设置其他的图层为当前层，然后删除该层。

要选择在哪个图层上绘制图形，也就是设置当前层，有以下两种方法：

（1）在“图层特性管理器”对话框中点击需要设为当前层的图层名称（选中图层），再点击“置为当前”按钮或按“A1t”+“C”键。点击“应用”按钮，保存设置。

如图 10–7 所示，当前图层的左侧显示出图标，并且在按钮右侧显示出当前图层的名称。点击“确定”按钮，关闭对话框。

（2）在图层工具栏中，点击三角形按钮，打开图层名称下拉列表，如图 10–8 所示，选择需要设置为当前层的图层名称“墙线”，即完成了当前层的设置。

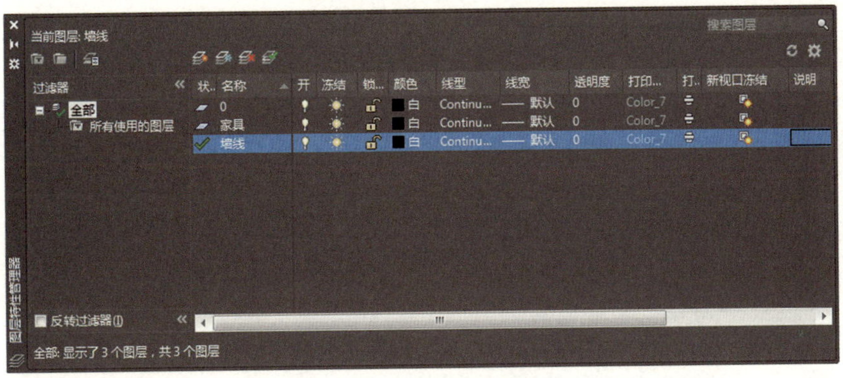

图 10-7 当前图层设置对话框

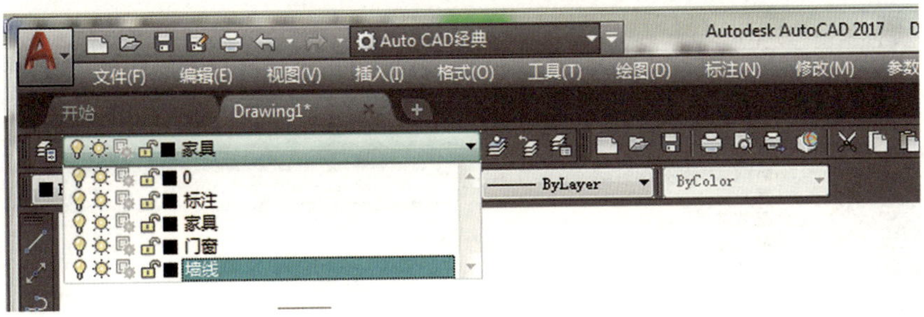

图 10-8 工具栏中当前图层设置对话框

2. 修改图层设置

图层中包含多种设置，每个设置都由一个按钮显示控制的结果。而且在“图层特性管理器]”对话框中可以修改任何图层设置，包括当前层和非当前层。

2.1 打开和关闭图层（图层可见性）

打开图层时图层上的所有对象都显示在视图中。关闭的图，层不显示也不能打印图层上的对象。

（1）在“图层特性管理器”对话框中点击一个图层名右侧的黄色灯泡，灯泡变为蓝色则为关闭图层，如图 10-9 所示，0 层和标注层已被关闭。此时该图层由打开变为关闭。

（2）当图层关闭时，图层上的对象都是不可见的，并且不能打印，即使“打印”选项是打开的，关闭图层，使视图中显示的对象减少，可以更有利于绘制和观察图形。

（3）也可以在“图层”工具栏中，点击三角形按钮，打开图层名称下拉列表，在需要关闭的图层名称左侧点击黄色灯泡口，灯泡变为蓝色，如图 10-10 所示，0 层和标注层已被关闭。

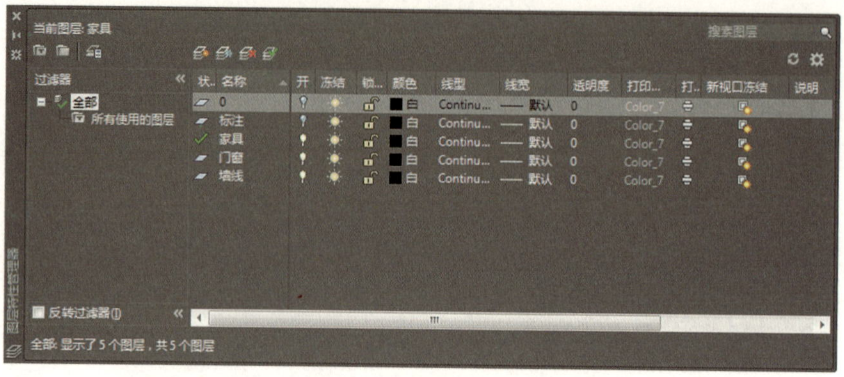

图 10-9 打开和关闭图层设置对话框

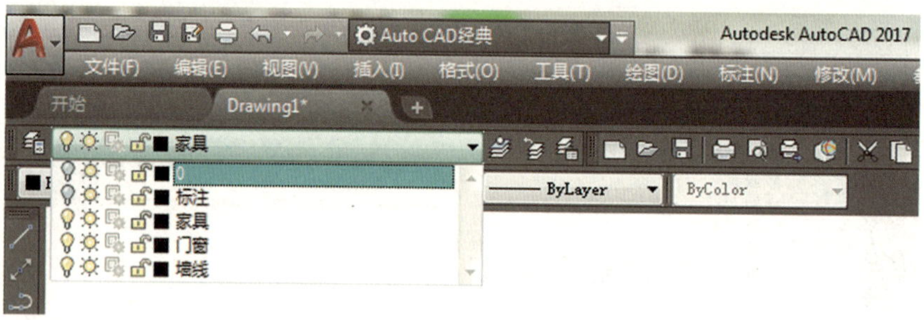

图 10-10 工具栏中打开 / 关闭图层设置对话框

（4）在“图层”工具栏或在“图层特性管理器”对话框中再次点击蓝色灯泡，会变为黄色灯泡，即可打开该图层。如果灯泡为黄色，则表示该图层已打开，灯泡为蓝色则该图层为关闭。

2.2 冻结和解冻图层

冻结图层从图形的可视性来看与关闭图层是一样的，冻结后的图层也不可见。但从图形的操作运算来看是不一样的。被冻结图层不参加整个图形文件的操作运算，而可以加快非冻结图层的视图缩放、移动等操作的运行速度，加强对象选择的性能，并减少复杂图形重新生成的计算时间。冻结与关闭图层的区别是，冻结可以加快系统重新生成图形的计算时间。如果图形简单，用户可能感觉不到冻结图层提高的速度。冻结后的图层不再显示在屏幕上，不能被编辑，也不能被打印输出，不能消隐，不能渲染。通常可将长时间不需查看的图层冻结。

（1）在“图层特性管理器”对话框中点击一个图层名右侧的黄色太阳图标，图标变为蓝色雪花图标，点击图标即可将该图层冻结，如图 10–11 所示，其中墙线层已被冻结。

注意：

当前图层不能被冻结。

（2）蓝色雪花图标被点击后，会变为黄色太阳图标，点击按钮即可将该图层解冻。

（3）也可以在图层工具栏中，点击三角形按钮，打开图层名称下拉列表，在需要冻结的图层名称左侧点击黄色太阳图标，使其变成蓝色雪花图标，即可冻结该图层。如图 10–12 所示，

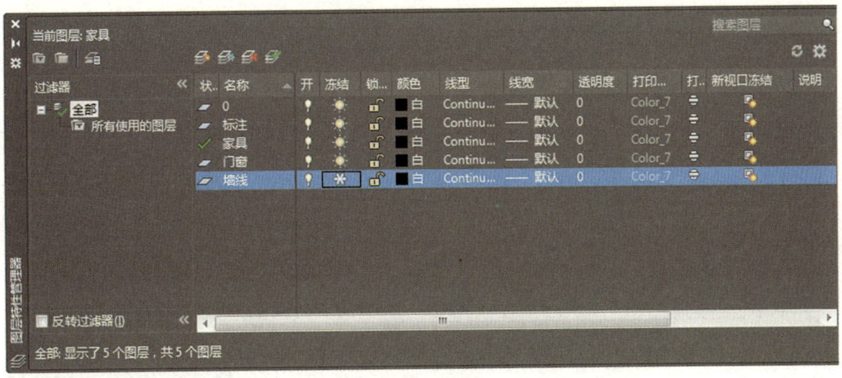

图 10-11 冻结 / 解冻图层设置对话框

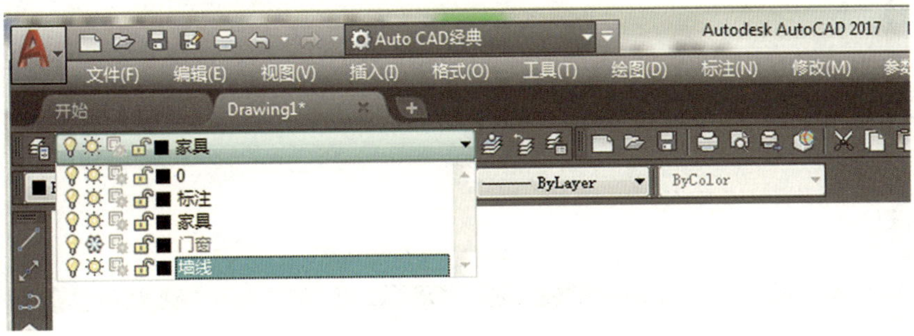

图 10-12 工具栏中冻结 / 解冻图层设置对话框

图中门窗层已被冻结，而其他层处于解冻状态。

太阳图标表示图层解冻，雪花图标表示图层冻结。

（4）关闭和冻结图层的区别。

①分别在“图层 1”上画一矩形（不要布满绘图区）和在“图层 2”上画一六边形，如图 10-13 所示。图形尺寸大小不作规定，但要与图 10-13 中的矩形和六边形差不多大小。

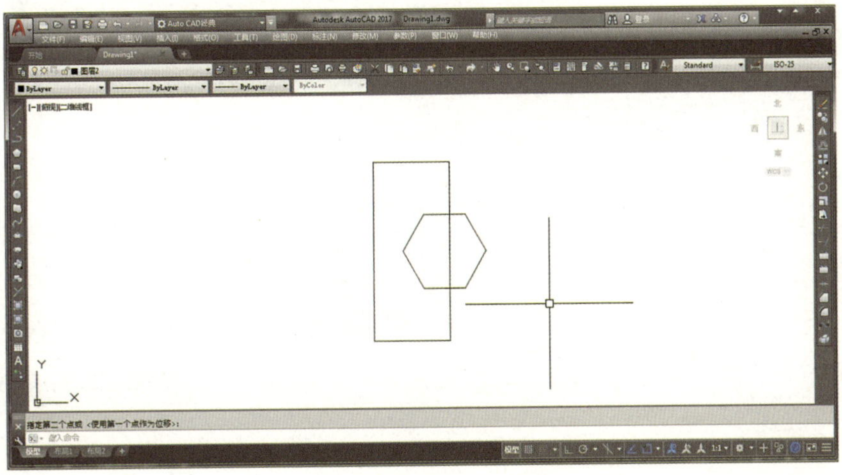

图 10-13 绘制两个图形

②关闭“图层 1”，如图 10–14 所示。

③使用 ZOOM 命令。命令：输入命令 Z

ZOOM 指定窗口的角点，输入比例因子（nx 或 nxp），或者 [全部（A）/ 中心（C）/ 动态（D）/ 范围（E）1 上一个（P）/ 比例（S）/ 窗口（W）/ 对象（0）]< 实时 >：输入命令 e

使用这个命令是将图形布满整个绘图区，但是如图 10–15 所示，六边形并没有布满绘图区。

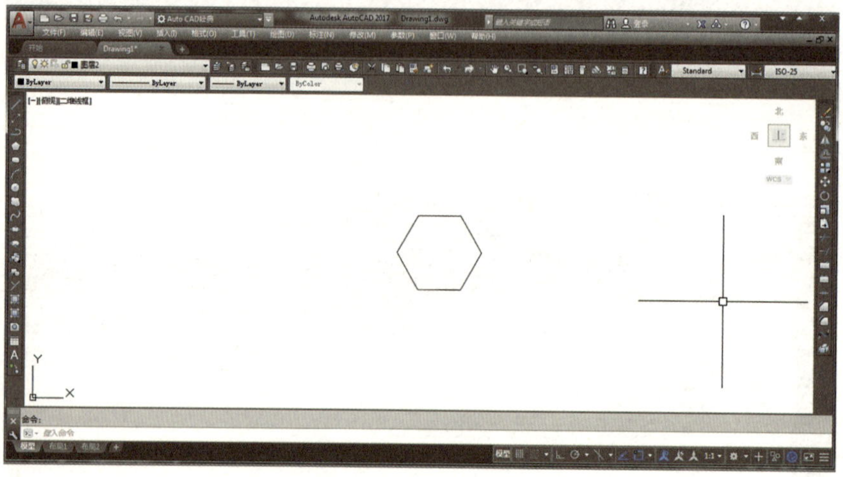

图 10–14 关闭图层 1

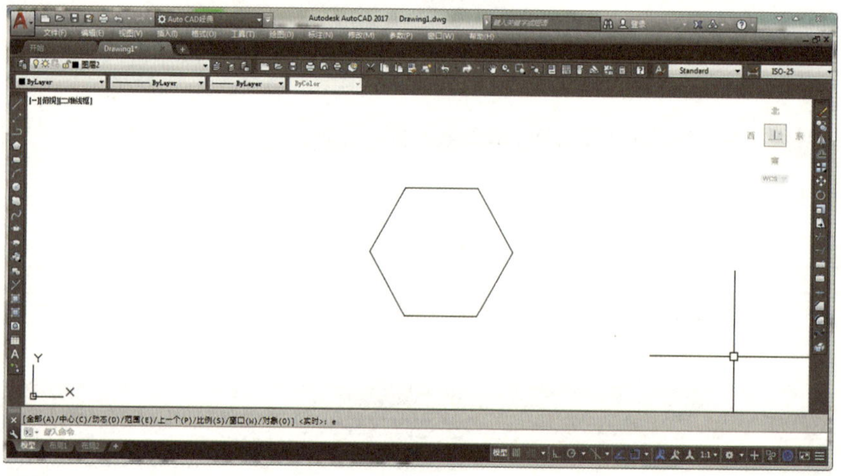

图 10–15

④打开“图层 1”，如图 10–16 所示。矩形布满了绘图区，可见“图层 1”（被关闭的图层）也参加了运算。

⑤冻结“图层 1”，绘图区又回到图 10–14 的视觉状态。再次使用执行“ZOOM”>“E”菜单，这时候六边形布满了整个绘图区，如图 10–17 所示。可见“图层 1”（被冻结的图层）不参加运算。

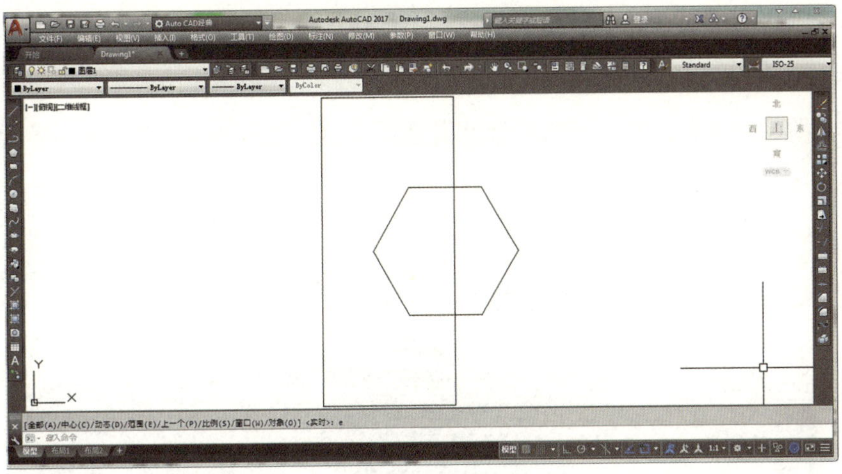

图 10-16

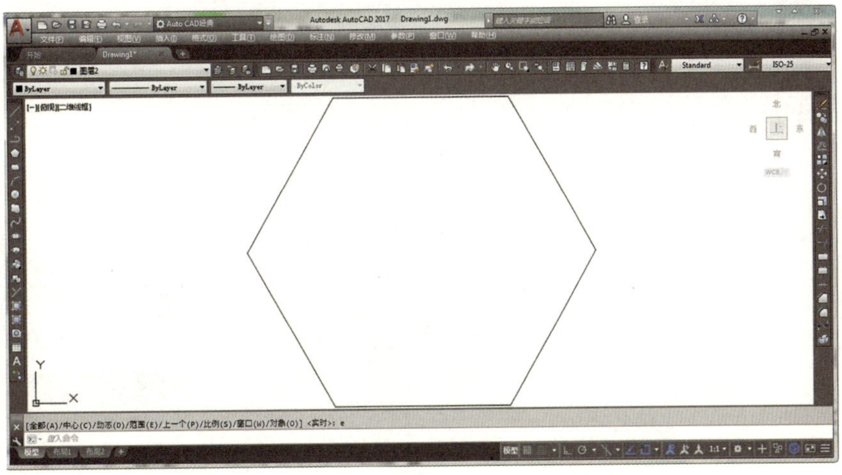

图 10-17

2.3 锁定和解锁图层

被锁定的图层中所有的对象仍显示在视图中，可以打印，但对象无法修改。用户可以在被锁定的图层绘制新的图形，也可以使用“对象捕捉”命令捕捉目标点。

（1）在“图层特性管理器”对话框中点击一个图层名右侧的打开挂锁图标，打开挂锁图标变为锁的图标，如图 10-18 所示，0 层被锁定。此时该图层由解锁变为锁定状态。

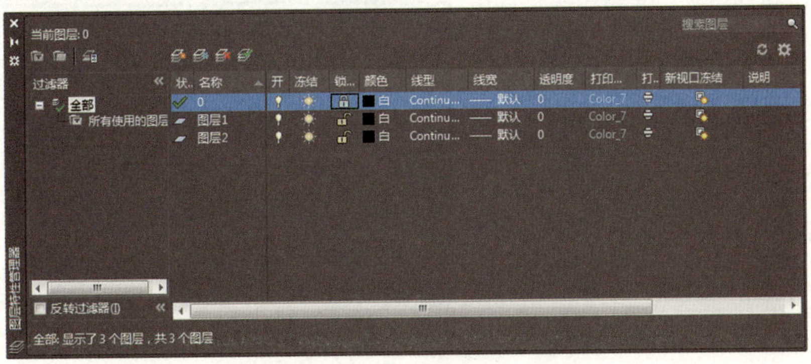

图 10-18 0 图层锁定对话框

（2）也可以在图层工具栏中，点击三角形按钮，打开图层名称下拉列表，在需要锁定的图层名称左侧点击锁定 / 解锁图标，挂锁变为锁定图标，如图 10–19 所示，0 层已被锁定。

（3）在“图层”工具栏或在“图层特性管理器”对话框中再次点击“锁定”图标，会变为解锁图标，即可解开该图层。

（4）在视图的 0 层上绘制一个矩形。

（5）将图层 0 锁定，但是该图层上的矩形依然显示在视图中。

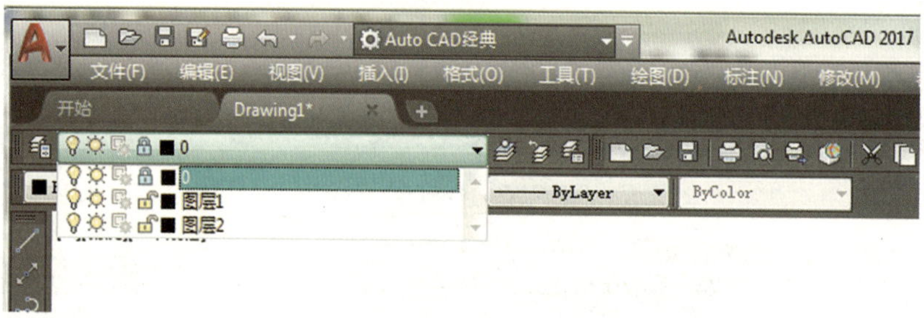

图 10-19 工具栏中 0 图层锁定对话框

（6）点击“删除”按钮，将十字光标移至矩形线上，会看到选择方框光标附近显示一个锁形提示，说明该图形处于被锁定的图层上，如图 10–20 所示。

图 10-20

（7）点击矩形，命令行提示“选择对象：找到一个，总计 1 个在锁定的图层上”。点击鼠标右键，结束选择。此时矩形没有被删除，说明没有选中直线，当然也无法执行删除命令。

（8）在矩形上方边线的中点处画一圆。点击画圆按钮，在视图中开始捕捉边线的中点，绘制一个圆，如图 10–21 所示。

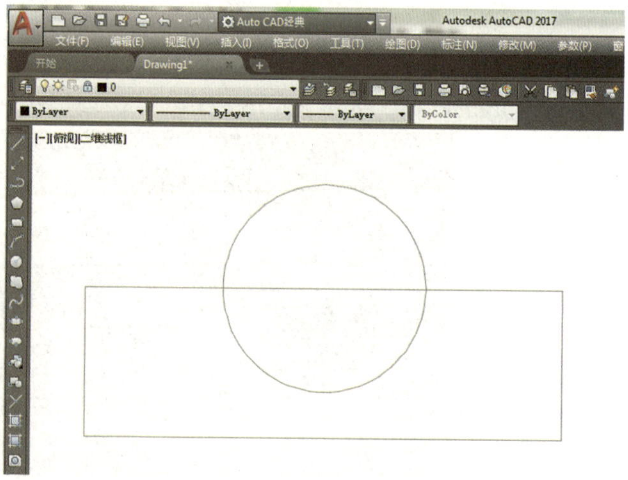

图 10-21

以上的操作说明锁定图层上的对象不能被修改，但是可以使用“对象捕捉”命令在锁定的图层上捕捉锁定对象的目标点来绘制图形。如果是在锁定图层上绘制图形，绘制完成之后，新创建的图形也会被锁定，不能修改了。

2.4 改变图层颜色

为图层设置颜色，可以区别各个图层和控制打印输出。默认情况下，图层 0 的颜色为白色或黑色，在该图层上创建的对象都是白色或黑色的。图层颜色有两种作用：

（1）在打印输出时，对某一种颜色指定一种线宽，该颜色的所有对象无论是否在一个图层上都是以这种线宽进行打印。用颜色代表线宽可以减少图形文件的存储量，提高显示效率。

（2）在工程图中，粗实线和细实线是两种不同的线型，用以区分不同种类的图形，将粗实线和细实线设置为不同的颜色就可以区分不同种类的图形。

注意：

默认情况下创建的对象颜色与图层的颜色相同，但是可以单独设置对象颜色，使其与图层颜色不同。

设置图层颜色的方法如下：

（3）在打开的“图层特性管理器”对话框中选择一个图层，点击图层右侧的颜色图标，即可打开“选择颜色”对话框，选择一种颜色，例如红色，如图 10–22 所示，点击“确定”按钮，确定选择的颜色。

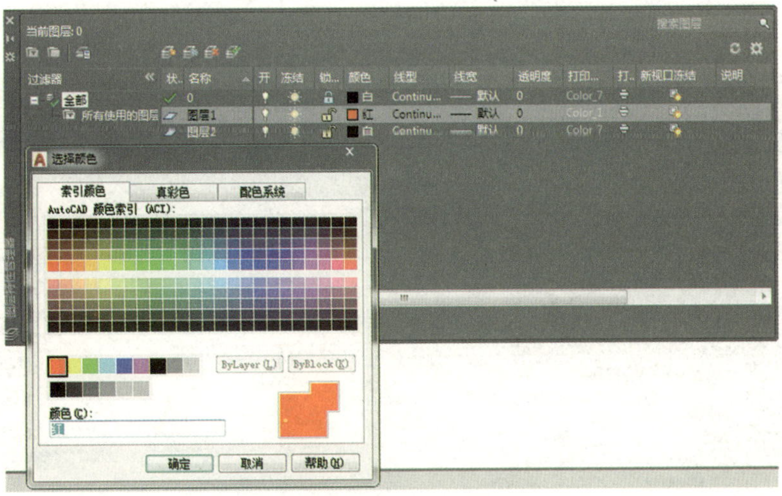

图 10–22 选择颜色对话框

（4）点击“置为当前”按钮，将图层 1 设为当前操作图层，保存修改并关闭对话框。

（5）选择任意一个绘图工具按钮，例如点击“圆”工具按钮，在视图点击并拖拽鼠标，绘制圆形，这个圆将会呈图层 1 的颜色，即红色。

2.5 改变图层线型

线型是线、点和空格组成的线的样式。默认情况下绘制的是实线，“图层特性管理器”对话框中称为“continuous”，如图 10-23 所示。

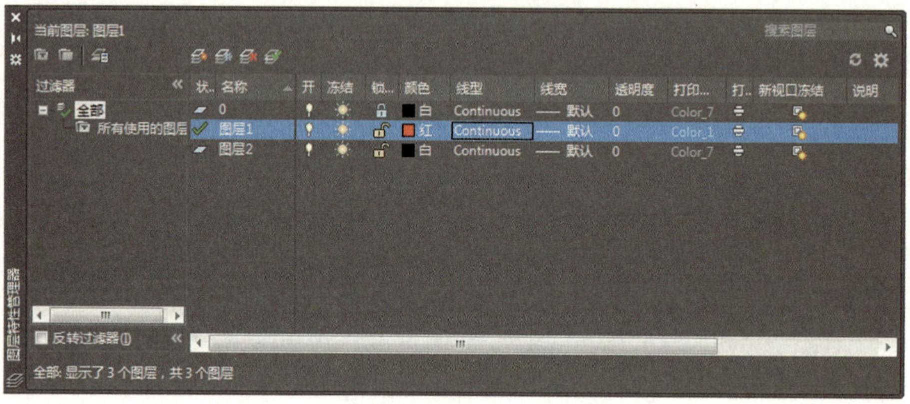

图 10-23

系统还提供了各种不同的线型，如虚线、中心线等。可以通过图层统一指定某个图层的线型，当一个图层被指定一种线型后，在该图层上绘制的所有图形都使用该线型，AutoCAD 就不用重复记录每一个图形对象的线型。AutoCAD 为用户提供了一个标准线型库，文件名为“acadiso.lin”，加载该文件之后，可以从中选择所需线型。

（1）在打开的“图层特性管理器”对话框中选择一个图层，点击图层 2 右侧的线型名称，默认情况下应用的是 Continuous（实线）线型，点击“Continuous”如图 10-23 所示。

（2）打开“选择线型”对话框，点击“加载”按钮，如图 10-24 所示。

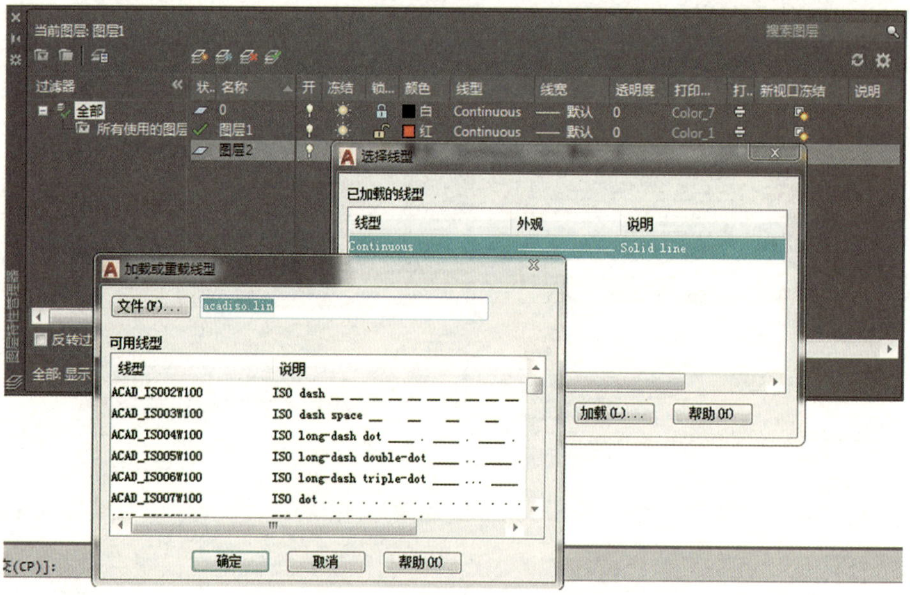

图 10-24 加载或重载线型对话框

（3）打开“加载或重载线型”对话框，在列表中点击选择一种线型，例如选择“CENTER”中心线，点击“确定”按钮，如图 10-24 所示。

（4）线型“CENTER”中心线被加载到当前的文件中，在“选择线型”对话框中多出了一种线型“CENTER”如图 10-25 所示。

注意：

此时不能点击“确定”按钮，如直接点击，新建的线型将不能加载到指定的图层中，而是必须先选定“CENTER”再按“确定”按钮。

（5）点击该线型名称，点击“确定”按钮，如图 10-26 所示。

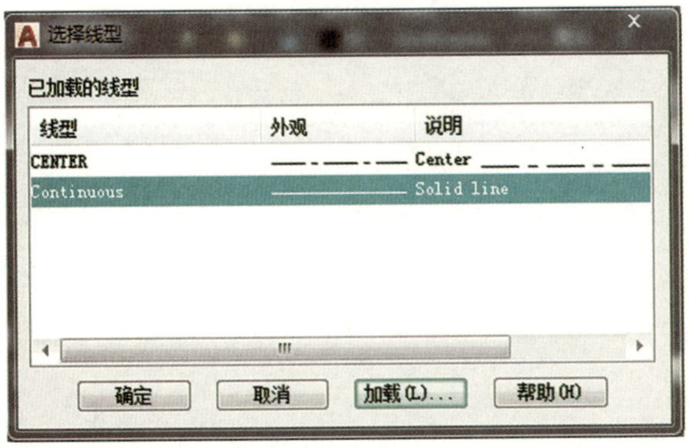

图 10-25 选择线型对话框

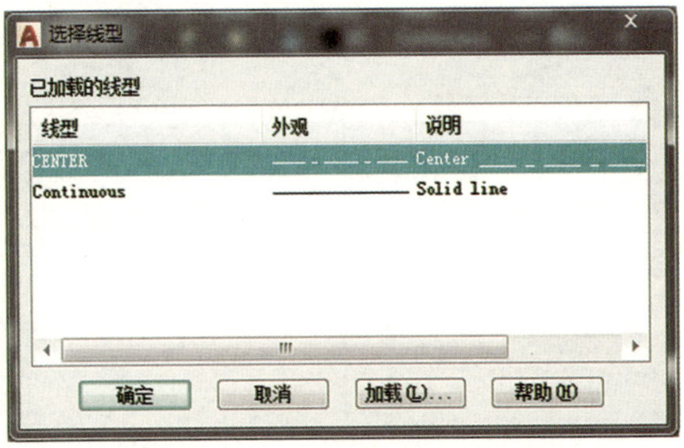

图 10-26

（6）此时在“图层特性管理器”对话框中，选择的图层 2 线型被更改为“CENTER”如图 10-27 所示。

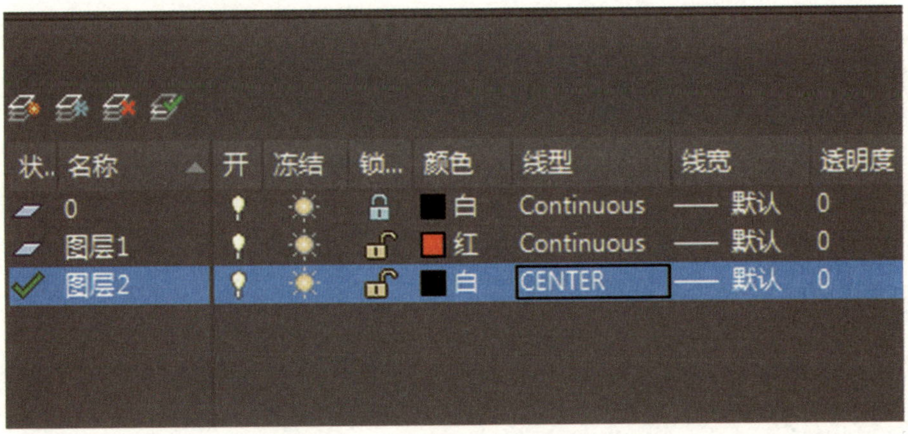

图 10-27

（7）此时视图中该图层中的图形对象都由原来的实线线型改成了中心线“CENTER”线型，如图 10-28 所示。

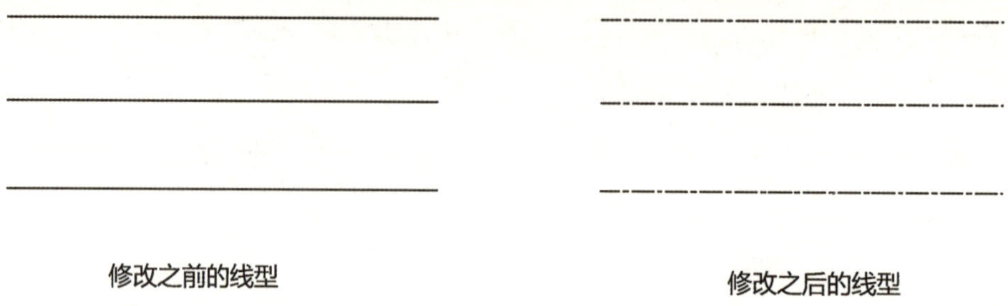

图 10-28

（8）点击绘图按钮，在图层 2 上绘制的所有图形都会呈中心线“CENTER”线型效果，即中心线矩形、圆和圆弧，如图 10-29 所示。

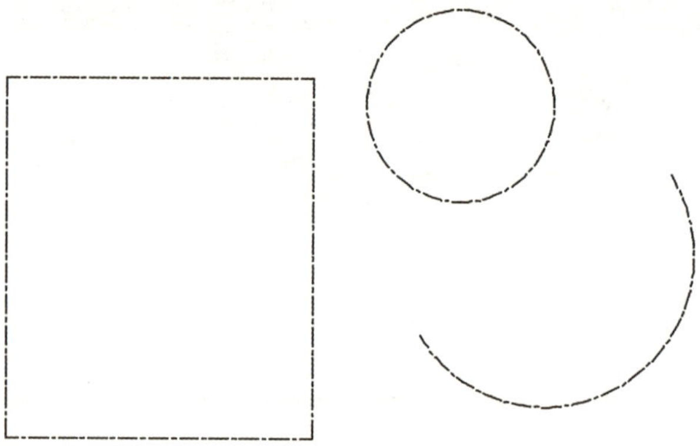

图 10-29

2.6 指定图层的线宽

线宽为对象增加宽度特性。除了 True Type 字体、光栅图像、点和实体填充（或二维实体）以外，所有对象都能以线宽显示和打印。每个图层都可以设置该层中线的宽度，并选择是否在视图中显示线宽效果。

（1）点击“图层特性管理器”按钮，在对话框中点击“新建图层”按钮 3 次，在下面的列表中就会自动生成 3 个新图层，名称分别是图层 1、图层 2、图层 3，点击“确定”，关闭对话框。

（2）选择图层 1 作为当前层，在视图中绘制直线 1，长度为“100”。

（3）选择图层 2 作为当前层，在视图中绘制直线 2，长度为“100”。

（4）选择图层 3 作为当前层，在视图中绘制直线 3，长度为“100”。此时 3 条直线的宽度相同，如图 10-30 所示。

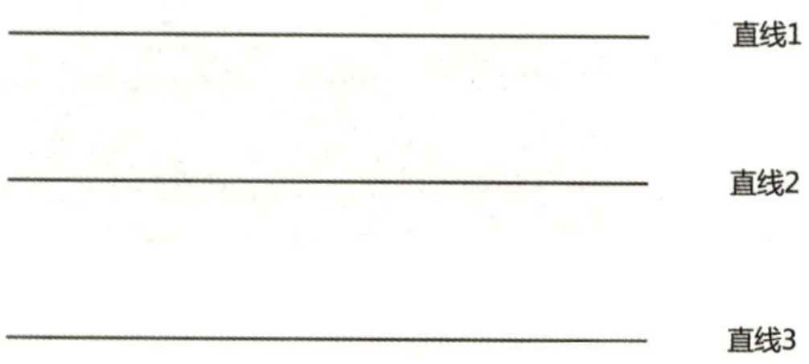

图 10-30

（5）打开“图层特性管理器”，在对话框中点击图层 1 右侧的线宽名称“默认”，如图

10–31 所示。

（6）打开“线宽”对话框，选择线宽尺寸为“0.30mm”，如图 10–32 所示，点击“确定”按钮，即可将图层 1 的线宽改为 0.30mm。

（7）用同样方法，设置图层 2 的线宽尺寸为 0.50mm，图层 3 的线宽尺寸为 0.100mm。在“图层特性管理器”对话框中点击“确定”按钮，保存修改。

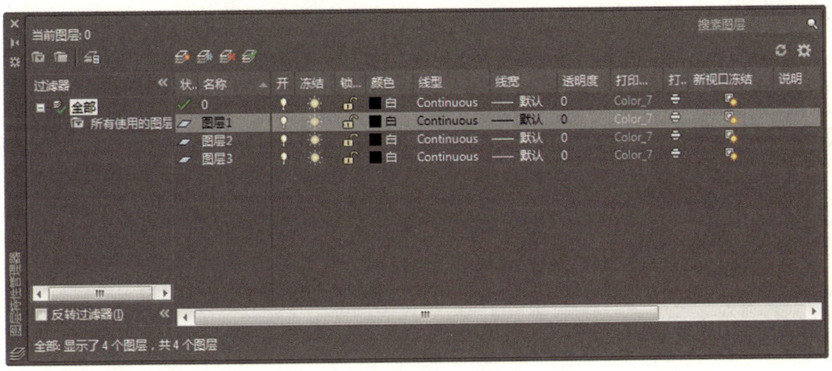

图 10–31

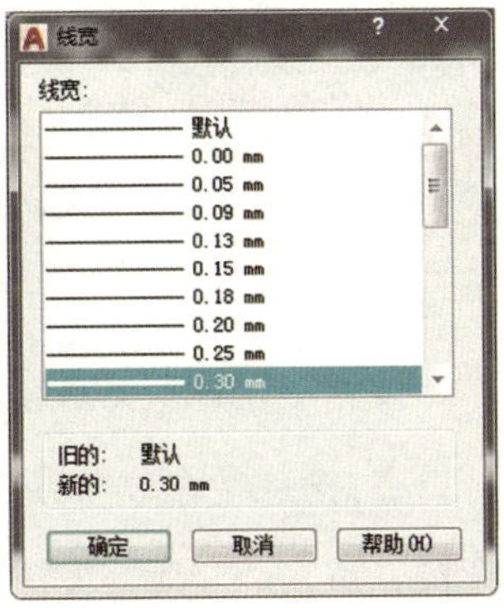

图 10–32 线宽对话框

（8）此时在视图中看不到 3 条直线的宽度区别。点击状态栏中的“显示 / 隐藏”线宽按钮，即可在视图中显示各图层中的不同线宽效果，如图 10–33 所示。

也可以选择菜单命令“格式”“线宽”，打开“线宽设置”对话框，勾选“显示线宽”选项，如图 10–34 所示，点击“确定”按钮，即可显示线宽。

图 10–33

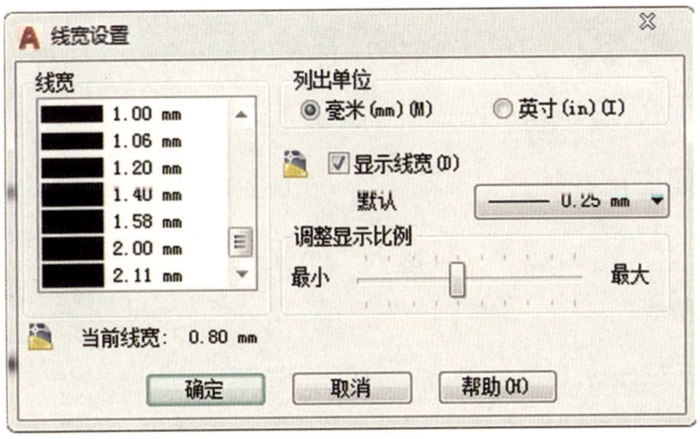

图 10–34 线宽设置对话框

2.7 修改图层打印样式

AutoCAD 从 2004 版开始提供一个名为“打印样式”的新功能，与线型和颜色一样，打印样式也是对象的一个特性。可以将打印样式指定给对象或图层。打印样式控制对象的打印特性，包括颜色、抖动、灰度、笔号、虚拟笔、淡显、线型、线宽、线条端点样式、线条连接样式、填充样式等。

打印样式组保存在以下两种打印样式表中：颜色相关（CTB）或命名（STB）。颜色相关打印样式表根据对象的颜色设置样式。

如果正在使用颜色相关打印样式（PSTYLEPOLICY 系统变量设为 1），则不能修改图层的打印样式。点击打印样式可以显示“选择打印样式]”对话框。

2.8 控制选定图层是否可打印

当关闭图层的打印设置时，虽然该图层的对象不会被打印输出，但该图层上的对象仍会显示出来。即使设置了某个图层可打印，如果该图层是处于关闭或冻结状态，其上的对象也不会被打印。

设置图层是否可打印的方法：

在“图层特性管理器”对话框中点击一个图层名右侧的“打印”图标，图标变为“禁止打印”图标，点击“应用”按钮，即可禁止打印该图层。再次点击图标，即可恢复打印。

2.9 放弃图层设置修改

在设置图层特性时，可以使用“上一个图层”命令放弃对图层设置所作的修改。例如，如果先冻结若干图层并修改图形中的某些几何图形，然后又要解冻冻结的图层；则可以使用“上一个图层”命令。此操作不会影响几何图形的修改，只是放弃对图层进行的冻结、锁定、颜色等设置所作的修改，恢复原来的设置。

启动“上一个图层”命令，方法有以下两种：

（1）在“图层”工具栏上点击“上一个图层”按钮。命令行将显示提示“已恢复上一个图层状态”。

（2）在命令行输入“layerp”，并按回车键，可达同样效果。

2.10 将选择对象图层设置为当前图层

将选择的对象图层设置为当前图层有以下两个方法：

（1）直接用鼠标点击对象，形成夹点操作的状态。系统会在图层工具栏的当前层位置自动将选择对象的图层名显示出来，这时候必须点击“将对象的图层置为当前”按钮。确定了点击对象所在图层为当前层。

（2）在图层工具栏中，先点击“将对象的图层置为当前”按钮，命令行提示：“选择将使其图层成为当前图层的对象：”，在视图中点击一个对象。命令行提示：“图层 ××× 现在为当前图层”，图层工具栏中就会显示出这个对象所在的图层名称和设置。

2.11 给图层排序

一旦创建了图层并为它们指定了颜色、线型、线宽和打印样式，就可以按照“图层特性管理器”中的特性为图层排序。可以按照名称、可见性、颜色、线型、线宽和打印样式对图层排序。单击列标题可以按照该列中的特性对图层排序。图层名可以按字母的升序或降序排列。

2.12 过滤器的使用

在图层特性管理器中，有些 CAD 图纸中的图层有很多。一般设计师在操作的时候，可能只需要看其中的某些图层，那么就需要把其他的图层进行隐藏的设置。但是这种图层的开关如果是一个个用鼠标点，比较费时间，而且由于这种操作是经常会进行的，所以重复花费的时间会相当多。

图层特性管理器中提供过滤器功能，包含特性过滤器和组过滤器。利用这两种过滤器的功能，我们可以把图层进行分类，分类后还可以批量对图层进行操作。

（1）所有使用的图层

在图层特性管理器中已默认添加了一个过滤器：所有使用的图层，可以显示所有图层上有图形对象的图层，也可以勾选“反转过滤器”，显示所有没有对象的图层。如图 10–35 所示，在状态栏显示全部共有 132 个图层。

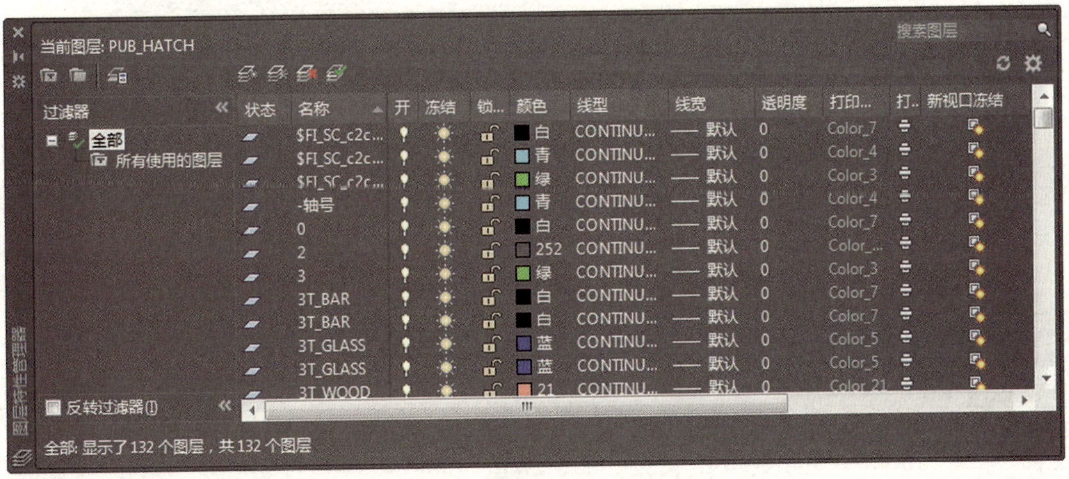

图 10–35

在 CAD 高版本，默认不显示图层是否使用的状态，也就是 SHOWLAYERUSAGE 变量被设置为 0，在这种情况下，“所有使用的图层”这个过滤器就不起作用了，如果需要此过滤器起作用，需要在状态栏输入“SHOWLAYERUSAGE”>“回车”>“输入 1”>“回车”，将显示图层是否使用的状态打开。如图 10–36 所示。

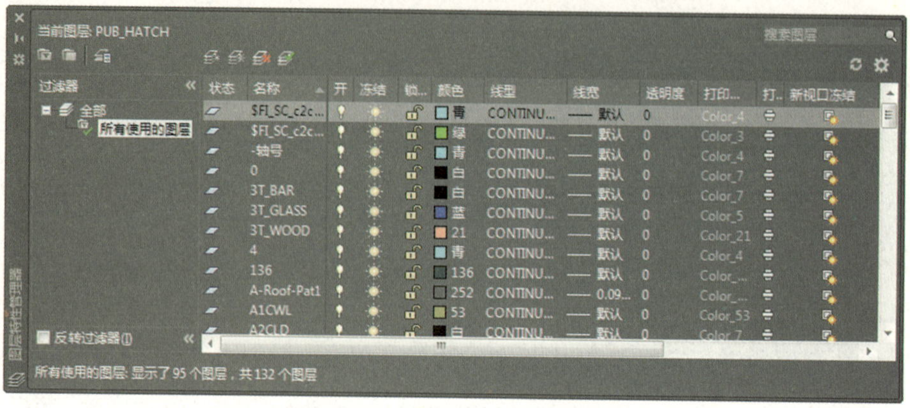

图 10-36

从图 10-36 中我们可以看出，图纸中共有 132 个图层，其中有 95 个图层是有图形的图层，有图形对象的图层状态的颜色是蓝色的。当勾选“反转过滤器”后，将显示所有没有图形对象的图层，没有图形对象的图层状态栏的颜色将变成灰色，如图 10-37 所示。

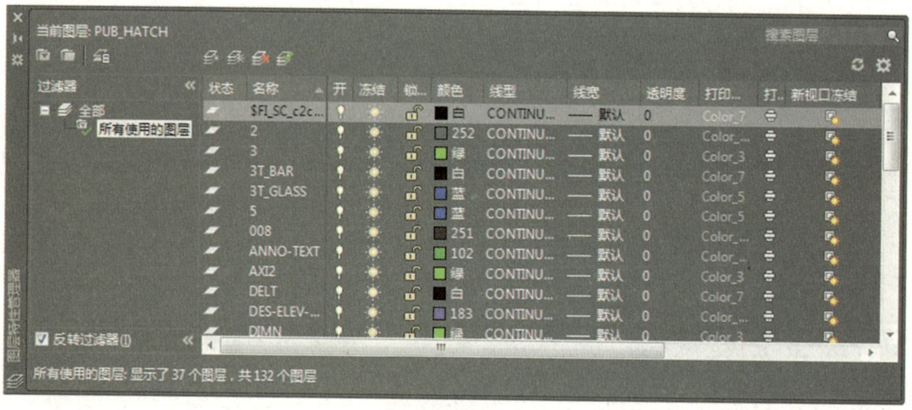

图 10-37

（2）图层特性过滤器

在“图层过滤器特性”对话框中单击“新建特性过滤器”按钮可以根据自己需要来设置过滤条件，诸如图层是否使用、图层名称以及图层的开关、冻结、颜色、线型等各种状态。一次可以一行或多行过滤条件，每一行也可以设置多个特性。如果要设置多个过滤器的话，最好给每个过滤器取一个比较容易分辨的名称，例如我们在一张建筑图纸中可以将与墙体相关的图层过滤出来，过滤器名称被命名为“墙体”，如图 10-38 所示。

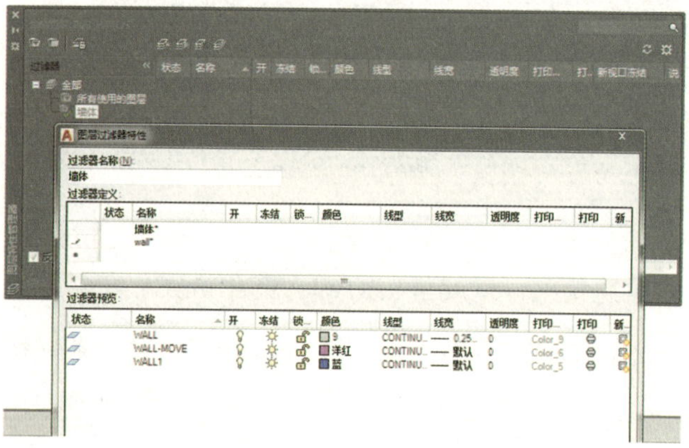

图 10-38 图层过滤器特性对话框

在上面的过滤器中，我们设置了两个过滤条件，都是用名称来过滤的，分别是“墙体”和“WALL”，就是将图层名字中带墙体和 WALL 的图层都过滤出来，过滤结果如图 10-39 所示。

在这个过滤器设置过程中，只用了名称一个条件，在实际应用中，我们可以设置名称的同时，还可以添加其他条件，例如图层是否开关，是否有图形、是什么颜色等，如图 10-40 所示。

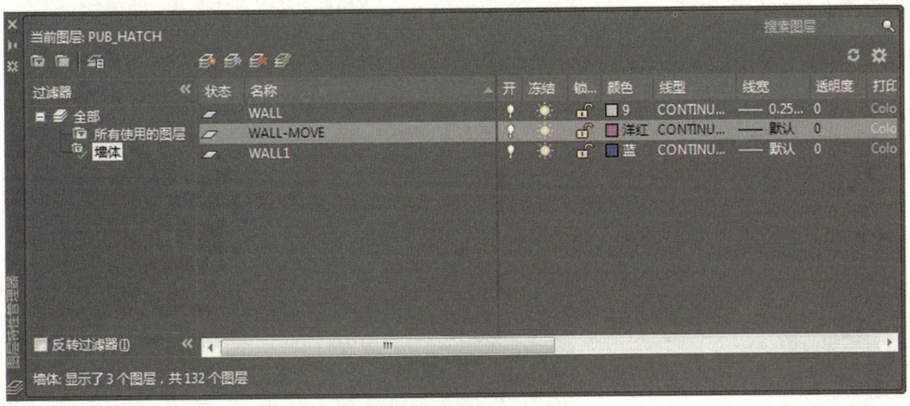

图 10-39

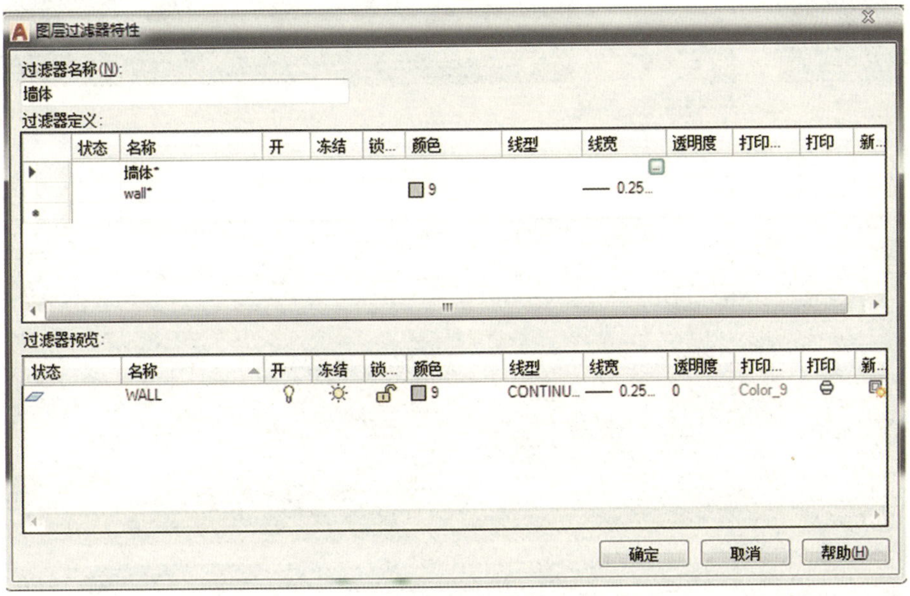

图 10-40

（3）组过滤器

所谓“组过滤器”，就是不用设置过滤条件，由用户自己通过添加图层来定义的过滤器。我们可以将一些需要同时关闭、冻结或锁定的图层设置成一个组，设置好组后，直接在图层管理器中右键单击组名，就可以在右键菜单中选择开关、冻结或锁定这一组图层。组过滤器的定义方法很简单：

1）在图层特性管理器中单击“新建组过滤器”按钮，就可以创建一个组过滤器，此时可以给过滤器起一个名字。如果这是没起名字也没关系，随时可以右键单击此过滤器，选择“重命名”来改名字。

2）在组过滤器中添加图层，CAD 提供了两种添加图层的方法：

右键单击“组过滤器”，在菜单中选择执行“选择图层”>“添加”菜单，然后可以在绘图窗口中拾取图形，将这些图形所在的图层添加到组过滤器中。如图 10-41 所示。

在过滤器列表中切换到“全部”或其他过滤器，然后将右侧列表中的图层直接拖拽到“组过滤器”名字上，如图 10-42 所示。

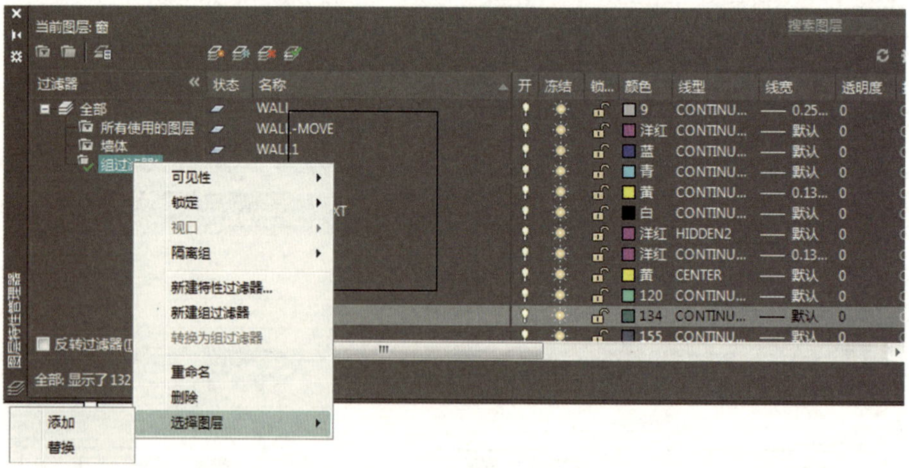

图 10-41

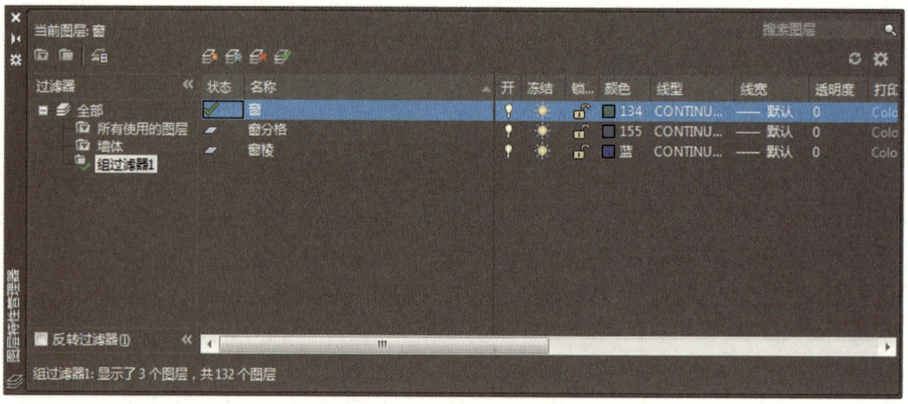

图 10-42

3）除了可以在组过滤器中添加图层外，还可以“替换”图层，当然也可以从组过滤器中删除图层。

2.13 图层的漫游与隔离

（一）图层漫游

（1）图层漫游，用于将选定的对象的图层之外的所有图层都关闭。执行“格式”>“图层工具”>“图层漫游”菜单；或者在命令行输入 laywalk 按 Enter 键；或者点击图层面板中的图层漫游按钮，弹出来图层漫游对话框。如图 10-43 所示。

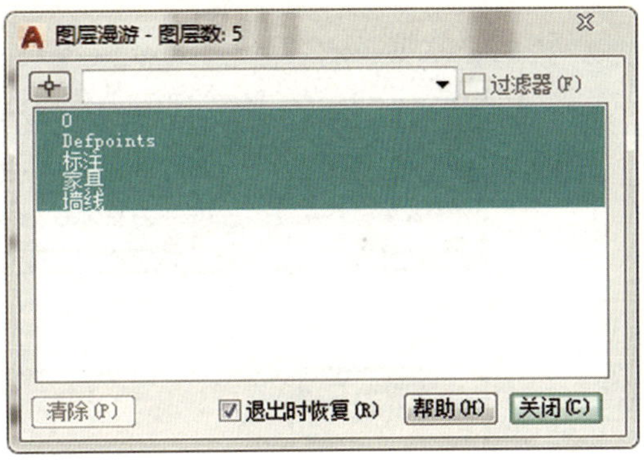

图 10-43

（2）弹出来图层漫游对话框，当图层全部选中时则绘图区显示布局图形完整，当单击家具时，就只显示家具图层。如图 10-44，图 10-45 所示。

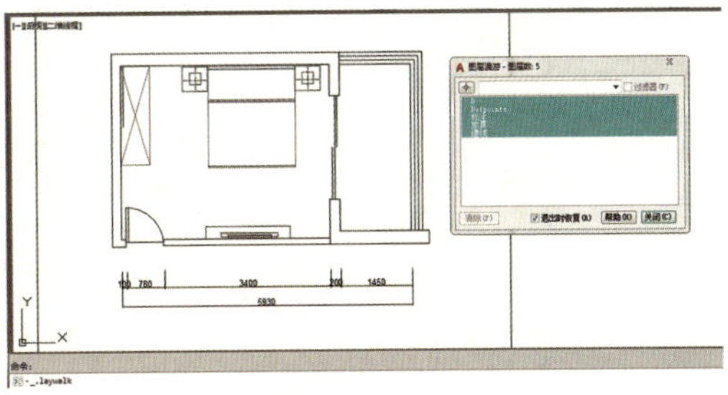

图 10-44

（3）按住鼠标左键连续选则，就会显示选中的图层；在某一图层上双击，前边就会出现一个 * 号，表示这一图层被保留，就可以不连续选择其他图层。

4. 如果将对话框中的“退出时恢复”勾掉，则未被选择的图层就保持关闭状态。

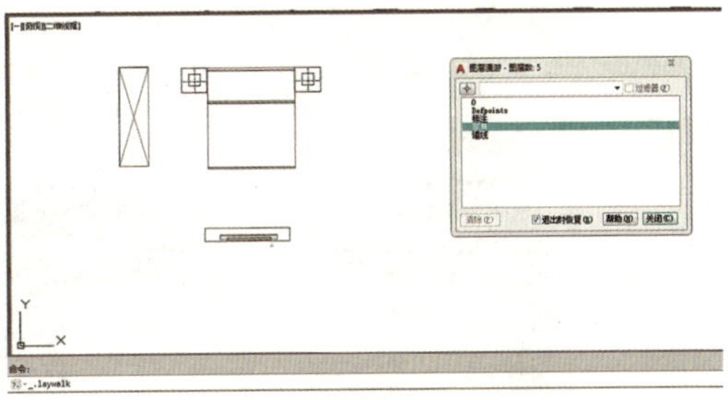

图 10-45

（二）图层隔离

（1）图层隔离，用于将选定的对象的图层之外的所有图层都锁定。执行“格式”>“图层工具”>“图层隔离”菜单；或者在命令行输入 layiso 按 Enter 键；或者点击图层面板中的图层隔离按钮，如图 10-46 所示，左边是图层隔离，右边是图层隔离取消。

（2）选择要隔离的图层上的对象，比如图中的床家具，按 Enter 键结束。这时，在图层面板中的下拉菜单中发现，除了床家具图层未被锁定外，其余的图层都被锁定。如图 10-47 所示鼠标显示要求选择要隔离的图层上的对象，图 10-48 图层面板下拉菜单中除了床家具图层未被锁定外，其余的图层都被锁定。

（3）执行“格式”>“图层工具”>“取消图层隔离”菜单；或者在命令行输入 layuniso 按 Enter 键；或者点击图层面板中的取消图层隔离按钮。

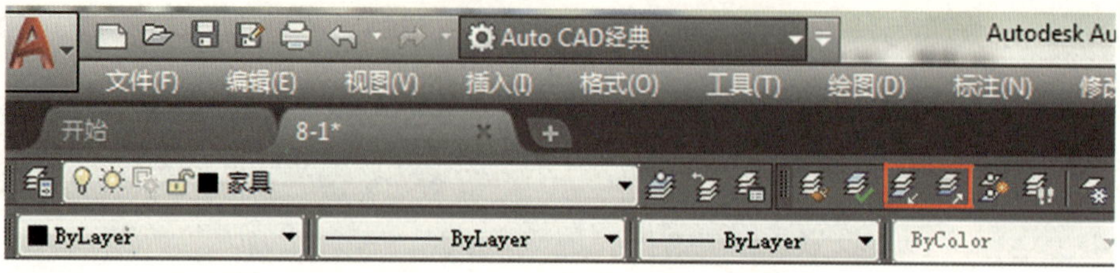

图 10-46

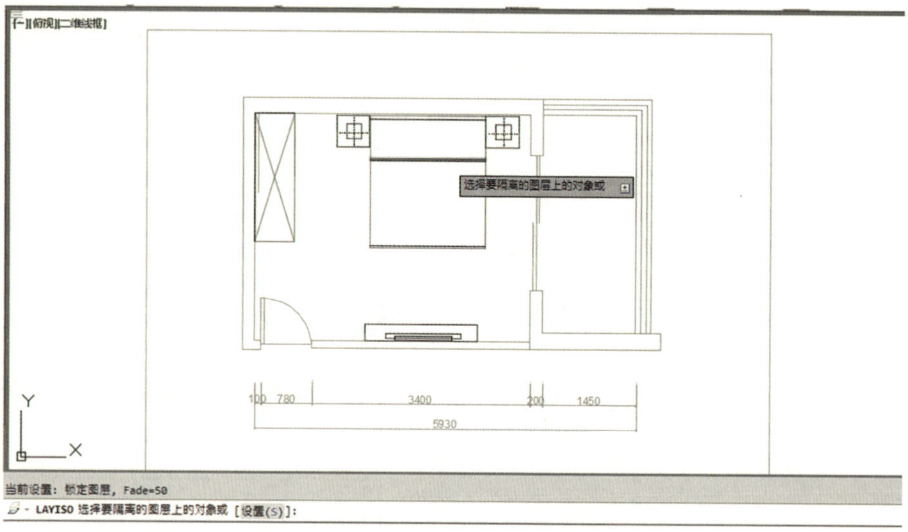

图 10-47

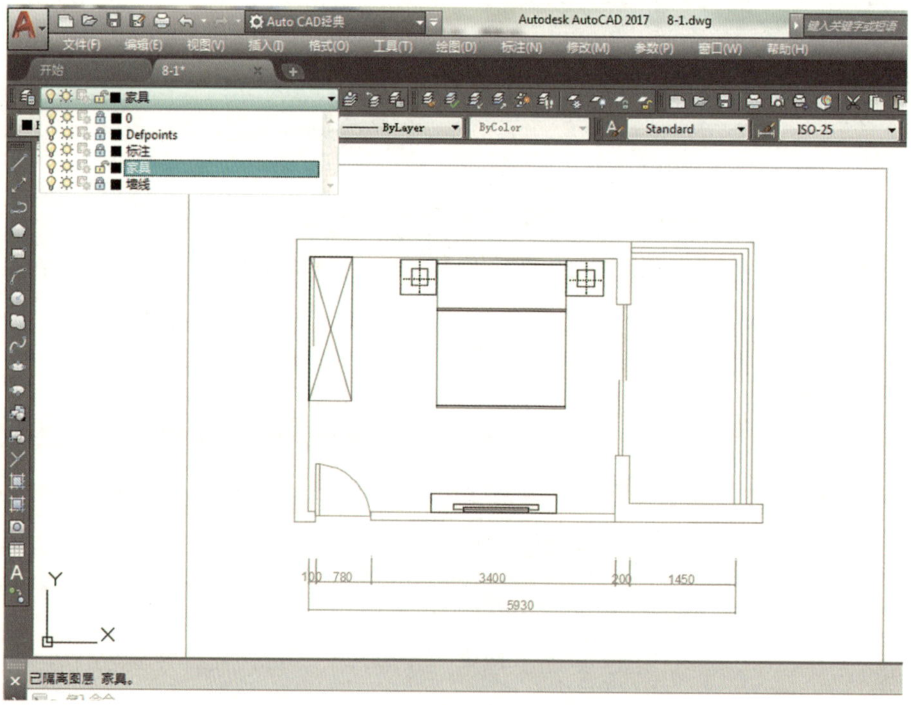

图 10-48

3. 对象属性

对象的颜色、线宽和线型都称为对象属性。在一个图层中绘制的图形可以是同一种颜色，也可以是不同的颜色。为了使对象具有与图层不同的颜色、线宽和线型，必须对这些对象的属性分别进行设置或修改。

3.1 对象的颜色

（一）设置对象的颜色

可以指定图层的颜色，也可指定图层中单个对象的颜色（这时，对象颜色不同于图层的颜色）。指定图层中单个对象的颜色有以下 3 种方法：

（1）使用颜色控制下拉列表。

①在图层名称下拉列表的右侧有颜色控制下拉列表，默认是“ByLayer”（随层），如图 10–49 所示。

②点击三角形▾按钮，出现下拉列表，如图 10–50 所示。

③比如是选择红色，则列表框的显示区不再显示“ByLayer”而是显示“红”字，如图 10–51 所示。

④这时，无论当前层设置何种颜色，画出的图形对象都是红色。

图 10–49

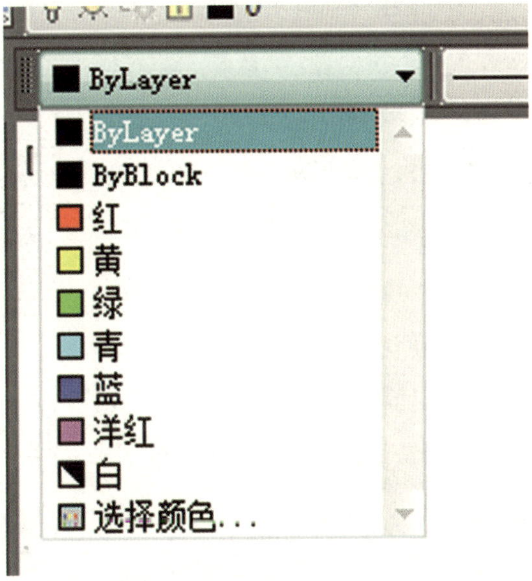

图 10–50

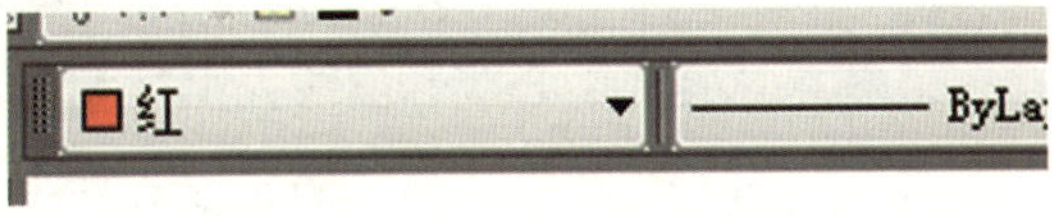

图 10–51

（2）使用下拉菜单设定对象颜色。

①下拉菜单执行“格式”>“颜色”菜单。

②出现“选择颜色”对话框。

③选定一种颜色后，同样会改变颜色控制下拉列表中的颜色属性。

（3）在命令行输入“color”。

（二）将颜色属性回到随层状态

（1）回到颜色随层，只要在颜色控制下拉列表中选择“Bylayer”。

（2）在命令行输入“color”，或用下拉菜单执行“格式”>“颜色”菜单，打开“选择颜色”对话框，点击“ByLayer（L）”按钮。

3.2 对象的线型

（一）设置对象的线型

可以指定图层的线型，也可指定图形中单个对象的线型（这时，对象线型不同于图层的线型）。指定图层中单个对象的线型有以下 3 种方法：

（1）使用线型控制下拉列表。

①在颜色控制下拉列表的右侧有线型控制下拉列表，默认是“Bylayer”（随层），如图 10-52 所示。

图 10-52

②点击三角形▾按钮，出现下拉列表，如图 10-53 所示。这时，除了实线（Continuous）以外，没有其他可供选择的线型（当然，如果事先已加载了其他线型，在列表中会显示出全部已加载线型）。一定要选择“其他”，打开“线型管理器”，点击“加载”按钮，打开“加载或重载线型”对话框，选择需要的线型，如图 10-54 所示。

图 10-53

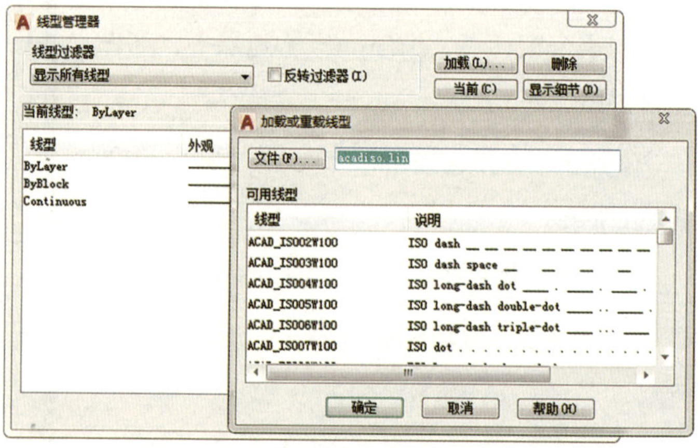

图 10-54

③如果选择了中心线和虚线，则打开线型控制列表框后，显示的线型就增加了这两种线型，如图 10-55 所示。

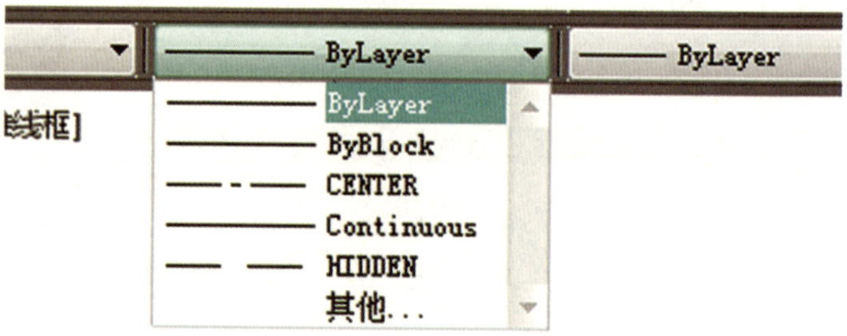

图 10-55

④在图 10-55 中选择“HIDDEN”，则无论当前层设置何种线型，画出的都是虚线。在线型控制列表框显示区显示的是“HIDDEN”。

（2）使用下拉菜单设定对象线型。

①下拉菜单执行“格式”>“线型”菜单。

②出现“线型管理器”对话框。

③操作与（1）一样。

（3）在命令行输入“Linetype”或“LT”，按回车键，也会出现“线型管理器”对话框。

（二）将线型属性回到随层状态

（1）回到线型随层，只要在线型控制下拉列表中选择“ByLayer”。

（2）在命令行输入“LT”，或用下拉菜单，执行“格式”>“线型”菜单，打开“线型管理器”对话框，选择“ByLayer”。

3.3 对象的线宽

对象的线宽属性是随层还是不随层，设置方法与颜色或线型相一致，不再重复。

3.4 修改对象的属性

在 AutoCAD 中，图形对象被赋予颜色、线型、线型比例、高度、厚度、层、文本样式等属性。使用单独的命令固然也可以修改这些属性，但这些命令繁多，操作不便。“对象特性”命令可以让用户十分方便地浏览和修改图形对象的这些属性。

（一）命令格式

（1）下拉式菜单：执行“修改”>“特性”菜单或执行“工具”>“选项板”>“特性”菜单。

（2）命令行：输入命令：PROPERTIESL

（3）工具栏：标准图标栏中也有“特性”图标，快捷键是“Ctrl”+“1”。

执行该命令后，系统将显示“特性”窗口，如图 10-56 所示。显示出选中对象的属性，供修改。

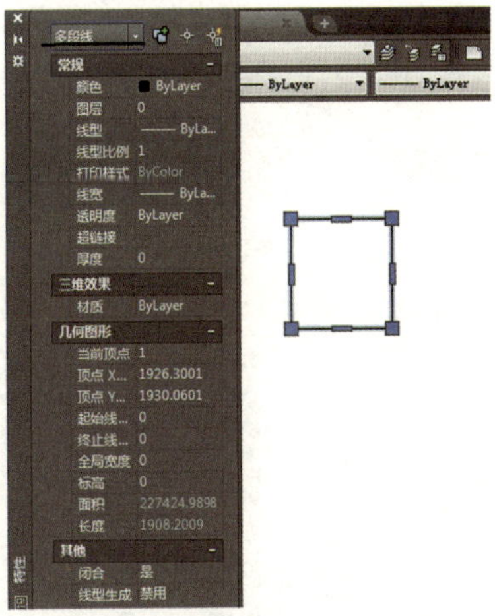

图 10-56

（二）操作步骤

（1）选中的对象不同，在“特性”窗口中显示的属性也不同。若在打开窗口时没有选中任何对象，即“无选择”则在窗口中显示当前状态（如当前的绘图设置等），如图 10-57 所示。

（2）如选中了对象，窗口通常具有常规栏，常规栏以下 9 个属性：

图 10-57

颜色、图层、线型、线型比例、打印样式、线宽、透明度、超链接及厚度。也就是说这 9 个特性是共有的基本特性。如图 10-56 所示，选中了矩形。

（3）选中对象后，在“特性”窗口中会显示“几何图形”栏，栏内显示的是对象的个别属性，如现在选中的是矩形，则显示矩形的顶点 X、顶点 Y、面积、长度等矩形的个别属性。

（4）无论个别属性还是共有属性，各个属性的修改方法是：将鼠标光标移动到要修改的属性框，单击左键，光标会变为“I”形，此时可对属性进行修改，修改后按回车键使其生效。也可能出现一个计算器符号或一个箭头符号，可通过计算或移动对象的夹点改变对象的几何特性。单击“特性”窗口左上角的“关闭”按钮，则关闭“特性”窗口，单击“ESC”键退出选择集。

（5）如果将鼠标光标移到要修改的属性框，单击左键，此时在该框的右面出现一个下拉按钮，表示该属性为选项。单击该按钮，可打开一个下拉列表。单击即可选中某一选项。

（三）应用实例

（1）画一直线，起点坐标：“100，100”；端点坐标：“200，200”，在图层 1 上。

（2）选中直线，显示出夹点。

（3）用下拉菜单“修改”>“特性”，打开“特性”窗口，如图 10-58 所示。

（4）改变图层：将鼠标移动到图层栏内，单击左键，出现下拉按钮，点击下拉按钮，出现全部图层，如图 10-59 所示。选中想要将直线转到其上的图层（如图层 2），单击“特性”窗口左上角的“关闭”按钮，则关闭“特性”窗口，单击“ESC”键退出选择集。这时，直线已由图层 1 转换到图层 2。

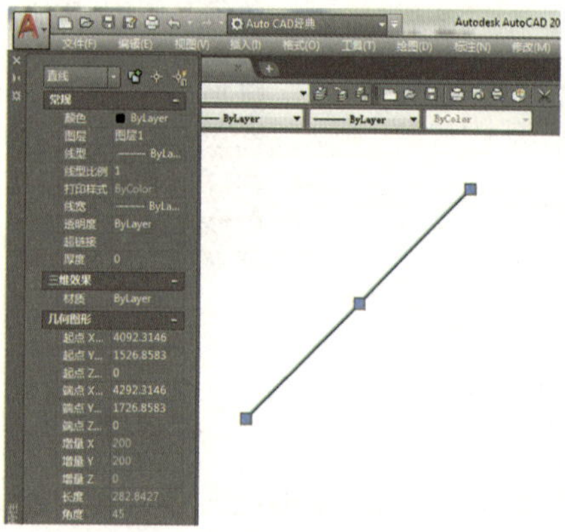

图 10-58

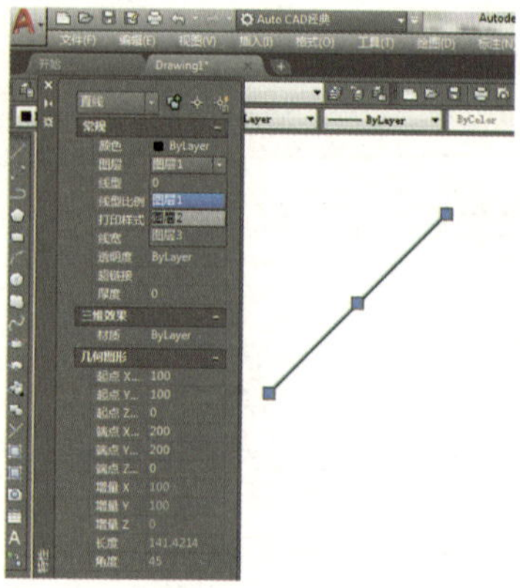

图 10-59

（5）将起点向右移 100 个单位成为垂直线：再次选中直线，将鼠标移动到几何图形栏下的第一个栏目内，如图 10–60 所示。点击右侧的计算器图标，出现计算器窗口，如图 10–61 所示。在窗口栏内输入“+100”，点击“应用”按钮，可将起点向右移动 100 个单位，成为垂直线，如图 10–62 所示。

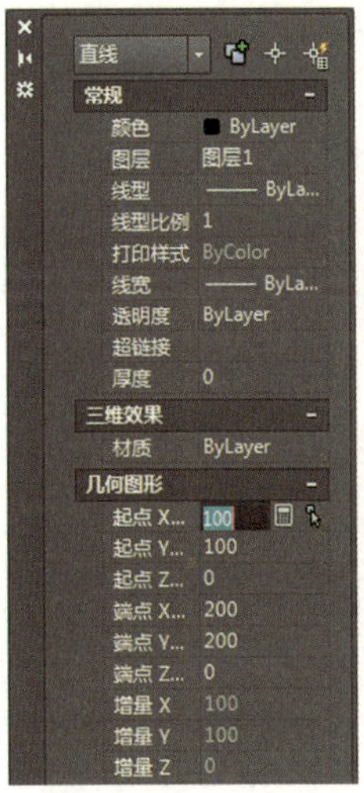

图 10–60

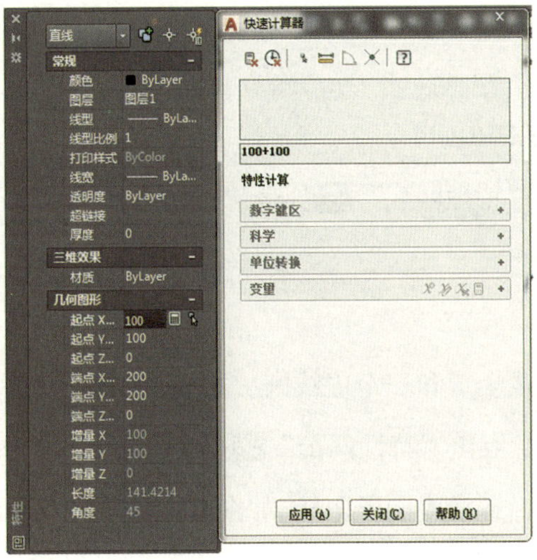

图 10–61

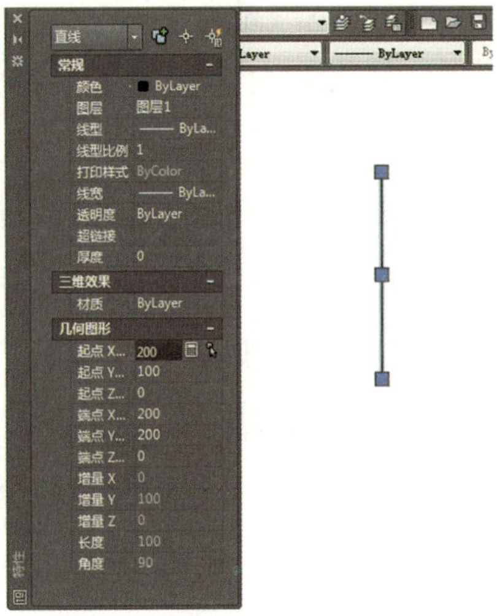

图 10–62

（6）任意移动端点：再次选中直线，将鼠标移动到几何图形栏下的第四个栏内，如图 10–63 所示。点击右侧的箭头，光标从端点拉出一条橡皮筋线，如图 10–64 所示。鼠标在任意位置点击，端点就将定位在这个位置上。

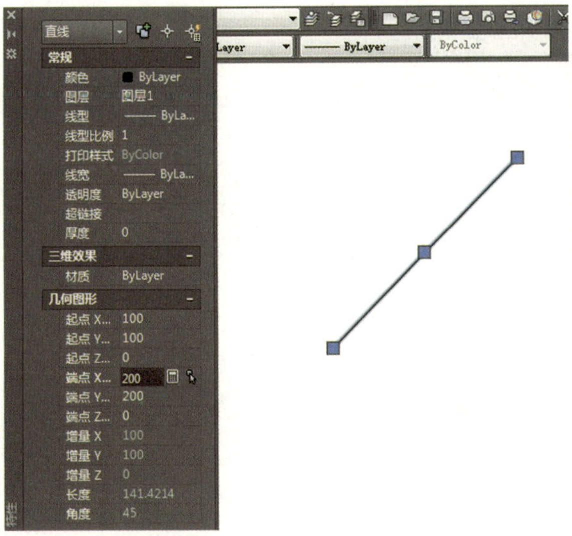

图 10–63

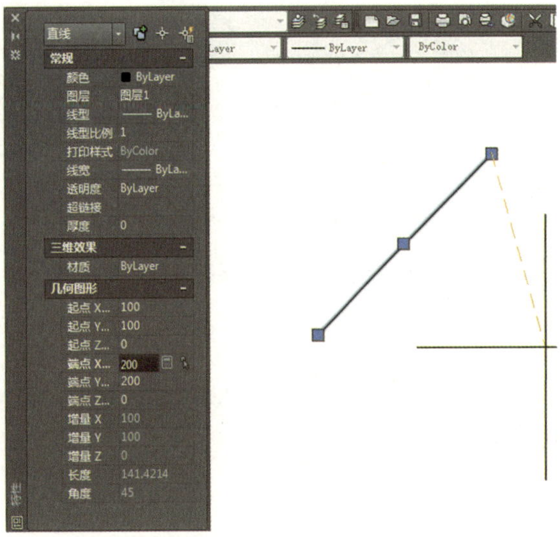

图 10–64

3.5 特性匹配

特性匹配就是将一个对象的特性赋予另一个对象，使目标对象的特性与源对象的特性相同。提取特性的对象称为源对象，要赋予特性的对象称为目标对象。

（一）命令格式

（1）下拉式菜单：执行“修改”>“特性匹配”菜单。

（2）命令行：输入命令：MATCHPROPL。

（3）工具栏：标准图标栏中有“特性匹配”图标。

（二）操作步骤

（1）分别在绘图区绘制一个实线矩形和一个虚线圆，如图 10-65 所示。

（2）在菜单下的标准工具栏中，点击“特性匹配”按钮，命令行提示：“选择源对象”，在视图中点击实线矩形，此时十字光标转换为刷子图标，如图 10-66 所示，表示开始特性匹配操作。

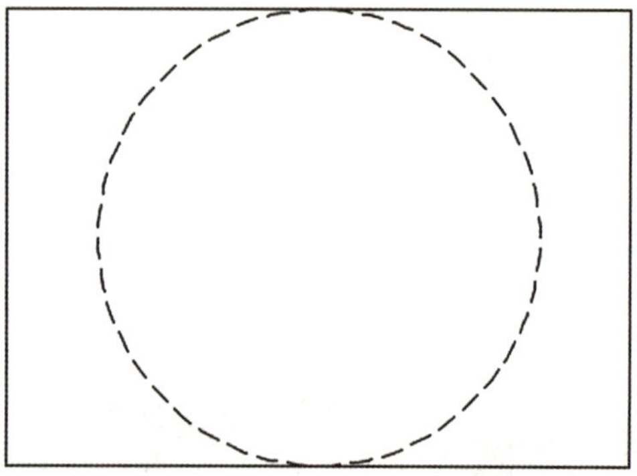

图 10-65

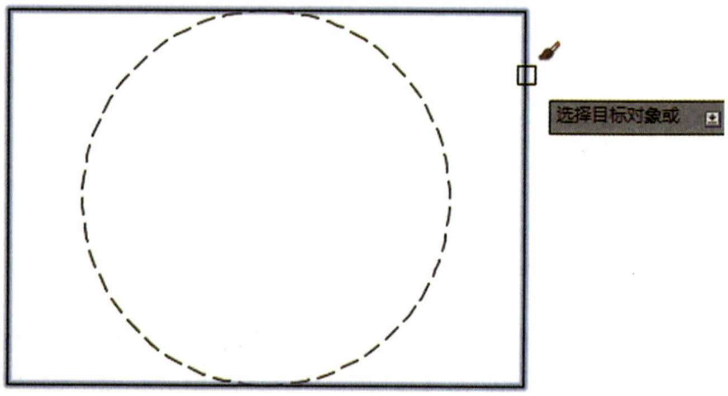

图 10-66

（3）命令行提示：“选择目标对象或‘设置（S）’”，点击虚线对象，点击鼠标右键，结束特性匹配操作。此时虚线对象与矩形一样，变成了实线，如图 10-67 所示。

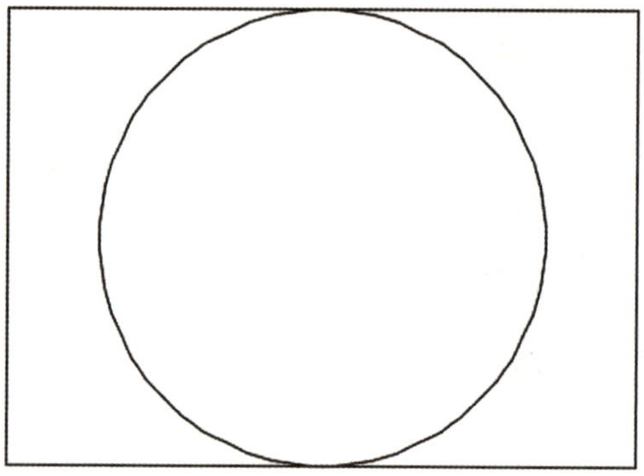

图 10-67

4. 查询图形对象信息

AtuoCAD 中为了在绘图过程中方便查询图形距离、半径、面积、角度、体积等数据，可以通过工具栏命令“工具”找到“查询”即可，如图 10-68 所示。

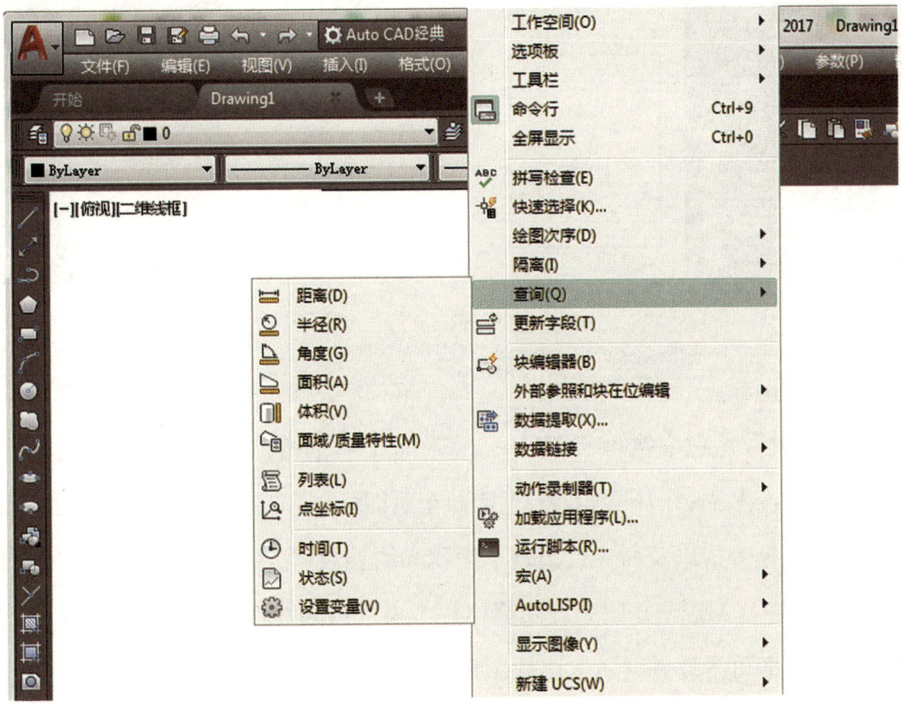

图 10-68

4.1 查询距离

（1）如图查询矩形和一条直线之间的距离，在最下方的命令行直接输入“DIST”，点击矩形一点水平至直线一点，鼠标光标及左下方状态栏显示距离，如图 10-69 所示；

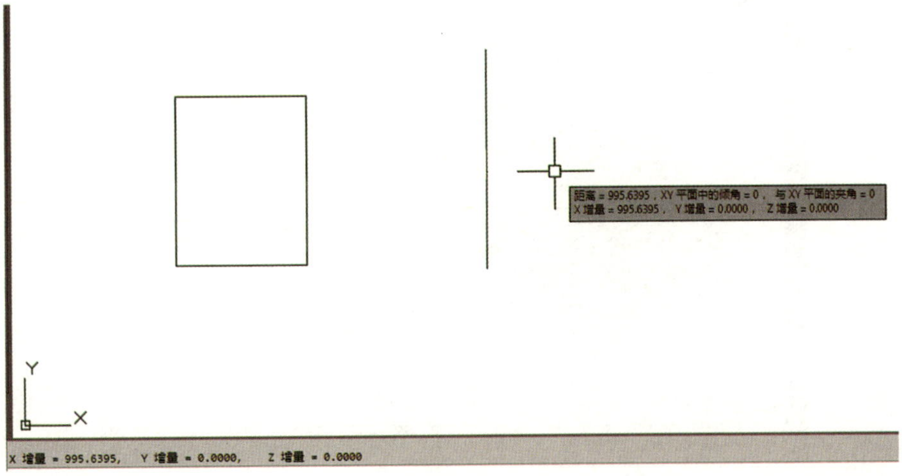

图 10-69

（2）在菜单栏中依次选择“工具—查询距离”；

（3）单击上方工具栏图标中的“计算器”图标，在弹出的计算器中点击“两点之间的距离”图标，如图 10–70，图 10–71 所示。

图 10–70

图 10–71

4.2 查询面积和周长

（1）在主界面处菜单栏中执行“工具”>“查询”>“面积”菜单；用鼠标逐个点击待测图形的每一个角点，至最后一个闭合角点；直接回车后即可计算并显示出已测图形的面积和周长。如图 10–72 所示，光标旁边以及命令行出现了面积和周长数据。

（2）在命令行输入 AREA 并回车；用鼠标逐个点击待测图形的每一个角点，至最后一个闭合角点；直接回车后即可计算并显示出已测图形的面积和周长。

（3）在命令行输入 AA 并回车；用鼠标逐个点击待测图形的每一个角点，至最后一个闭合角点；直接回车后即可计算并显示出已测图形的面积和周长。

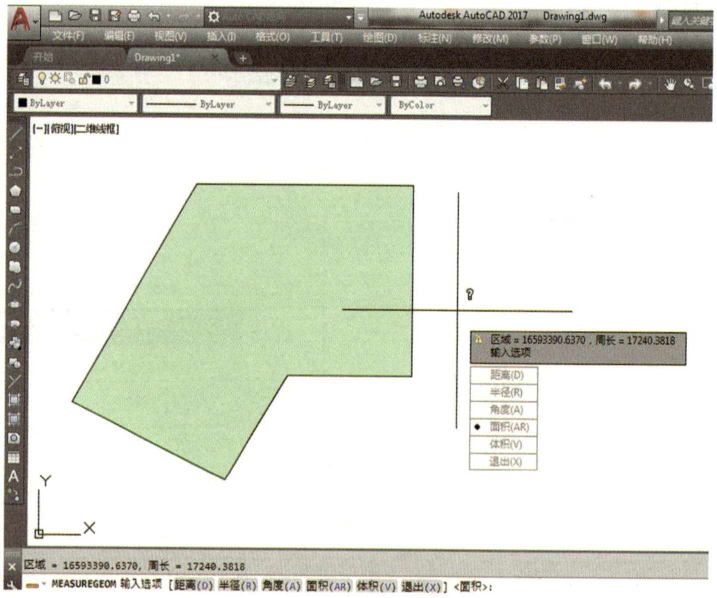

图 10–72

4.3 查询点坐标

（1）在主界面处菜单栏中执行“工具”>“查询”>“点坐标”菜单。点击之后选择自己需要的交点，可以打开对象捕捉，可以很方便地捕捉到交点，如图 10–73 所示。

（2）也可以使用“ID”快捷键，快速地调出查询命令，后续操作如（1）。

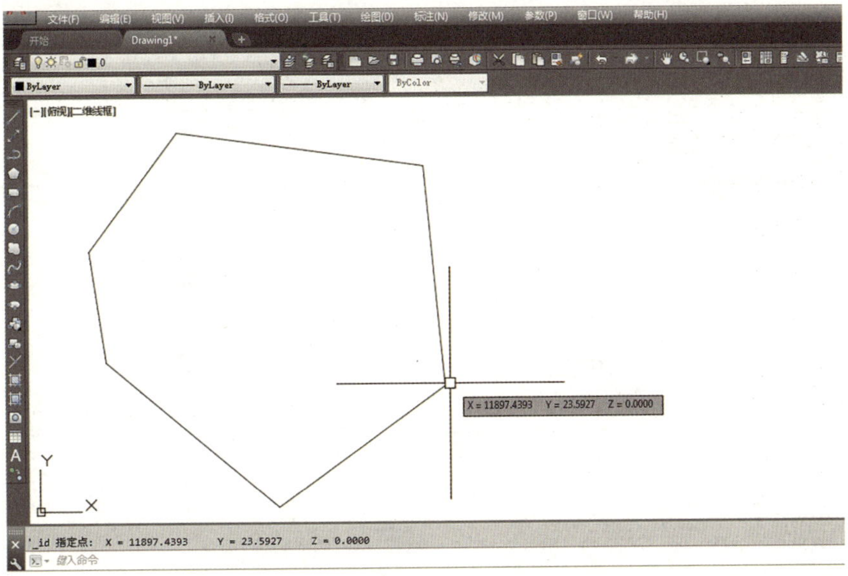
X = 11897.4393 Y = 23.5927 Z = 0.0000
'_id 指定点: X = 11897.4393 Y = 23.5927 Z = 0.0000
键入命令

图 10–73

4.4 查询时间

在主界面处菜单栏中执行“工具”>“查询”>“时间”菜单。点击时间图标之后会弹出文本窗口，显示出创建时间、上次更新时间、当前时间等信息，如图 10–74 所示。

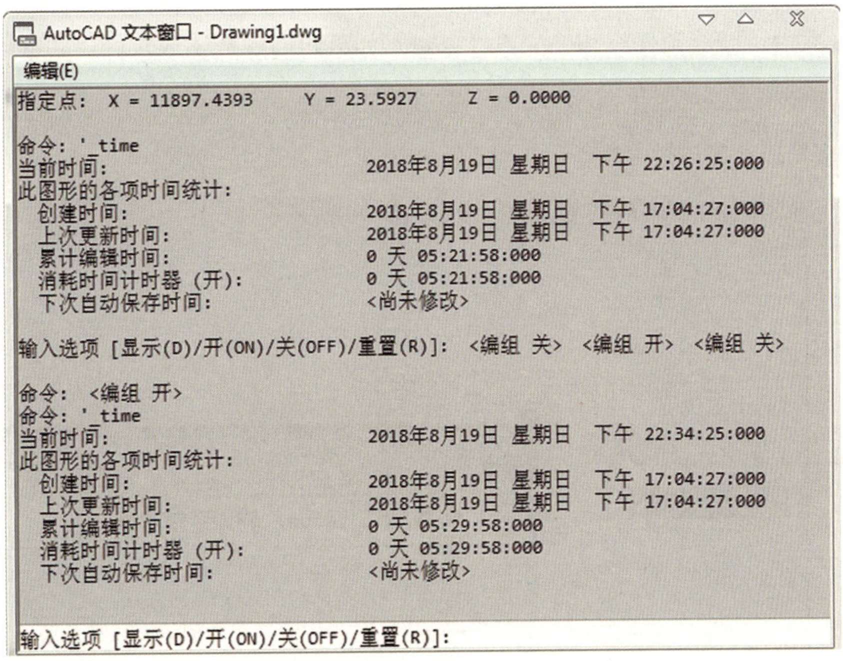
AutoCAD 文本窗口 - Drawing1.dwg
编辑(E)
指定点: X = 11897.4393 Y = 23.5927 Z = 0.0000
命令: '_time
当前时间: 2018年8月19日 星期日 下午 22:26:25:000
此图形的各项时间统计:
创建时间: 2018年8月19日 星期日 下午 17:04:27:000
上次更新时间: 2018年8月19日 星期日 下午 17:04:27:000
累计编辑时间: 0 天 05:21:58:000
消耗时间计时器 (开): 0 天 05:21:58:000
下次自动保存时间: <尚未修改>
输入选项 [显示(D)/开(ON)/关(OFF)/重置(R)]: <编组 关> <编组 开> <编组 关>
命令: <编组 开>
命令: '_time
当前时间: 2018年8月19日 星期日 下午 22:34:25:000
此图形的各项时间统计:
创建时间: 2018年8月19日 星期日 下午 17:04:27:000
上次更新时间: 2018年8月19日 星期日 下午 17:04:27:000
累计编辑时间: 0 天 05:29:58:000
消耗时间计时器 (开): 0 天 05:29:58:000
下次自动保存时间: <尚未修改>
输入选项 [显示(D)/开(ON)/关(OFF)/重置(R)]:

图 10–74

4.5 查询状态

在主界面处菜单栏中执行“工具”>“查询”>“状态”菜单。然后会弹出一个文本窗口，在此处可以看到坐标参数、颜色和线型上的参数，如图 10–75 所示。

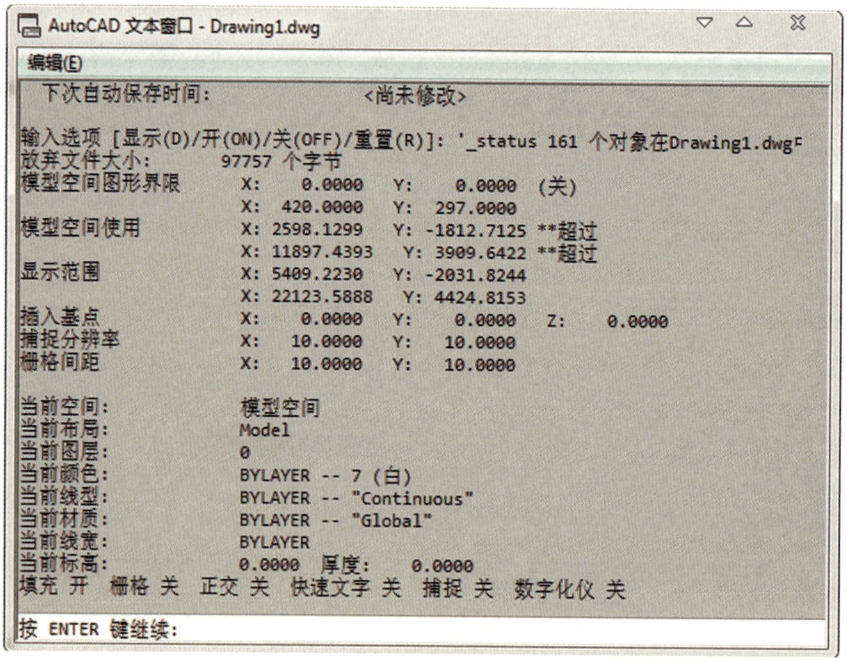

AutoCAD 文本窗口 - Drawing1.dwg
编辑(E)
下次自动保存时间: <尚未修改>
输入选项 [显示(D)/开(ON)/关(OFF)/重置(R)]: '_status 161 个对象在Drawing1.dwg
放弃文件大小: 97757 个字节
模型空间图形界限 X: 0.0000 Y: 0.0000 (关)
X: 420.0000 Y: 297.0000
模型空间使用 X: 2598.1299 Y: -1812.7125 **超过
X: 11897.4393 Y: 3909.6422 **超过
显示范围 X: 5409.2230 Y: -2031.8244
X: 22123.5888 Y: 4424.8153
插入基点 X: 0.0000 Y: 0.0000 Z: 0.0000
捕捉分辨率 X: 10.0000 Y: 10.0000
栅格间距 X: 10.0000 Y: 10.0000
当前空间: 模型空间
当前布局: Model
当前图层: 0
当前颜色: BYLAYER -- 7 (白)
当前线型: BYLAYER -- "Continuous"
当前材质: BYLAYER -- "Global"
当前线宽: BYLAYER
当前标高: 0.0000 厚度: 0.0000
填充 开 栅格 关 正交 关 快速文字 关 捕捉 关 数字化仪 关
按 ENTER 键继续:

图 10–75

4.6 查询系统变量

一般情况下，我们无须对 AutoCAD 的系统变量值作修改和设置，取其缺省值就能正常工作。但在有特殊要求时，就必须修改相关的系统变量。如果我们能熟练地掌握一些常用系统变量的使用方法和功能，就能使我们的工作更为便利、顺畅，大大地提高我们的绘图水平和工作效率。

（1）在主界面处菜单栏中执行“工具”>“查询”>“设置”菜单。鼠标会出现要求输入变量名，命令行同时出现要求输入变量名，如图 10–76 所示。

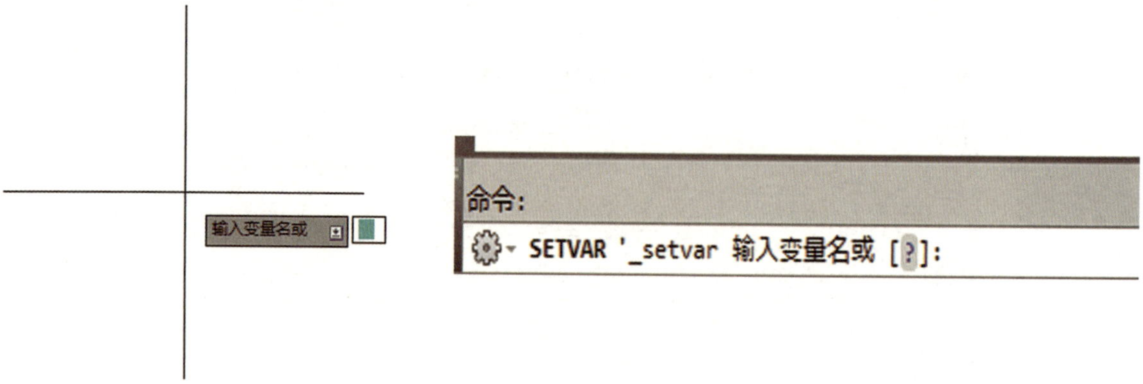

输入变量名或
命令:
SETVAR '_setvar 输入变量名或 [?]:

图 10–76

（2）在命令行中输入命令 set 或 setvar，进入系统变量设置状态，输入变量名和相应的设置值。

（3）如 pickbox 是控制鼠标拾取框的尺寸，缺省值为 3，取值范围为 0—32767。如执行“工具”>“查询”>“设置”菜单，或命令行输入 set 或 setvar 后，输入 pickbox 回车，要求输入新值，输入新值后拾取框大小有变化，如图 10-77，图 10-78 所示，原有值为 6，输入新值为 20，拾取框变大。

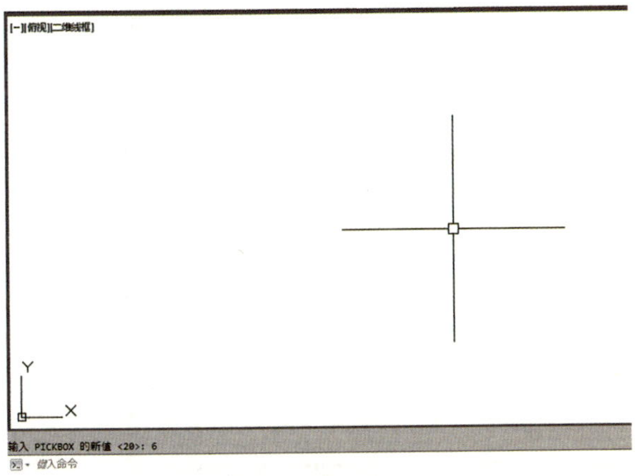

图 10-77

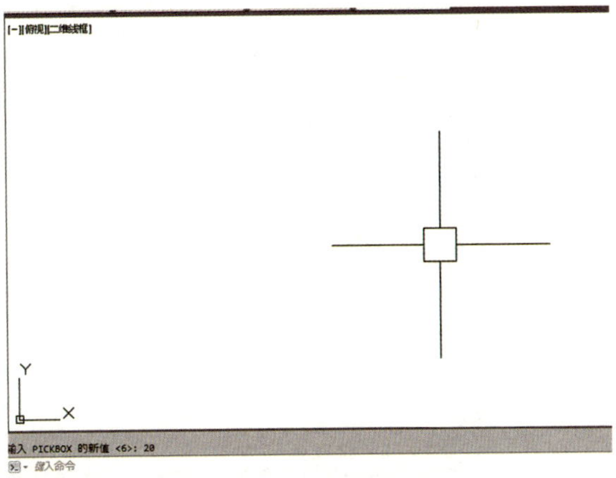

图 10-78

（4）常用的系统变量及功能如下：

cursorsize：用于控制十字光标，绘图时可以适当修改其大小以适应我们的视觉要求。缺省值为 5，取值范围为 1—100。

aperture：用于控制对象捕捉（Object SNAP）靶区大小，在进行对象捕捉时，其取值越大，就越可以在较远的位置捕捉到对象，当图形线条较密时，应设置得小一些；反之，设置得大一些方便操作。缺省值为 10，取值范围为 1—50。

ltscale 和 celtscale：全局线型比率因子和局部线型比率因子，用于控制非连续线型的输出比率（短线的长度和空格的间距），该变量的值越大，间距就越大。这两个变量的缺省值均为 1，取值为正实数。

5. 设计中心

AutoCAD 设计中心 Design（Center）是 CAD 中的一个非常有用的工具，它有着类似于 Windows 资源管理器的界面，可管理图块、外部参照、光栅图像以及来自其他源文件或应用程序的内容，将位于本地计算机、局域网或因特网上的图块、图层、外部参照和用户自定义的图形内容复制并粘贴到当前绘图区中。同时，如果在绘图区打开多个文档，在多文档之间也可以通过简单的拖放操作来实现图形的复制和粘贴。粘贴内容除了包含图形本身外，还包含图层定义、线型、字体等内容。这样资源可得到再利用和共享，提高了图形管理和图形设计的效率。

（1）打开 CAD 软件，在命令行中输入 adcenter 或者“cltrl+2”，即可打开设计中心，如图 10-79 所示。

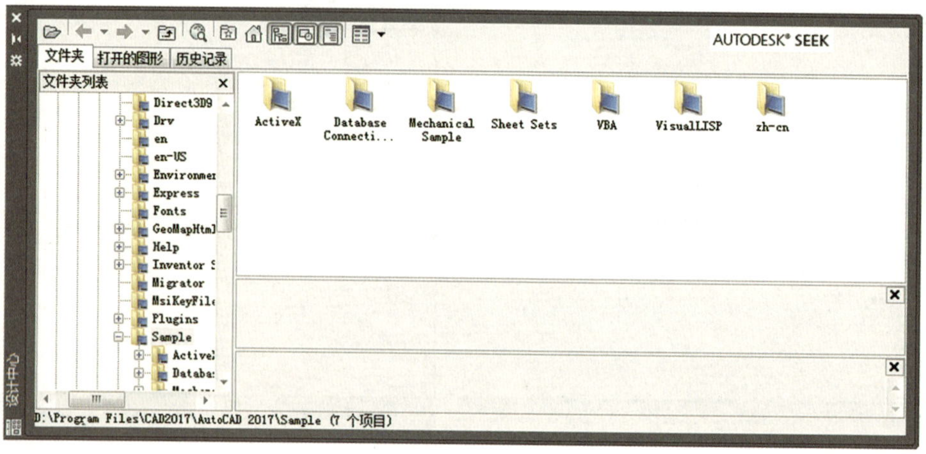

图 10-79

（2）设计中心列表包含菜单，以及文件夹、打开的图形和历史记录。上方菜单从左到右依次是加载、上一页、下一页、上一级、搜索、收藏夹、主页、树状图切换、预览、说明和视图。通过加载可以选择需要加载的文件，通过搜索功能可以非常方便地搜索电脑上的文件，且可以按照日期搜索。

（3）左侧下方有三个内容，文件夹、打开的图形和历史记录。通过文件夹可以快速搜索和浏览电脑里的文件，通过打开的图形可以浏览当前文件中预设的相关属性，通过历史记录可以浏览最近打开的文件，如图 10-80 所示。

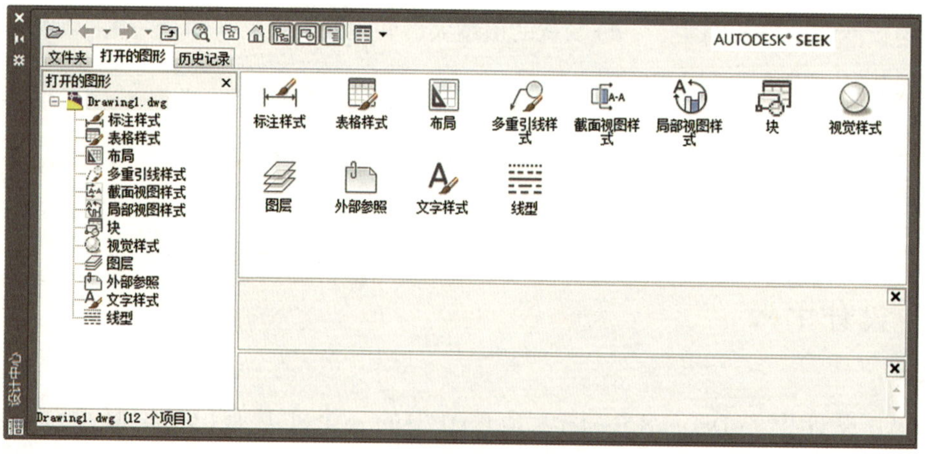

图 10-80

第十一章 室内平面图设计

学习要点

1. 掌握建筑平面图绘制规范
2. 掌握室内平面图绘制方法
3. 正确使用平面图绘制命令

1. 建筑平面图概述

建筑平面图，又可简称平面图，是将新建建筑物或构筑物的墙、门窗、楼梯、地面及内部功能布局等建筑情况，以水平投影方法和相应的图例所组成的图纸。

1.1 建筑平面图的形成与作用

建筑平面图是建筑施工图的基本样图，它是假想用一水平的剖切面沿各层的门、窗洞口（通常离本层楼、地面约 1.2m，在上行的第一个梯段内）的水平剖切面，将建筑剖开成若干段，并将其用直接正投影法投射到 H 面的剖面图，即为相应层平面图，如图 11-1 所示。

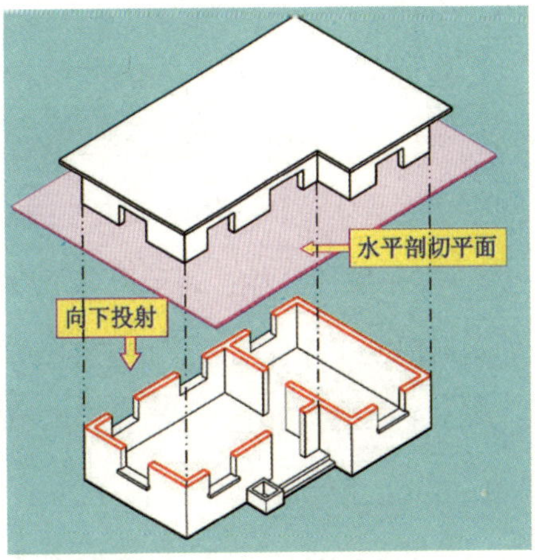

图 11-1 建筑平面图的形成

通过水平剖切开的平面图，能够较全面且直观地反映建筑物的平面形状、大小和布置；墙、柱的位置、尺寸和材料；门窗的类型和位置；内外交通联系；采光通风处理；构造做法等基本情况，是建施图的主要图纸之一，也是概预算、备料及施工中放线、砌墙、设备安装等的重要依据。

1.2 建筑平面图的命名与内容

一般情况下，房屋有几层就应画几个平面图，并在图的下方标注相应的图名，如“底层平面图”“二层平面图”等。图名下方应加一粗实线，图名右方标注比例。当房屋中间有若干层的平面布局，构造情况完全一致时，则可用一个平面图来表达这相同布局的若干层，称之为标准层平面图。

1. 底层平面图

底层平面图主要表示建筑物底层（首层、一层）平面的形状，各房间的平面布置情况，出入口、走廊、楼梯的位置，各种门、窗的位置以及室外的台阶、花池、散水或明沟、雨水管的位置以及指北针、剖切符号、室外标高等。在厨房、卫生间内还可看到固定设备及其布置情况。

2. 二层或二层以上楼层平面图

二层或二层以上楼层平面图不但要表示本层的房间布置及墙、柱、门窗等构配件的位置、尺寸以外，还要画出底层平面图无法表达的雨篷、阳台、窗眉等内容，而对于底层平面图上已表达清楚的台阶、花池、散水等内容就不再画出。另外，因为剖切情况不同，这部分楼层平面图中楼梯间部分表达梯段的情况与底层平面图也不同。

3. 屋顶层平面图

屋顶层平面图是房屋顶面的水平投影，主要表示屋顶的形状、屋面排水的方向及坡度、天沟或檐口的位置，另外还要表示出女儿墙、屋脊线、雨水管、水箱、上人孔、避雷针的位置。由于屋顶平面图比较简单，故可用较小的比例来绘制。

建筑平面图的主要内容包括以下方面：

（1）定位轴线：横向和纵向定位轴线的位置及编号，轴线之间的间距（表示出房间的开间和进深）。定位轴线用细单点长画线表示。

（2）墙体、柱：表示出各承重构件的位置。剖到的墙、柱断面轮廓用粗实线，并画图例，如钢筋混凝土用涂黑表示；未剖到的墙用中实线。

（3）内外门窗：门的代号用 M 表示：木门—MM；钢门—GM；塑钢门—SGM；铝合金门—LM；卷帘门—JM；防盗门—FDM；防火门—FM。窗的代号用 C 表示：木窗—MC；钢窗—GC；铝合金窗—LC；木百叶窗—MBC。在门窗的代号后面写上编号，如 M1、M2 和 C1、C2 等，同一编号表示同一类型的门窗，它们的构造与尺寸都一样，从图中可表示门窗洞的位置及尺寸。剖到的门扇用中实线（单线）或用细实线（双线）；剖到的窗扇用细实线（双线）。

（4）标注的三道尺寸：由外至内，第一道为总体尺寸，表示房屋的总长、总宽；第二道为轴线尺寸，表示定位轴线之间的距离；第三道为细部尺寸，表示外部门窗洞口的宽度和定位尺寸。建筑平面图的内部尺寸表示内墙上门窗洞口和某些构配件的尺寸和定位。

（5）标注：建筑平面图常以一层主要房间的室内地坪为零点（标记为 ±0.000），分别标注出各房间楼地面的标高。

（6）其他设备位置及尺寸：表示楼梯位置及楼梯上下方向、踏步数及主要尺寸。表示阳台、雨篷、窗台、通风道、烟道、管道井、雨水管、坡道、散水、排水沟、花池等位置及尺寸。

（7）画出相关符号：剖面图的剖切符号位置及指北针、标注详图的索引符号。

（8）文字标注说明：注写施工图说明、图名和比例。

1.3 建筑平面图的绘制要求

用户在绘制建筑平面图时，无论是绘制底层平面图、楼层平面图、屋顶平面图等时，应遵循相应的绘制要求，才能使绘制的图形更加符合规范。

1. 图纸幅面

A4 图纸幅面是 210mm × 297mm；A3 图纸幅面是 297mm × 420mm；A2 图纸幅面是 420mm × 594mm；A1 图纸幅面是 594mm × 841mm，其图框的尺寸见相关的制图标准；如图 11-2 所示。

幅面 / 尺寸	A0	A1	A2	A3	A4
bxl	841×1189	594×841	420×594	297×420	210×297
c	10			5	
a	25				

图 11-2 图纸幅面规格

2. 图名及比例

建筑平面图的常用比例是 1 : 50、1 : 100、1 : 150、1 : 200、1 : 300。图样下方应注写图名，图名下方应绘一条短粗实线和一条细实线，右侧应注写比例，比例字高宜比图名的字高小一号或二号，如图 11-3 所示。

两居室平面布局图1 : 50

图 11-3 图名及比例的标注

3. 图线

图线的基本宽度 b 可从下列线宽系列中选取：0.18mm、0.25mm、0.35mm、0.5mm、0.7mm、1.0mm、1.4mm、2.0mm。当用户选用 A2 图纸时，建议选用 b = 0.70mm（粗线）、0.5b = 0.350mm（中线）、0.25b = 0.180mm（细线）；当用户选用 A3 图纸时，建议选用 b = 0.50mm（粗线）、0.5b = 0.25mm（中线）、0.25b = 0.13mm（细线）。

在绘制建筑平面图时，通过采用不同的线型、线宽来表示不同的对象，如图 11-4 所示。

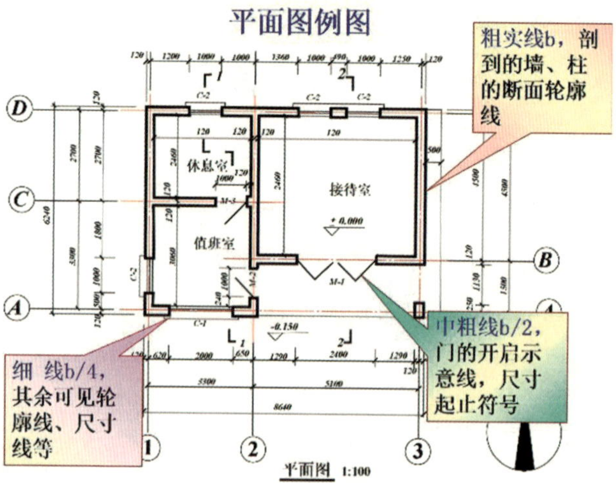

图 11-4 不同线性的显示

（1）粗实线 b：被剖切到的主要建筑构造（包括构配件），如承重墙、柱的断面轮廓线及剖切符号。

（2）中实线 0.5b：被剖切到的次要建筑构造（包括构配件）的轮廓线（如墙身、台阶、散水、门扇开启线）、建筑构配件的轮廓线及尺寸起止斜短线。

（3）中虚线 0.5b：建筑构配件不可见轮廓线。

（4）细实线 0.25b：其余可见轮廓线及图例、尺寸标注等线。较简单的图样可用粗实线 b 和细实线 0.25b 两种线宽。

提示：在 AutoCAD 中，实线为 Continuous，虚线为 ACAD_ISOO2W100 或 dashed，单点长画线为 ACAD_ISOO4W100 或 Center，双点长画线为 ACAD_ISOO5W100 或 Phantom。

4. 字体

汉字字型优先考虑采用 hztxt.shx 和 hzst.shx；西文优先考虑 romans.shx 和 simplex 或 txt.shx。图 11-5 给出了不同中、西字体的设置情况，其宽度因子为 0.7。

房屋建筑室内装饰装修制图中字体的选择、字高及书写规则应符合现行国家标准《房屋建筑制图统一标准》（GB/T5001—2010）的规定。

（1）图纸上所绘制的文字、数字或符号等，均应清晰、端正、排列整齐。

（2）文字的字高如表 11–5 所示。字高大于 10mm 的文字宜采用"True Type"字体，如需书写更大的字，其高度应按$\sqrt{2}$的倍数递增，如表 11–5 所示。

（3）图样及说明中的汉字，宜采用仿宋体或黑体，同一图纸字体种类不应超过两种。仿宋体的高宽比为 1 ： 0.7（mm）。

字体种类	中文矢量字体	True type 字体及非中文字体
字 高	3.5、5、7、10、14、20	3、4、6、8、10、14、20

图 11–5 文字的高度（mm）

5. 尺寸标注

尺寸界线应用细实线绘制，一般应与被注长度垂直，其一端应离开图样轮廓线不小于 2mm，另一端宜超出尺寸线 2—3mm。

尺寸起止符号一般用中粗（0.5b）斜短线绘制，其斜度方向与尺寸界线成顺时针 45°，长度宜为 2—3mm。半径、直径、角度与弧长的尺寸起止符号，宜用箭头表示。

互相平行的尺寸线，应从被注写的图样轮廓线由近向远整齐排列，应将大尺寸标在外侧，小尺寸标在内侧。尺寸线距图样最外轮廓之间的距离不宜小于 10mm。平行排列的尺寸线的间距宜为 7—10mm，并应保持一致。其所有注写的尺寸数字应离开尺寸线约 1mm，如图 11–6 所示。

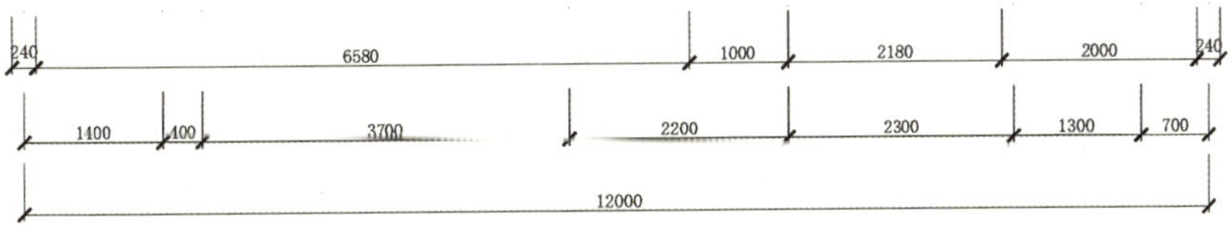

图 11–6 尺寸标注样式

尺寸标注分外部尺寸和内部尺寸。

（1）外部尺寸

外部尺寸包括外墙三道尺寸（总尺寸、定位尺寸、细部尺寸）及局部尺寸。

总尺寸：最外一道尺寸，即两端外墙外侧之间的距离，也叫外包尺寸。

定位尺寸：中间一道尺寸，是两相邻轴线间的距离，也叫轴线尺寸。

细部尺寸：外墙上门窗洞口、墙段等位置大小尺寸。

局部尺寸：建筑外的台阶、花台、散水等位置大小尺寸。

（2）内部尺寸

内部尺寸包括室内净空、内墙上的门窗洞口、墙垛位置大小、内墙厚度、柱位置大小、室内固定设备位置大小等尺寸）。

6. 剖切符号

剖切位置线长度宜为6—10mm，投射方向线应与剖切位置线垂直，画在剖切位置线的同一侧，长度应短于剖切位置线，宜为4—6mm。为了区分同一形体上的剖面图，在剖切符号上宜用字母或数字，并注写在投射方向线一侧，如图11–7所示。另外，其剖切符号只标注在底层平面图中。

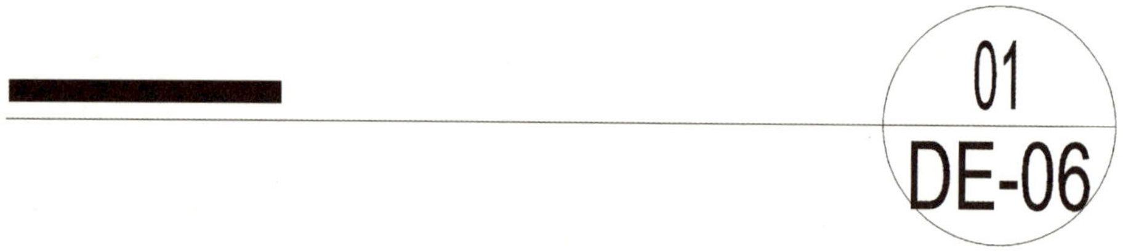

图 11–7 剖切符号

7. 指北针

指北针是用来指明建筑物朝向的。圆的直径宜为24mm，用细实线绘制，指针尾部的宽度宜为3mm，指针头部应标示“北”或“N”。需用较大直径绘制指北针时，指针尾部宽度宜为直径的1/8。如图11–8所示。

注意：剖切符号、指北针只在底层平面图中标注。

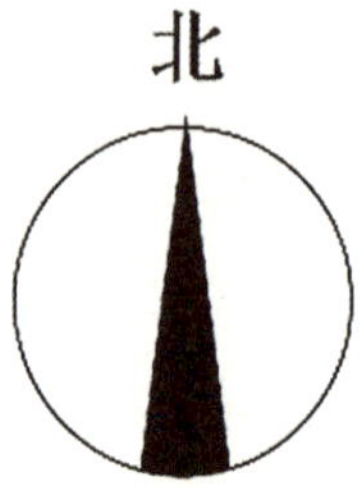

图 11–8 指北针

8. 详图索引符号

图样中的某一局部或构件，如需另见详图，应以索引符号标出。索引符号是由直径为10mm的圆和水平直径组成，圆及水平直径均以细实线绘制。详图的位置和编号应以详图符号表示。详图符号的圆应以直径为14mm的粗实线绘制，如图11–9所示。

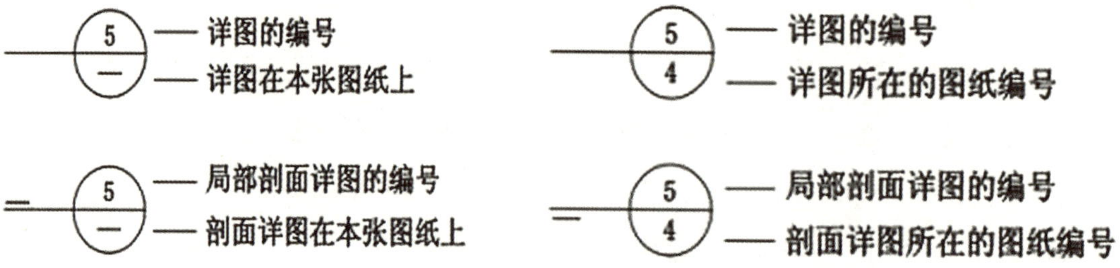

图 11–9 详图索引符号

9. 引出线

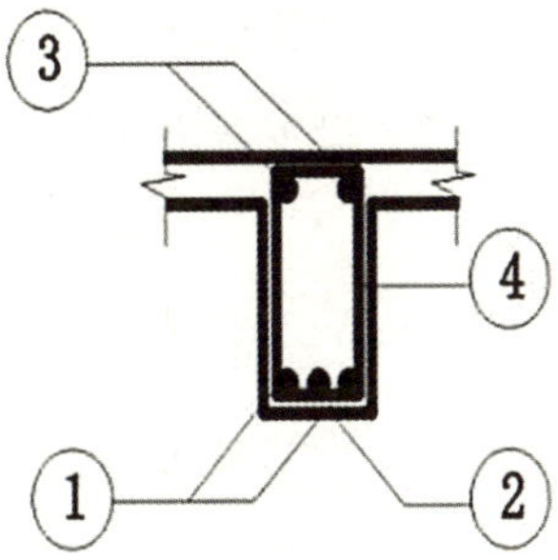

图 11-10 引出线

引出线应以细实线绘制，宜采用水平方向的直线，与水平方向成 30° 、45° 、60° 、90° 的直线，或经上述角度再折为水平线。文字说明宜注写在水平线的上方，也可注写在水平线的端部，如图 11-10 所示。

10. 定位轴线及符号

定位轴线应用细单点长画线绘制，定位轴线一般应编号，编号应注写在轴线端部的圆圈内，字高大概比尺寸标注的文字大一号。圆应用细实线绘制，直径为 8—10mm，定位轴线圆的圆心，应在定位轴线的延长线上。

横向编号应用阿拉伯数字，从左至右顺序编写；竖向编号应用大写拉丁字母，从下至上顺序编写，但 I、O、Z 字母不得用做轴线编号，如图 11-11 所示。

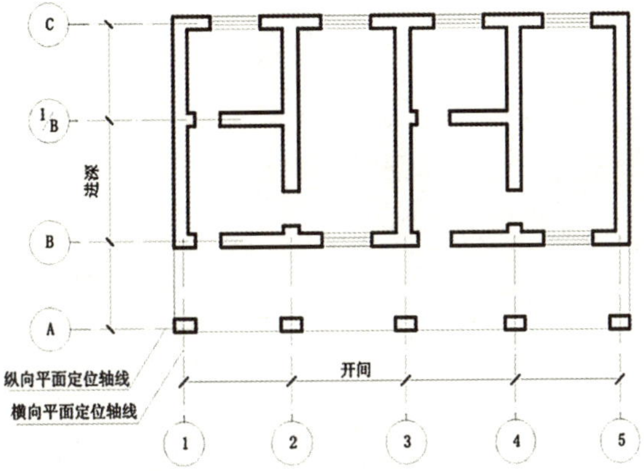

图 11-11 定位轴线及符号

1.4 建筑平面图的绘制流程

用户在绘制建筑平面图时，其常规的绘制流程十分重要。

1. 绘图准备

（1）设置边界

（2）设置图层

（3）设置线性比例

（4）设置多线

（5）设置文字样式

（6）设置标准样式

（7）设置表格样式

2. 绘图过程

（1）绘制辅助线

（2）绘制墙线

（3）补充细部构造

（4）标注主尺寸及标高

（5）标注文字及图名

3. 打印出图

（1）绘制图框

（2）打印设置

（3）打印出图

2. 两室两厅居室平面图绘制

使用AutoCAD2017软件，根据前面所学的命令，进行室内平面图形的绘制，在绘制的过程中，大致可将室内平面图绘制步骤分为绘图前准备、绘制图形、布局图形三个方面。

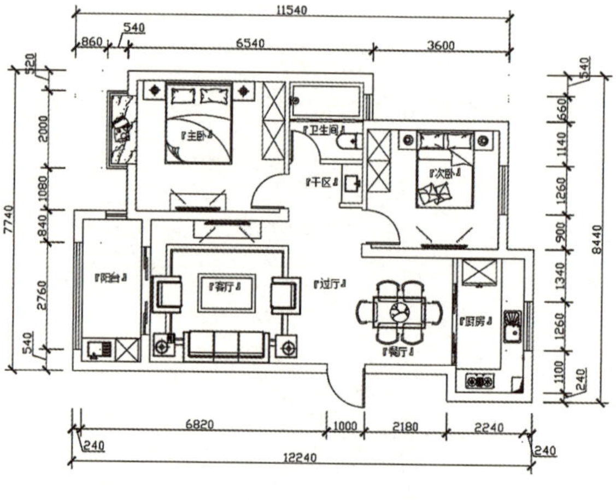

图 11-12

2.1 绘图设置

1. 设置边界

要绘制如图 11-12 所示的图形，必须要重新设置边界，确保绘图的准备性。打开 AutoCAD2017，新建一个 acadiso.dwt 的公制样板文件。

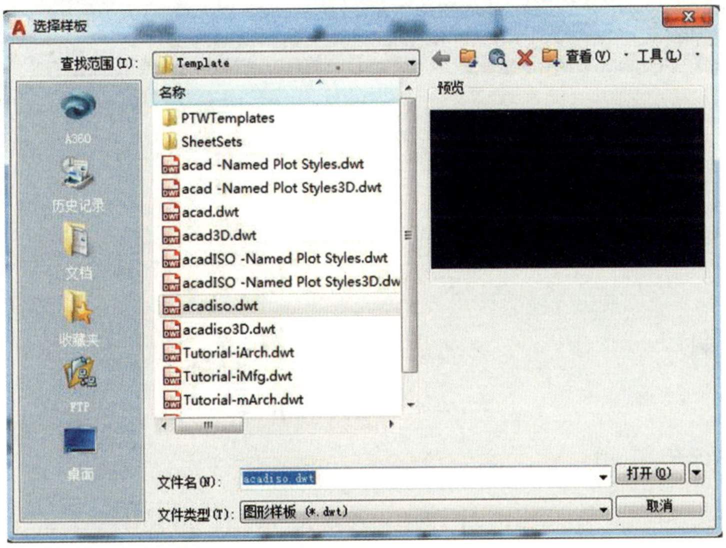

图 11-13

将边界以 A3（420 × 297）为基准，放大 50 倍，如打印在 A3 纸上，打印比例就为 1:50。

命令：“格式” > “图形界限” /limits

重新设置模型空间界限：

指定左下角点或 [开（ON）/ 关（OFF）]<0.0000，0.0000>：

指定右上角点 <420.0000，297.0000>：21000，15000

命令：Z

ZOOM

指定窗口的角点，输入比例因子（nX 或 nXP），或者 [全部（A）/ 中心（C）/ 动态（D）/ 范围（E）/ 上一个（P）/ 比例（S）/ 窗口（W）/ 对象（O）]< 实时 >：A

正在重生成模型。

2. 设置图层

绘制平面图形时要求多图层绘制，并区分颜色、线型、线宽，具体创建图层方法见第十章，创建好图层如图 11-14。

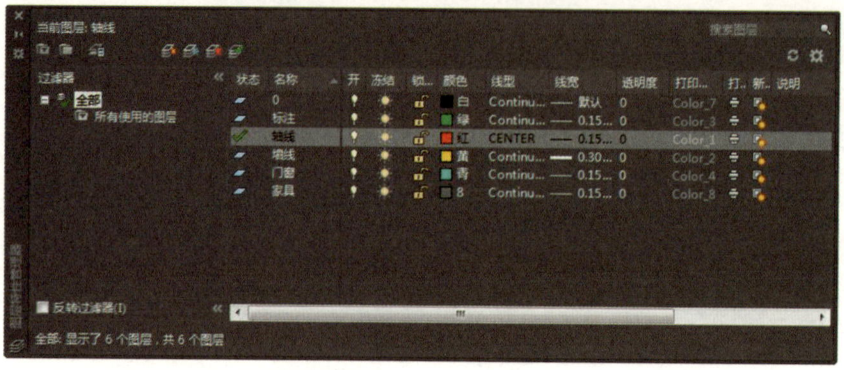

图 11-14

命令：“格式” > “图层” /Layer/

提示：注意不要修改 0 图层的任何数据，所有图层都要在 0 图层上新建后修改数据。

3. 设置线性比例

命令：Ltscale

输入新线型比例因子：30

图纸边界被放大 50 倍，线型比例因子也应该放大 50 倍，但是由于当前轴线线型放大 50 倍后缝隙过大，影响制图，所以设置为“30”，可使轴线缝隙显得密集一些。

使用菜单命令“格式” > “线型”也可改变线型比例，请在全局比例因子后方编辑框内输入 30。

4. 设置多线样式

（1）命令：“格式” > “多线样式” /Mlstyle

（2）点击“新建”按钮，打开“创建新的多线样式”对话框，在“新样式名”编辑框中输入“外墙线”。

（3）点击“继续”按钮，打开“新建多线样式：外墙线”对话框。在“封口”框内勾选“直线”的起点和端点。在选中“图元”框内的“偏移、颜色、线型”列表框中的第一行，下方的“偏移”“颜色”等编辑框都可以使用了，在“偏移”栏内输入“120”，再选中列表框中的第二行，在“偏移”栏内输入“-120”。

（4）按“确定”键返回到“多线样式”对话框，这时，在“样式”栏内多了一个样式名“外墙线”。

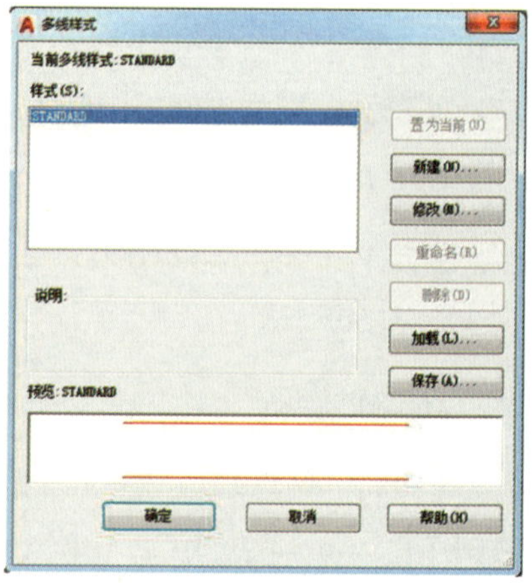

图 11-15

图 11-16

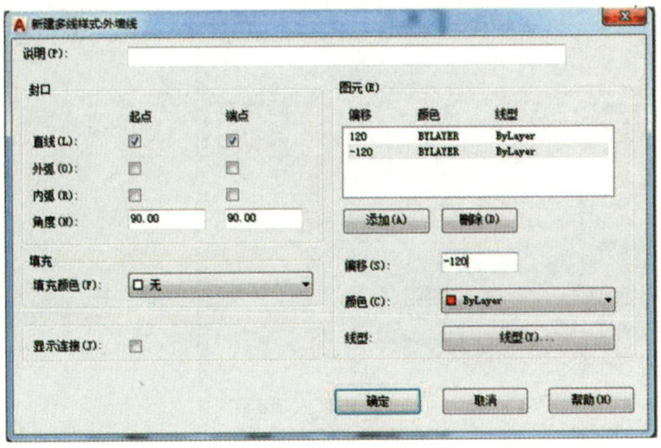

图 11-17

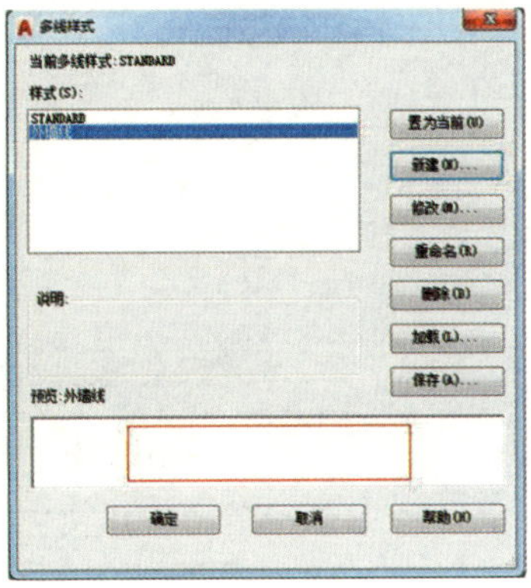

图 11-18

（5）再次选中图 11-18 中的“STANDARD”样式名，用同样方法创建一个名为“内墙线”的多线样式，偏移值分别为“60”和“-60”。

（6）在“STANDARD”样式基础上，创建“窗户”的多线样式，点击“图元”中的“添加”按钮，将偏移元素增加到 4 个，偏移值分别为“120”“40”“-40”“120”。

（7）在“STANDARD”样式基础上，创建“飘窗”的多线样式，点击“图元”中的“添加”按钮，将偏移元素增加到 3 个，偏移值分别为“60”“0”“-60”。

5. 设置文字样式

（1）命令：“格式”>“文字样式”/style/

（2）点击“新建”按钮，打开“新建文字样式”对话框，在“样式名”编辑框中输入“说明文字”。

（3）将“字体”中“字体名”改为“仿宋”。

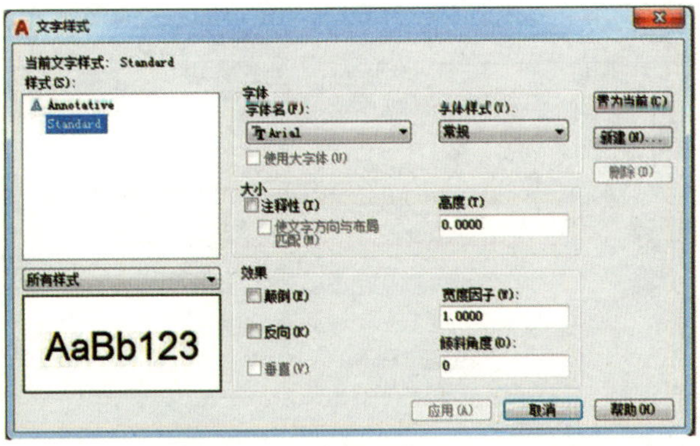

图 11-19

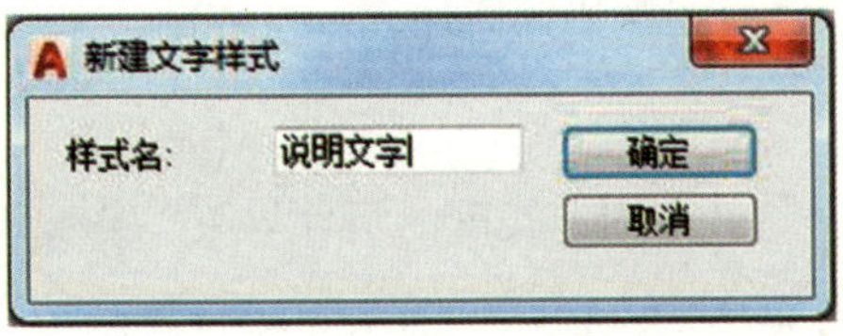

图 11-20

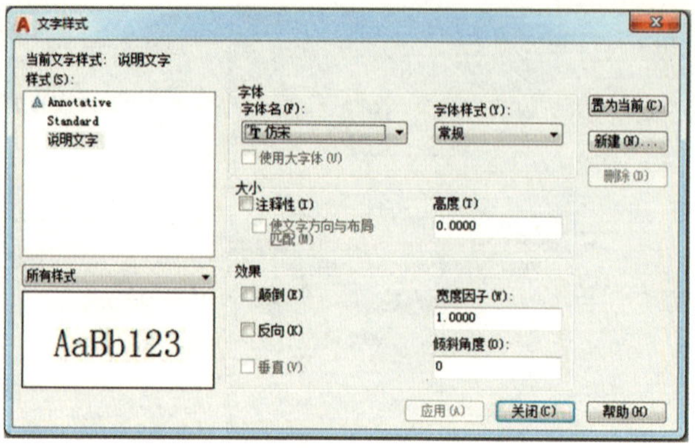

图 11-21

提示：“字体名”中有两种字体模式，一种字体名前不加 @ 符号，一种字体名前加 @ 符号，不加 @ 符号的字体为横向书写字体，加 @ 符号的字体为竖向书写字体。一般不选择有 @ 符号的字体名，特殊情况除外。另，字体的高度一般不设置，后面根据具体需要进行对应设置。

6. 设置标注样式

（1）命令：“格式”>“标注样式”/dimstyle/

（2）在已打开的“标注样式管理器”对话框中，点击“修改”按钮，选择“调整”选项卡，将“使用全局比例”设置为“50”，一般图形界限放大几倍，全局比例因子就设置为这个倍数，最后点击“确定”按钮即可。

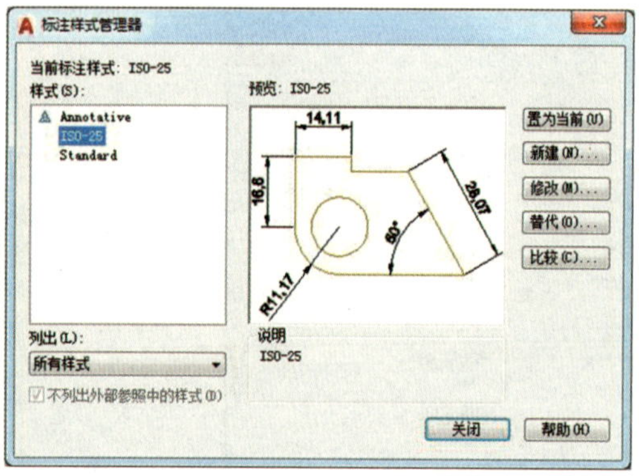

图 11-22

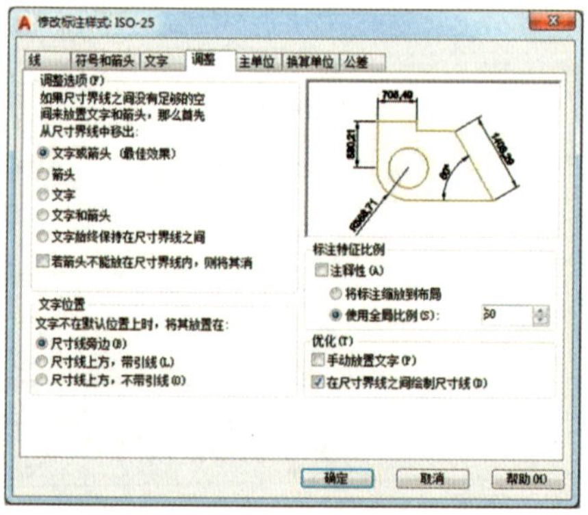

图 11-23

（3）点击“新建”按钮，打开“新建标注样式”对话框，在“新样式名”编辑框中输入“标注说明”，点击“继续”按钮。

（3）在“线”显示卡中，勾选“固定长度的尺寸界限”复选框，并修改长度为“10”。

（4）在“符号和箭头”选项卡中“箭头”应为“建筑标记”，两个都一样。

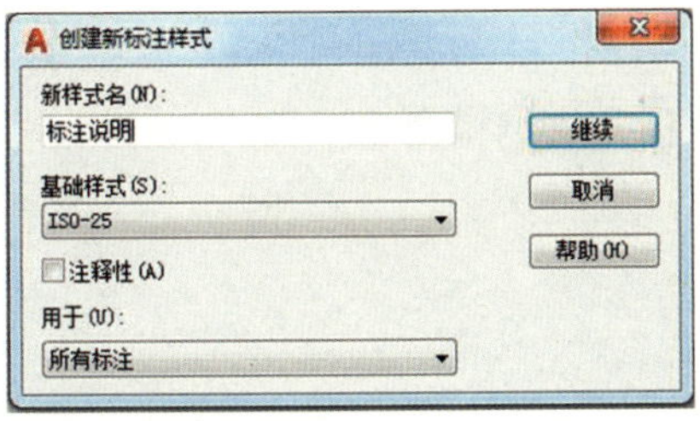

图 11-24

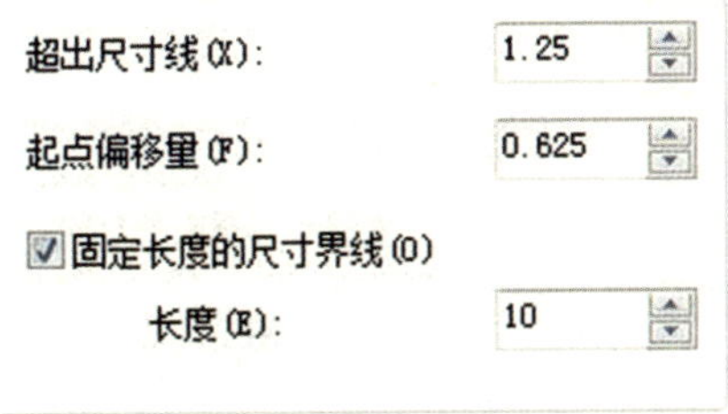

图 11-25

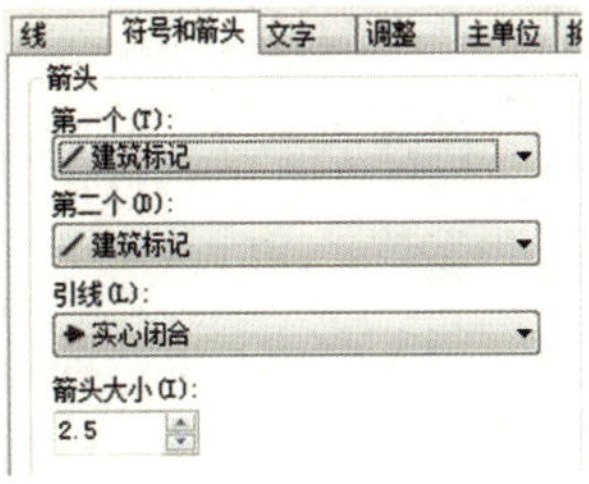

图 11-26

（5）在“文字”选项卡中，“文字样式”应为设置好的文字。

（6）在“调整”选项卡中，“文字位置”应为“尺寸线上方，带引线”为宜。

（7）在“主单位”选项卡中，“线性标注”的“精度”应为“0”。

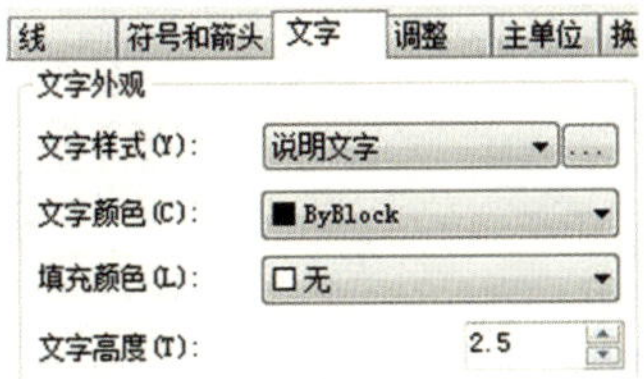

图 11-27

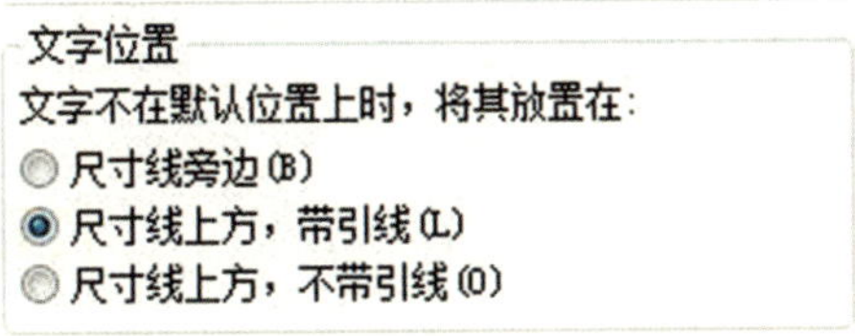

图 11-28

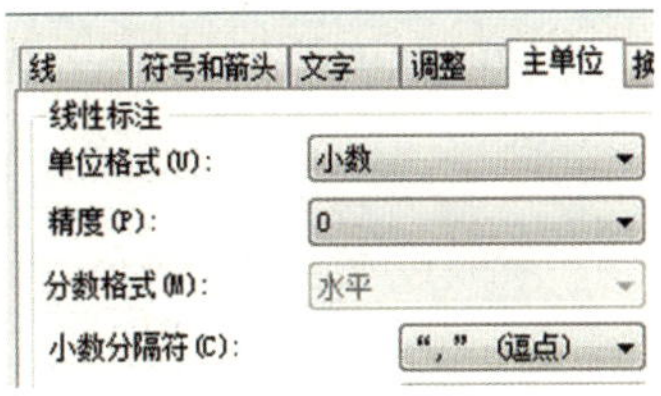

图 11-29

2.2 绘制轴线及轴线符号

1. 以“轴线”图层为当前图层。

2. 绘制轴线

命令：XL

指定点或[水平(H)/垂直(V)/角度(A)/二等分(B)/偏移(O)]:在绘图区域左下角任意单击一点，绘制一条水平构造线。

提示：可在执行构造线命令的同时打开正交命令。

指定通过点：再在左下角任意单击一点，绘制一条垂直的构造线。

指定通过点：回车键结束命令

如图 11-30 所示。

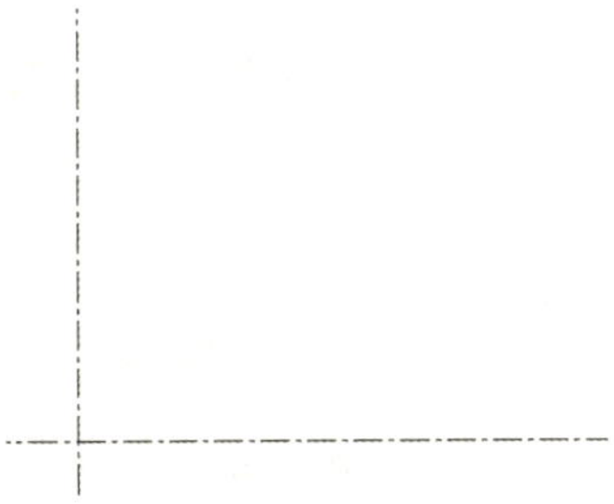

图 11-30

命令：Offset/O

当前设置：删除源 = 否图层 = 源 OFFSETGAPTYPE=0

首先偏移垂直构造线。

指定偏移距离或[通过（T）/删除（E）/图层（L）]<通过>：1400

选择要偏移的对象，或[退出（E）/放弃（U）]<退出>：选择垂直的第一条构造线

指定要偏移的那一侧上的点，或[退出（E）/多个（M）/放弃（U）]<退出>：移动鼠标向

右，在空白处任意单击

选择要偏移的对象，或 [退出（E）/ 放弃（U）]< 退出 >：回车键结束命令

命令：Offset/O

当前设置：删除源 = 否图层 = 源 OFFSETGAPTYPE=0

首先偏移垂直构造线。

指定偏移距离或 [通过（T）/ 删除（E）/ 图层（L）]< 通过 >：400

选择要偏移的对象，或 [退出（E）/ 放弃（U）]< 退出 >：选择垂直的第一条构造线

指定要偏移的那一侧上的点，或 [退出（E）/ 多个（M）/ 放弃（U）]< 退出 >：移动鼠标向右，在空白处任意单击

选择要偏移的对象，或 [退出（E）/ 放弃（U）]< 退出 >：回车键结束命令

命令：Offset/O

当前设置：删除源 = 否图层 = 源 OFFSETGAPTYPE=0

首先偏移垂直构造线。

指定偏移距离或 [通过（T）/ 删除（E）/ 图层（L）]< 通过 >：3700

选择要偏移的对象，或 [退出（E）/ 放弃（U）]< 退出 >：选择垂直的第一条构造线

指定要偏移的那一侧上的点，或 [退出（E）/ 多个（M）/ 放弃（U）]< 退出 >：移动鼠标向右，在空白处任意单击

选择要偏移的对象，或 [退出（E）/ 放弃（U）]< 退出 >：回车键结束命令

命令：Offset/O

当前设置：删除源 = 否图层 = 源 OFFSETGAPTYPE=0

首先偏移垂直构造线。

指定偏移距离或 [通过（T）/ 删除（E）/ 图层（L）]< 通过 >：2200

选择要偏移的对象，或 [退出（E）/ 放弃（U）]< 退出 >：选择垂直的第一条构造线

指定要偏移的那一侧上的点，或 [退出（E）/ 多个（M）/ 放弃（U）]< 退出 >：移动鼠标向右，在空白处任意单击

选择要偏移的对象，或 [退出（E）/ 放弃（U）]< 退出 >：回车键结束命令

命令：Offset/O

当前设置：删除源 = 否图层 = 源 OFFSETGAPTYPE=0

首先偏移垂直构造线。

指定偏移距离或 [通过（T）/ 删除（E）/ 图层（L）]< 通过 >：2300

选择要偏移的对象，或 [退出（E）/ 放弃（U）]< 退出 >：选择垂直的第一条构造线

指定要偏移的那一侧上的点，或 [退出（E）/ 多个（M）/ 放弃（U）]< 退出 >：移动鼠标向右，在空白处任意单击

选择要偏移的对象，或 [退出（E）/ 放弃（U）]< 退出 >：回车键结束命令

命令：Offset/O

当前设置：删除源 = 否图层 = 源 OFFSETGAPTYPE=0

首先偏移垂直构造线。

指定偏移距离或 [通过（T）/ 删除（E）/ 图层（L）]< 通过 >：1300

选择要偏移的对象，或 [退出（E）/ 放弃（U）]< 退出 >：选择垂直的第一条构造线

指定要偏移的那一侧上的点，或 [退出（E）/ 多个（M）/ 放弃（U）]< 退出 >：移动鼠标向右，在空白处任意单击

选择要偏移的对象，或 [退出（E）/ 放弃（U）]< 退出 >：回车键结束命令

命令：Offset/O

当前设置：删除源 = 否图层 = 源 OFFSETGAPTYPE=0

首先偏移垂直构造线。

指定偏移距离或 [通过（T）/ 删除（E）/ 图层（L）]< 通过 >：700

选择要偏移的对象，或 [退出（E）/ 放弃（U）]< 退出 >：选择垂直的第一条构造线

指定要偏移的那一侧上的点，或 [退出（E）/ 多个（M）/ 放弃（U）]< 退出 >：移动鼠标向右，在空白处任意单击

选择要偏移的对象，或 [退出（E）/ 放弃（U）]< 退出 >：回车键结束命令

绘制完垂直的轴线如图 11-31 所示。

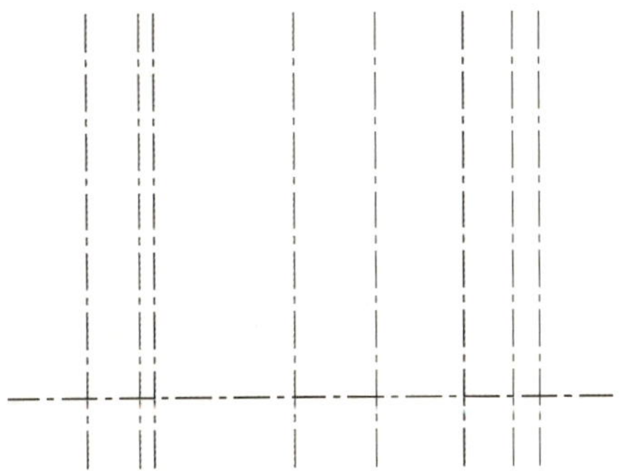

图 11-31

命令：Offset/O

当前设置：删除源 = 否图层 = 源 OFFSETGAPTYPE=0

首先偏移垂直构造线。

指定偏移距离或 [通过（T）/ 删除（E）/ 图层（L）]< 通过 >：700

选择要偏移的对象，或 [退出（E）/ 放弃（U）]< 退出 >：选择水平的第一条构造线

指定要偏移的那一侧上的点，或 [退出（E）/ 多个（M）/ 放弃（U）]< 退出 >：移动鼠标向上，在空白处任意单击

选择要偏移的对象，或 [退出（E）/ 放弃（U）]< 退出 >：回车键结束命令

命令：Offset/O

当前设置：删除源 = 否图层 = 源 OFFSETGAPTYPE=0

首先偏移垂直构造线。

指定偏移距离或 [通过（T）/ 删除（E）/ 图层（L）]< 通过 >：3000

选择要偏移的对象，或 [退出（E）/ 放弃（U）]< 退出 >：选择水平的第一条构造线

指定要偏移的那一侧上的点，或 [退出（E）/ 多个（M）/ 放弃（U）]< 退出 >：移动鼠标向上，在空白处任意单击

选择要偏移的对象，或 [退出（E）/ 放弃（U）]< 退出 >：回车键结束命令

命令：Offset/O

当前设置：删除源 = 否图层 = 源 OFFSETGAPTYPE=0

首先偏移垂直构造线。

指定偏移距离或 [通过（T）/ 删除（E）/ 图层（L）]< 通过 >：900

选择要偏移的对象，或 [退出（E）/ 放弃（U）]< 退出 >：选择水平的第一条构造线

指定要偏移的那一侧上的点，或 [退出（E）/ 多个（M）/ 放弃（U）]< 退出 >：移动鼠标向上，在空白处任意单击

选择要偏移的对象，或 [退出（E）/ 放弃（U）]< 退出 >：回车键结束命令

命令：Offset/O

当前设置：删除源 = 否图层 = 源 OFFSETGAPTYPE=0

首先偏移垂直构造线。

指定偏移距离或 [通过（T）/ 删除（E）/ 图层（L）]< 通过 >：260

选择要偏移的对象，或 [退出（E）/ 放弃（U）]< 退出 >：选择水平的第一条构造线

指定要偏移的那一侧上的点，或 [退出（E）/ 多个（M）/ 放弃（U）]< 退出 >：移动鼠标向上，在空白处任意单击

选择要偏移的对象，或 [退出（E）/ 放弃（U）]< 退出 >：回车键结束命令

命令：Offset/O

当前设置：删除源 = 否图层 = 源 OFFSETGAPTYPE=0

首先偏移垂直构造线。

指定偏移距离或 [通过（T）/ 删除（E）/ 图层（L）]< 通过 >：1120

选择要偏移的对象，或 [退出（E）/ 放弃（U）]< 退出 >：选择水平的第一条构造线

指定要偏移的那一侧上的点，或 [退出（E）/ 多个（M）/ 放弃（U）]< 退出 >：移动鼠标向上，在空白处任意单击

选择要偏移的对象，或 [退出（E）/ 放弃（U）]< 退出 >：回车键结束命令

命令：Offset/O

当前设置：删除源 = 否图层 = 源 OFFSETGAPTYPE=0

首先偏移垂直构造线。

指定偏移距离或 [通过（T）/ 删除（E）/ 图层（L）]< 通过 >：900

选择要偏移的对象，或 [退出（E）/ 放弃（U）]< 退出 >：选择水平的第一条构造线

指定要偏移的那一侧上的点，或 [退出（E）/ 多个（M）/ 放弃（U）]< 退出 >：移动鼠标向上，在空白处任意单击

选择要偏移的对象，或 [退出（E）/ 放弃（U）]< 退出 >：回车键结束命令

命令：Offset/O

当前设置：删除源 = 否图层 = 源 OFFSETGAPTYPE=0

首先偏移垂直构造线。

指定偏移距离或 [通过（T）/ 删除（E）/ 图层（L）]< 通过 >：1200

选择要偏移的对象，或 [退出（E）/ 放弃（U）]< 退出 >：选择水平的第一条构造线

指定要偏移的那一侧上的点，或 [退出（E）/ 多个（M）/ 放弃（U）]< 退出 >：移动鼠标向上，在空白处任意单击

选择要偏移的对象，或 [退出（E）/ 放弃（U）]< 退出 >：回车键结束命令

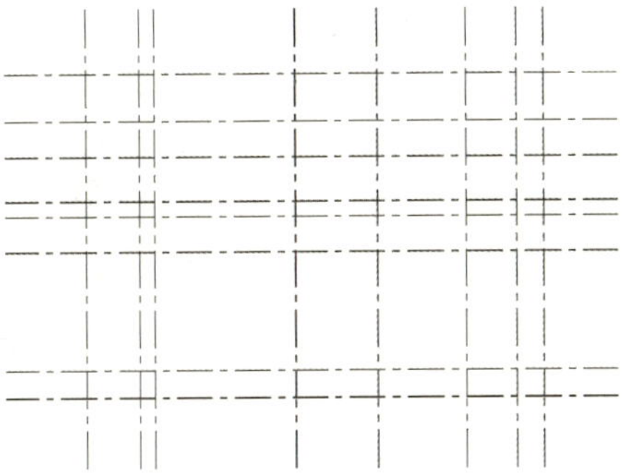

图 11-32

绘制完垂直的轴线如图 11-32 所示。

因使用构造线绘制轴线，在完成轴线绘制后，使用“矩形”命令在构造线交叉的外围绘制矩形，进行修剪，最后删除矩形即可。

命令：Rectang/REC

指定第一个角点或 [倒角（C）/ 标高（E）/ 圆角（F）/ 厚度（T）/ 宽度（W）]：距离左下角构造线交叉点一段距离，任意单击一点

指定另一个角点或 [面积（A）/ 尺寸（D）/ 旋转（R）]：距离右上角构造线交叉点一段距离，任意单击一点形成一个矩形框，如图 11-33 所示。

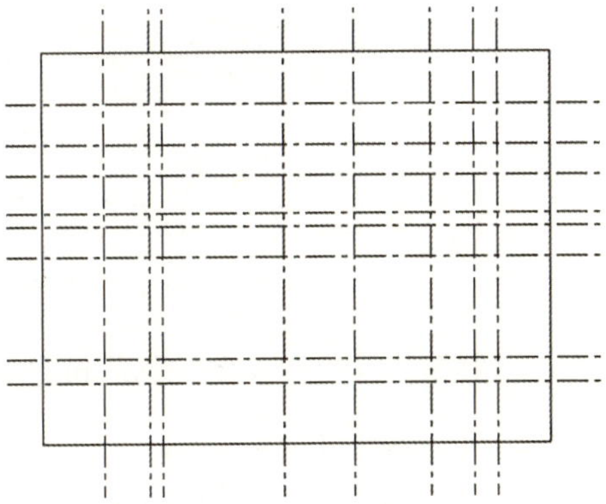

图 11-33

命令：Trim/TR

当前设置：投影 =UCS，边 = 无

选择剪切边…

选择对象或 < 全部选择 >：空格

选择要修剪的对象，或按住 shift 键选择要衍生的对象，或 [栏选（F）/ 窗交（C）/ 投影（P）/ 边（E）/ 删除（R）/ 放弃（U）]：直接选择要修建的对象进行修剪，修剪完毕后，将矩形删除，最后效果如图 11-34 所示。

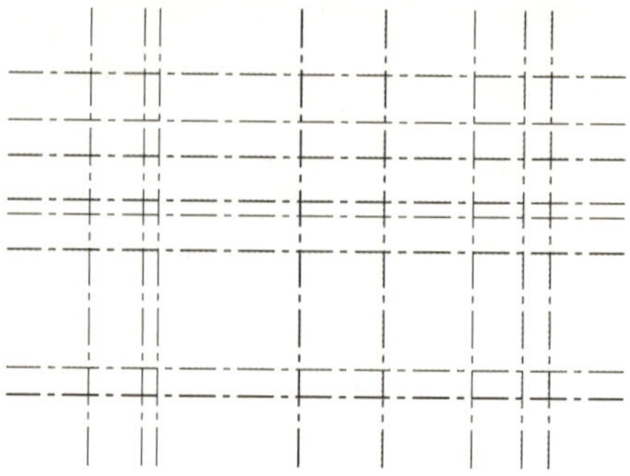

图 11-34

3. 绘制轴线符号

（1）设置“标注”图层为当前图层。

（2）命令：Circle/C

指定圆的圆心或 [三点（3P）/ 两点（2P）/ 切点、切点、半径（T)]: 绘图区域任意单击一点

指定圆的半径或 [直径（D）]：200

（3）命令：Attdef/ATT

弹出如图 11-35“属性定义”对话框。

按“确定”键，对话框消失，命令行提示：指定起点。

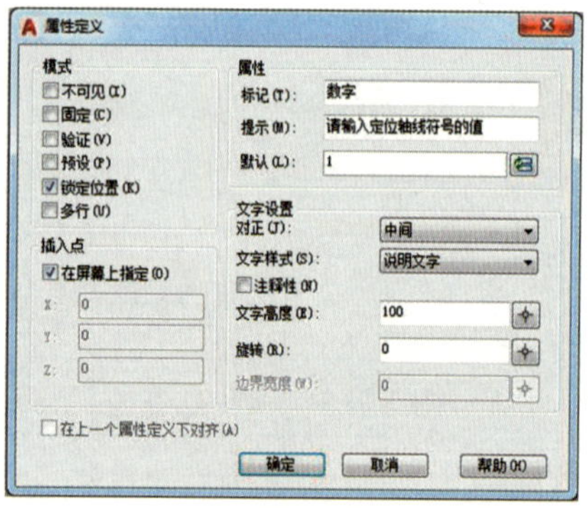

图 11-35

图 11-36

将如图 11-36 所示图的圆心单击即可。

（4）命令：Block/B

在对话框的“名称”栏输入“定位轴线符号”。

指定基点，点击“拾取点”按钮，选择圆心为基点，点击“选择对象”按钮，用窗口的方式将目标全部选中，单击鼠标右键，确定后如图 11-37 所示。

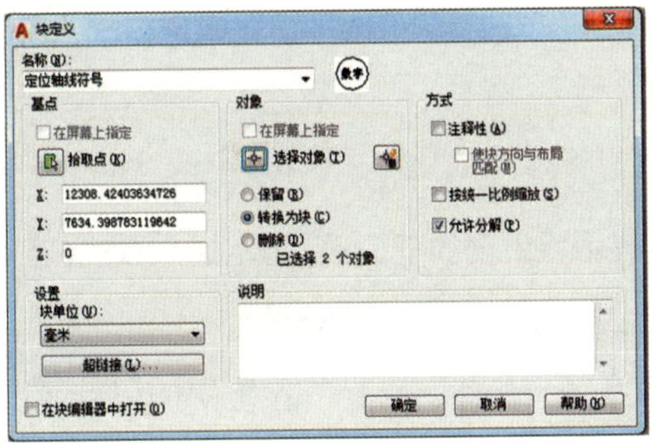

图 11-37

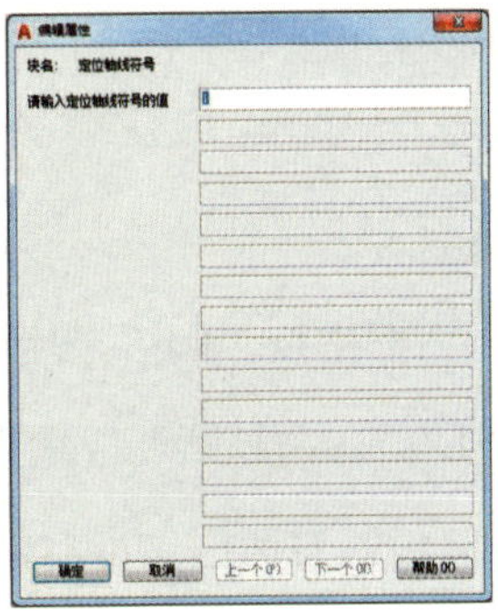

图 11-38

点击“确定”按钮，出现如图 11-38 对话框。

点击“确定”按钮退出即可。

4. 放置定位轴线符号

首先放置竖向定位轴线符号，以数字为顺序。

命令：Insert/I

在“插入”对话框中的“名称”栏中选择“定位轴线符号”图块名，按“确定”按钮，提示行出现如下提示：指定插入点或 [基点（B）/ 比例（S）/X/Y/Z/ 旋转（R）]：在最左边垂直的定位轴线下端端点处单击

弹出“编辑属性”对话框，当前轴线为 1 号轴线，直接确定即可。

命令：Insert/I

在“插入”对话框中按“确定”按钮，提示行出现如下提示：指定插入点或 [基点（B）/ 比例（S）/X/Y/Z/ 旋转（R）]：在左起第二根垂直的定位轴线下端端点处单击

弹出“编辑属性”对话框，当前轴线为 2 号轴线，修改“请输入定位轴线符号的值”为“2”即可。

命令：Insert/I

在“插入”对话框中按“确定”按钮，提示行出现如下提示：指定插入点或 [基点（B）/ 比例（S）/X/Y/Z/ 旋转（R）]：在左起第三根垂直的定位轴线下端端点处单击

弹出“编辑属性”对话框，当前轴线为 3 号轴线，修改“请输入定位轴线符号的值”为“3”即可。

命令：Insert/I

在“插入”对话框中按“确定”按钮，提示行出现如下提示：指定插入点或 [基点（B）/ 比例（S）/X/Y/Z/ 旋转（R）]：在左起第四根垂直的定位轴线下端端点处单击

弹出“编辑属性”对话框，当前轴线为 4 号轴线，修改“请输入定位轴线符号的值”为“4”即可。

命令：Insert/I

在“插入”对话框中按“确定”按钮，提示行出现如下提示：指定插入点或[基点（B）/比例（S）/X/Y/Z/旋转（R）]：在左起第五根垂直的定位轴线下端端点处单击

弹出“编辑属性”对话框，当前轴线为 5 号轴线，修改“请输入定位轴线符号的值”为“5”即可。

命令：Insert/I

在“插入”对话框中按“确定”按钮，提示行出现如下提示：指定插入点或[基点（B）/比例（S）/X/Y/Z/旋转（R）]：在左起第六根垂直的定位轴线下端端点处单击

弹出“编辑属性”对话框，当前轴线为 6 号轴线，修改“请输入定位轴线符号的值”为“6”即可。

命令：Insert/I

在“插入”对话框中按“确定”按钮，提示行出现如下提示：指定插入点或[基点（B）/比例（S）/X/Y/Z/旋转（R）]：在左起第七根垂直的定位轴线下端端点处单击

弹出“编辑属性”对话框，当前轴线为 7 号轴线，修改“请输入定位轴线符号的值”为“7”即可。

命令：Insert/I

在“插入”对话框中按“确定”按钮，提示行出现如下提示：指定插入点或[基点（B）/比例（S）/X/Y/Z/旋转（R）]：在左起第八根垂直的定位轴线下端端点处单击

弹出“编辑属性”对话框，当前轴线为 8 号轴线，修改“请输入定位轴线符号的值”为“8”即可。

如图 11-39 所示。

图 11-39

由于定位轴线符号应与定位轴线端点相合，因此，定位轴线符号应移动位置至象限点。

命令：Move/M

图 11-40

选择对象：使用交叉窗口选中所有的定位轴线符号，单击鼠标右键

指定基点或[位移（D）]<位移>：鼠标选中 1 号定位轴线符号的上象限点

指定第二个点或<使用第一个点作为位移>：选择 1 号轴线的下端点点击重合如图 11-40

所示。

再放置横向定位轴线符号，以字母为顺序，I、O、Z 不得使用。

命令：Insert/I

在“插入”对话框中的“名称”栏中选择“定位轴线符号”图块名，按“确定”按钮，提示行出现如下提示：指定插入点或 [基点（B）/ 比例（S）/X/Y/Z/ 旋转（R）]：在最下边横向定位轴线左端端点处单击

弹出“编辑属性”对话框，当前轴线为 A 号轴线，直接确定即可。

命令：Insert/I

在“插入”对话框中按“确定”按钮，提示行出现如下提示：指定插入点或 [基点（B）/ 比例（S）/X/Y/Z/ 旋转（R）]：在下起第二根水平定位轴线左端端点处单击

弹出“编辑属性”对话框，当前轴线为 B 号轴线，修改“请输入定位轴线符号的值”为“B”即可。

命令：Insert/I

在“插入”对话框中按“确定”按钮，提示行出现如下提示：指定插入点或 [基点（B）/ 比例（S）/X/Y/Z/ 旋转（R）]：在下起第三根水平定位轴线左端端点处单击

弹出“编辑属性”对话框，当前轴线为 C 号轴线，修改“请输入定位轴线符号的值”为“C”即可。

命令：Insert/I

在“插入”对话框中按“确定”按钮，提示行出现如下提示：指定插入点或 [基点（B）/ 比例（S）/X/Y/Z/ 旋转（R）]：在下起第四根水平定位轴线左端端点处单击

弹出“编辑属性”对话框，当前轴线为 D 号轴线，修改“请输入定位轴线符号的值”为“D”即可。

命令：Insert/I

在“插入”对话框中按“确定”按钮，提示行出现如下提示：指定插入点或 [基点（B）/ 比例（S）/X/Y/Z/ 旋转（R）]：在下起第五根水平定位轴线左端端点处单击

弹出“编辑属性”对话框，当前轴线为 E 号轴线，修改“请输入定位轴线符号的值”为“E”即可。

命令：Insert/I

在“插入”对话框中按“确定”按钮，提示行出现如下提示：指定插入点或 [基点（B）/ 比例（S）/X/Y/Z/ 旋转（R）]：在下起第六根水平定位轴线左端端点处单击

弹出“编辑属性”对话框，当前轴线为 F 号轴线，修改“请输入定位轴线符号的值”为“F”

即可。

命令：Insert/I

在“插入”对话框中按“确定”按钮，提示行出现如下提示：指定插入点或[基点(B)/比例(S)/X/Y/Z/旋转（R）]：在下起第七根水平定位轴线左端端点处单击

弹出“编辑属性”对话框，当前轴线为G号轴线，修改“请输入定位轴线符号的值”为“G”即可。

命令：Insert/I

在“插入”对话框中按“确定”按钮，提示行出现如下提示：指定插入点或[基点(B)/比例(S)/X/Y/Z/旋转（R）]：在下起第八根水平定位轴线左端端点处单击

弹出“编辑属性”对话框，当前轴线为H号轴线，修改“请输入定位轴线符号的值”为“H”即可。

如图11–41所示。

由于定位轴线符号应与定位轴线端点相合，因此，定位轴线符号应移动位置至象限点。

命令：Move/M

选择对象：使用交叉窗口选中所有的定位轴线符号，单击鼠标右键

指定基点或[位移（D）]<位移>：鼠标选中A号定位轴线符号的右象限点

指定第二个点或<使用第一个点作为位移>：选择A号轴线的左端点点击重合

如图11–42所示。

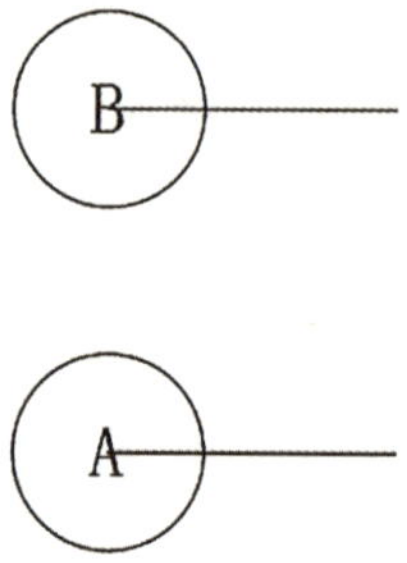

图11–41

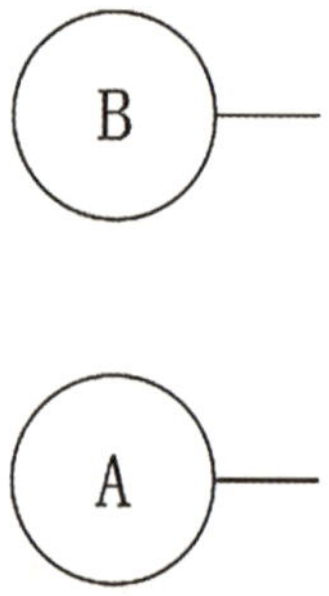

图11–42

2.3 绘制墙线

1. 设置“墙线”图层为当前图层。

2. 命令：Mline/ML

当前设置：对正 = 上，比例 =20.00，样式 = 外墙线

指定起点或[对正（J）/比例（S）/样式（ST）]：J

输入对正类型[上（T）/无（Z）/下（B）]<上>：Z

当前设置：对正 = 无，比例 =20.00，样式 = 外墙线

指定起点或[对正（J）/比例（S）/样式（ST）]：S

输入多线比例 <20.00>：1

当前设置：对正 = 无，比例 =1.00，样式 = 外墙线

指定起点或 [对正（J）/ 比例（S）/ 样式（ST）]：选择 1 号轴线和 B 号轴线的交叉点

指定下一点：选择 1 号轴线和 D 号轴线的交叉点

指定下一点或 [放弃（U）]：选择 D 号轴线和 4 号轴线的交叉点

回车结束命令。

命令：Mline/ML

当前设置：对正 = 无，比例 =1.00，样式 = 外墙线

指定起点或 [对正（J）/ 比例（S）/ 样式（ST）]：选择 2 号轴线和 D 号轴线的交叉点

指定下一点：选择 2 号轴线和 H 号轴线的交叉点

指定下一点或 [放弃（U）]：选择 5 号轴线和 H 号轴线的交叉点

指定下一点或 [闭合（C）/ 放弃（U）]：选择 5 号轴线和 G 号轴线的交叉点

指定下一点或 [闭合（C）/ 放弃（U）]：选择 7 号轴线和 G 号轴线的交叉点

指定下一点或 [闭合（C）/ 放弃（U）]：选择 7 号轴线和 C 号轴线的交叉点

回车结束命令。

命令：Mline/ML

当前设置：对正 = 无，比例 =1.00，样式 = 外墙线

指定起点或 [对正（J）/ 比例（S）/ 样式（ST）]：选择 5 号轴线和 C 号轴线的交叉点

指定下一点或：选择 8 号轴线和 C 号轴线的交叉点

指定下一点或 [放弃（U）]：选择 8 号轴线和 A 号轴线的交叉点

指定下一点或 [闭合（C）/ 放弃（U）]：选择 6 号轴线和 A 号轴线的交叉点

指定下一点或 [闭合（C）/ 放弃（U）]：选择 6 号轴线和 B 号轴线的交叉点

指定下一点或 [闭合（C）/ 放弃（U）]：选择 1 号轴线和 B 号轴线的交叉点

回车结束命令。

命令：Mline/ML

当前设置：对正 = 无，比例 =1.00，样式 = 外墙线

指定起点或 [对正（J）/ 比例（S）/ 样式（ST）]：选择 3 号轴线和 B 号轴线的交叉点

指定下一点或：选择 3 号轴线和 D 号轴线的交叉点

回车结束命令。

命令：Mline/ML

当前设置：对正 = 无，比例 =1.00，样式 = 外墙线

指定起点或[对正（J）/比例（S）/样式（ST）]：ST

输入多样线样式名或[？]：内墙线

当前设置：对正 = 无，比例 =1.00，样式 = 内墙线

指定起点或[对正（J）/比例（S）/样式（ST）]：J

输入对正类型[上（T）/无（Z）/下（B）]< 上 >：B

当前设置：对正 = 下，比例 =1.00，样式 = 内墙线

指定起点或[对正（J）/比例（S）/样式（ST）]：选择 4 号轴线和 H 号轴线的交叉点

指定下一点或：选择 4 号轴线和 D 号轴线的交叉点

回车结束命令。

命令：Mline/ML

当前设置：对正 = 下，比例 =1.00，样式 = 内墙线

指定起点或[对正（J）/比例（S）/样式（ST）]：选择 4 号轴线和 E 号轴线的交叉点

指定下一点或：选择 5 号轴线和 E 号轴线的交叉点

回车结束命令。

命令：Mline/ML

当前设置：对正 = 下，比例 =1.00，样式 = 内墙线

指定起点或[对正（J）/比例（S）/样式（ST）]：选择 4 号轴线和 F 号轴线的交叉点

指定下一点或：选择 5 号轴线和 F 号轴线的交叉点

回车结束命令。

命令：Mline/ML

当前设置：对正 = 下，比例 =1.00，样式 = 内墙线

指定起点或[对正（J）/比例（S）/样式（ST）]：选择 6 号轴线和 C 号轴线的交叉点

指定下一点或：选择 6 号轴线和 B 号轴线的交叉点

回车结束命令。

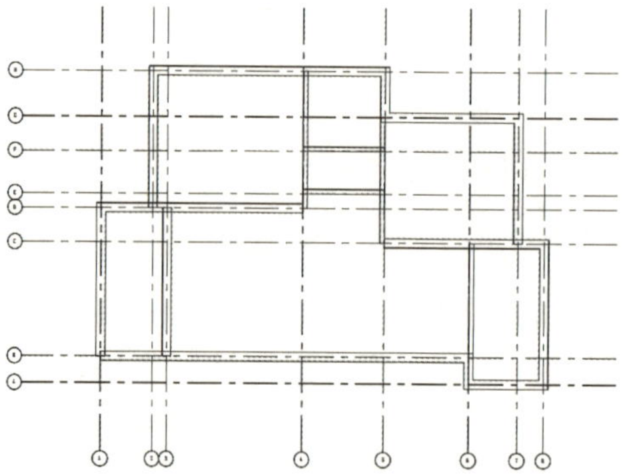

图 11-43

2.4 编辑墙线

1. 关闭轴线层。

2. 执行“修改”>“对象”>“多线”菜单命令，或mledit命令，或直接双击任意多线，弹出“多线编辑工具”对话框，如图11–44所示。

3. 使用“T形合并”和“角点结合”对图11–45进行编辑，编辑后的效果如图11–46所示。

提示：如有某段墙线无法使用多线编辑达到分解效果，也可在开好门洞、窗洞后使用“分解”及“修剪”命令进行细节修正。

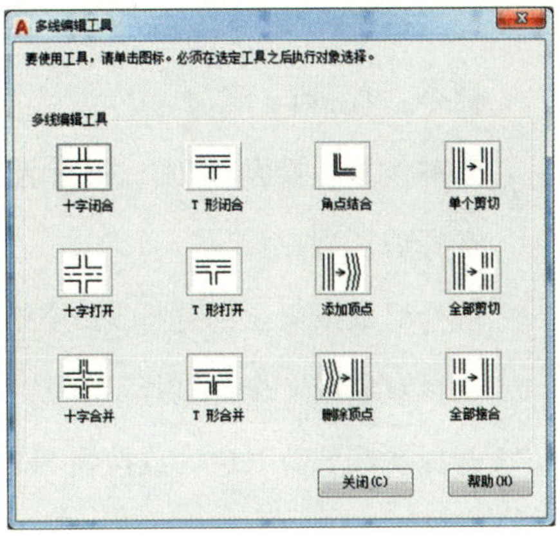

图 11–44

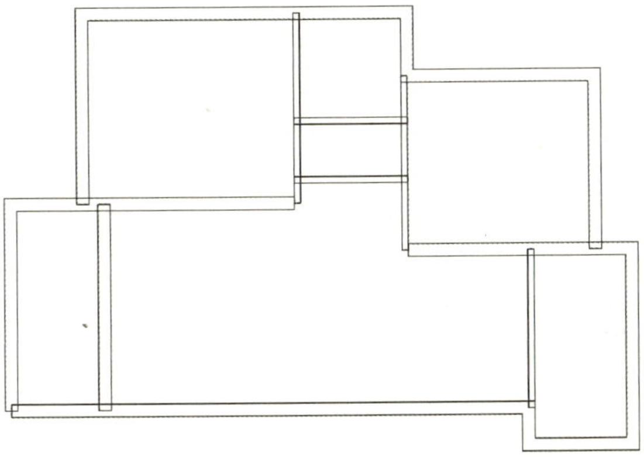

图 11–45

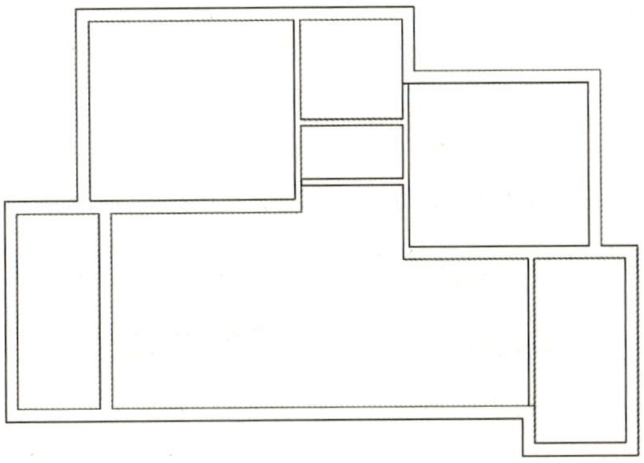

图 11–46

4. 有两段内墙线无法使用“多线编辑”命令进行分解，在开好门洞、窗洞后将针对无法使用“多线编辑”命令的多线进行“分解”“修剪”命令的使用。

2.5 开门洞

1. 打开轴线层。

2. 执行“绘图”>“构造线”菜单命令，或XL命令，进行门洞的绘制。

3. 绘制大门门洞。

命令：Xline/XL

指定点或[水平（H）/垂直（V）/角度（A）/二等分（B）/偏移（O）]：O

指定偏移距离或[通过（T）]<通过>：1000

选择直线对象：鼠标点击5号定位轴线

指定向哪侧偏移：鼠标在5号定位轴线的左侧空白处点击一下

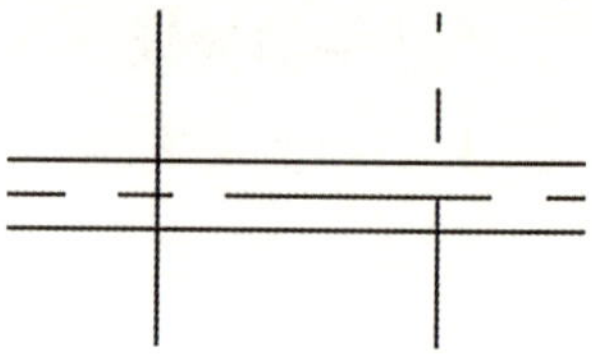

图 11-47

图 11-48

回车结束命令。

命令：Trim/TR

当前设置：投影 =UCS，边 = 无

选择剪切边 ...

选择对象或 < 全部选择 >：空格一次

选择对象或 < 全部选择 >：

选择要修剪的对象，或按住 Shift 键选择要延伸的对象，或

[栏选（F）/ 窗交（C）/ 投影（P）/ 边（E）/ 删除（R）/ 放弃（U）]：选中要修建的对象

回车结束命令。

删除构造线辅助线。

4. 绘制阳台门洞。

命令：Xline/XL

指定点或 [水平（H）/ 垂直（V）/ 角度（A）/ 二等分（B）/ 偏移（O）]：O

指定偏移距离或 [通过（T）]< 通过 >：820

选择直线对象：鼠标点击 B 号定位轴线

指定向哪侧偏移：鼠标在 B 号定位轴线的上侧空白处点击一下

回车结束命令。

命令：Xline/XL

指定点或 [水平（H）/ 垂直（V）/ 角度（A）/ 二等分（B）/ 偏移（O）]：O

指定偏移距离或 [通过（T）]< 通过 >：2260

选择直线对象：鼠标点击新偏移出来的构造线

指定向哪侧偏移：鼠标在新偏移出来的构造线上侧空白处点击一下

回车结束命令。

命令：Trim/TR

当前设置：投影 =UCS，边 = 无

选择剪切边 ...

选择对象或 < 全部选择 >：空格一次

选择对象或 < 全部选择 >：

选择要修剪的对象，或按住 Shift 键选择要延伸的对象，或

[栏选（F)/ 窗交（C)/ 投影（P)/ 边 (E)/ 删除 (R)/ 放弃 (U)]: 选中两条构造线之间要修建的对象

回车结束命令。

删除构造线辅助线。

5. 绘制厨房门洞。

命令：Xline/XL

指定点或 [水平（H）/ 垂直（V）/ 角度（A）/ 二等分（B）/ 偏移（O）]：O

指定偏移距离或 [通过（T）]< 通过 >：180

选择直线对象：鼠标点击 B 号定位轴线

指定向哪侧偏移：鼠标在 B 号定位轴线的上侧空白处点击一下

回车结束命令。

命令：Xline/XL

指定点或 [水平（H）/ 垂直（V）/ 角度（A）/ 二等分（B）/ 偏移（O）]：O

指定偏移距离或 [通过（T）]< 通过 >：2040

选择直线对象：鼠标点击新偏移出来的构造线

指定向哪侧偏移：鼠标在新偏移出来的构造线上侧空白处点击一下

回车结束命令。

命令：Trim/TR

当前设置：投影 =UCS，边 = 无

选择剪切边 ...

选择对象或 < 全部选择 >：空格一次

选择对象或 < 全部选择 >：

选择要修剪的对象，或按住 Shift 键选择要延伸的对象，或

[栏选（F)/ 窗交（C)/ 投影（P)/ 边 (E)/ 删除 (R)/ 放弃 (U)]: 选中两条构造线之间要修建的对象

回车结束命令。

删除构造线辅助线。

6. 绘制主卧门洞。

命令：Xline/XL

指定点或 [水平（H）/ 垂直（V）/ 角度（A）/ 二等分（B）/ 偏移（O）]：O

指定偏移距离或 [通过（T）]< 通过 >：220

选择直线对象：鼠标点击 D 号定位轴线

指定向哪侧偏移：鼠标在 D 号定位轴线的上侧空白处点击一下

回车结束命令。

命令：Xline/XL

指定点或 [水平（H）/ 垂直（V）/ 角度（A）/ 二等分（B）/ 偏移（O）]：O

指定偏移距离或 [通过（T）]< 通过 >：900

选择直线对象：鼠标点击新偏移出来的构造线

指定向哪侧偏移：鼠标在新偏移出来的构造线上侧空白处点击一下

回车结束命令。

命令：Trim/TR

当前设置：投影 =UCS，边 = 无

选择剪切边 ...

选择对象或 < 全部选择 >：空格一次

选择对象或 < 全部选择 >：

选择要修剪的对象，或按住 Shift 键选择要延伸的对象，或

[栏选（F)/ 窗交（C)/ 投影 (P)/ 边 (E)/ 删除 (R)/ 放弃 (U)]：选中两条构造线之间要修建的对象

回车结束命令。

删除构造线辅助线。

7. 绘制次卧门洞。

命令：Xline/XL

指定点或 [水平（H）/ 垂直（V）/ 角度（A）/ 二等分（B）/ 偏移（O）]：O

指定偏移距离或 [通过（T）]< 通过 >：220

选择直线对象：鼠标点击 C 号定位轴线

指定向哪侧偏移：鼠标在 C 号定位轴线的上侧空白处点击一下

回车结束命令。

命令：Xline/XL

指定点或 [水平（H）/ 垂直（V）/ 角度（A）/ 二等分（B）/ 偏移（O）]：O

指定偏移距离或 [通过（T）]< 通过 >：900

选择直线对象：鼠标点击新偏移出来的构造线

指定向哪侧偏移：鼠标在新偏移出来的构造线上侧空白处点击一下

回车结束命令。

命令：Trim/TR

当前设置：投影 =UCS，边 = 无

选择剪切边 ...

选择对象或 < 全部选择 >：空格一次

选择对象或 < 全部选择 >：

选择要修剪的对象，或按住 Shift 键选择要延伸的对象，或

[栏选（F)/ 窗交（C)/ 投影（P)/ 边 (E)/ 删除 (R)/ 放弃 (U)]: 选中两条构造线之间要修建的对象

回车结束命令。

删除构造线辅助线。

8. 绘制卫生间门洞。

干区进口使用编辑夹点命令，点击多线，选中左下夹点，如图 11–49 所示。

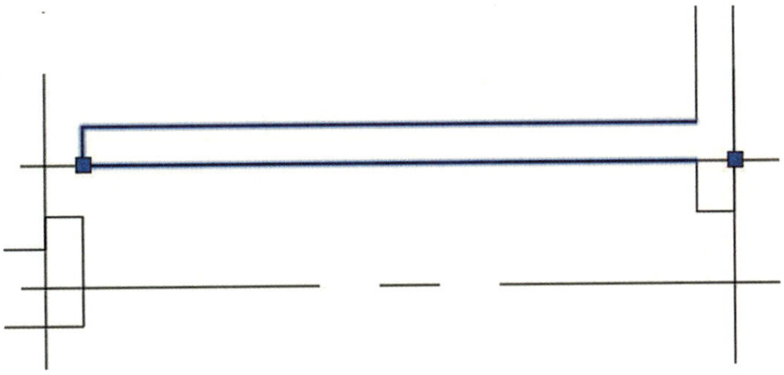

图 11–49

直接点击蓝色左下夹点，变成红色的热夹点。

命令：拉伸

鼠标向右移动。

指定拉伸点或 [基点（B）/ 复制（C）/ 放弃（U）/ 退出（X）]：1360

命令：Xline/XL

指定点或 [水平（H）/ 垂直（V）/ 角度（A）/ 二等分（B）/ 偏移（O）]：O

指定偏移距离或 [通过（T）]< 通过 >：180

选择直线对象：鼠标点击 4 号定位轴线

指定向哪侧偏移：鼠标在 4 号定位轴线的右侧空白处点击一下

回车结束命令。

命令：Xline/XL

指定点或 [水平（H）/ 垂直（V）/ 角度（A）/ 二等分（B）/ 偏移（O）]：O

指定偏移距离或 [通过（T）]< 通过 >：780

选择直线对象：鼠标点击新偏移出来的构造线

指定向哪侧偏移：鼠标在新偏移出来的构造线右侧空白处点击一下

回车结束命令。

命令：Trim/TR

当前设置：投影 =UCS，边 = 无

选择剪切边 ...

选择对象或 < 全部选择 >：空格一次

选择对象或 < 全部选择 >：

选择要修剪的对象，或按住 Shift 键选择要延伸的对象，或

[栏选（F)/ 窗交（C)/ 投影 (P)/ 边 (E)/ 删除 (R)/ 放弃 (U)]：选中两条构造线之间要修建的对象

回车结束命令。

删除构造线辅助线。

最后效果如图 11-50 所示。

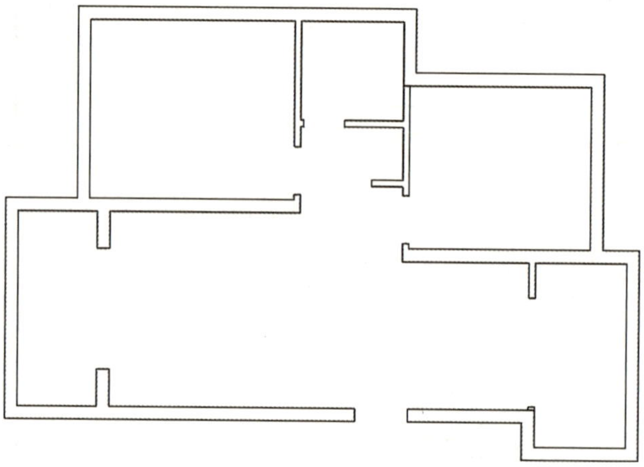

图 11-50

2.6 开窗洞

1. 执行“绘图”>“构造线”菜单命令，或 XL 命令，进行窗洞的绘制。

2. 沿顺时针绘制窗洞。

3. 阳台大窗户。

命令：Xline/XL

指定点或 [水平（H）/ 垂直（V）/ 角度（A）/ 二等分（B）/ 偏移（O）]：O

指定偏移距离或 [通过（T）]< 通过 >：420

选择直线对象：鼠标点击 B 号定位轴线

指定向哪侧偏移：鼠标在 B 号定位轴线的上侧空白处点击一下

回车结束命令。

命令：Xline/XL

指定点或 [水平（H）/ 垂直（V）/ 角度（A）/ 二等分（B）/ 偏移（O）]：O

指定偏移距离或 [通过（T）]< 通过 >：2760

选择直线对象：鼠标点击新偏移出来的构造线

指定向哪侧偏移：鼠标在新偏移出来的构造线上侧空白处点击一下

回车结束命令。

命令：Trim/TR

当前设置：投影 =UCS，边 = 无

选择剪切边 ...

选择对象或 < 全部选择 >：空格一次

选择对象或 < 全部选择 >：

选择要修剪的对象，或按住 Shift 键选择要延伸的对象，或

[栏选（F）/ 窗交（C）/ 投影（P）/ 边（E）/ 删除（R）/ 放弃（U）]：选中要修建的对象

回车结束命令。

删除构造线辅助线。

4. 阳台小窗户。

命令：Xline/XL

指定点或 [水平（H）/ 垂直（V）/ 角度（A）/ 二等分（B）/ 偏移（O）]：O

指定偏移距离或 [通过（T）]< 通过 >：500

选择直线对象：鼠标点击 1 号定位轴线

指定向哪侧偏移：鼠标在 1 号定位轴线的右侧空白处点击一下

回车结束命令。

命令：Xline/XL

指定点或 [水平（H）/ 垂直（V）/ 角度（A）/ 二等分（B）/ 偏移（O）]：O

指定偏移距离或 [通过（T）]< 通过 >：550

选择直线对象：鼠标点击新偏移出来的构造线

指定向哪侧偏移：鼠标在新偏移出来的构造线右侧空白处点击一下

回车结束命令。

命令：Trim/TR

当前设置：投影 =UCS，边 = 无

选择剪切边 ...

选择对象或 < 全部选择 >：空格一次

选择对象或 < 全部选择 >：

选择要修剪的对象，或按住 Shift 键选择要延伸的对象，或

[栏选（F）/ 窗交（C）/ 投影（P）/ 边（E）/ 删除（R）/ 放弃（U）]：选中要修建的对象

回车结束命令。

删除构造线辅助线。

5. 卧室飘窗。

命令：Xline/XL

指定点或 [水平（H）/ 垂直（V）/ 角度（A）/ 二等分（B）/ 偏移（O）]：O

指定偏移距离或 [通过（T）]< 通过 >：1320

选择直线对象：鼠标点击 D 号定位轴线

指定向哪侧偏移：鼠标在 D 号定位轴线的上侧空白处点击一下

回车结束命令。

命令：Xline/XL

指定点或 [水平（H）/ 垂直（V）/ 角度（A）/ 二等分（B）/ 偏移（O）]：O

指定偏移距离或 [通过（T）]< 通过 >：1760

选择直线对象：鼠标点击新偏移出来的构造线

指定向哪侧偏移：鼠标在新偏移出来的构造线上侧空白处点击一下

回车结束命令。

命令：Trim/TR

当前设置：投影 =UCS，边 = 无

选择剪切边 ...

选择对象或 < 全部选择 >：空格一次

选择对象或 < 全部选择 >：

选择要修剪的对象，或按住 Shift 键选择要延伸的对象，或

[栏选（F）/ 窗交（C）/ 投影（P）/ 边（E）/ 删除（R）/ 放弃（U）]：选中要修建的对象

回车结束命令。

删除构造线辅助线。

6. 卫生间窗户。

命令：Xline/XL

指定点或 [水平（H）/ 垂直（V）/ 角度（A）/ 二等分（B）/ 偏移（O）]：O

指定偏移距离或 [通过（T）]< 通过 >：220

选择直线对象：鼠标点击 G 号定位轴线

指定向哪侧偏移：鼠标在 G 号定位轴线的上侧空白处点击一下

回车结束命令。

命令：Xline/XL

指定点或 [水平（H）/ 垂直（V）/ 角度（A）/ 二等分（B）/ 偏移（O）]：O

指定偏移距离或 [通过（T）]< 通过 >：660

选择直线对象：鼠标点击新偏移出来的构造线

指定向哪侧偏移：鼠标在新偏移出来的构造线上侧空白处点击一下

回车结束命令。

命令：Trim/TR

当前设置：投影 =UCS，边 = 无

选择剪切边 ...

选择对象或 < 全部选择 >：空格一次

选择对象或 < 全部选择 >：

选择要修剪的对象，或按住 Shift 键选择要延伸的对象，或

[栏选（F）/ 窗交（C）/ 投影（P）/ 边（E）/ 删除（R）/ 放弃（U）]：选中要修建的对象

回车结束命令。

删除构造线辅助线。

7. 次卧窗户。

命令：Xline/XL

指定点或 [水平（H）/ 垂直（V）/ 角度（A）/ 二等分（B）/ 偏移（O）]：O

指定偏移距离或 [通过（T）]< 通过 >：1020

选择直线对象：鼠标点击 G 号定位轴线

指定向哪侧偏移：鼠标在 G 号定位轴线的下侧空白处点击一下

回车结束命令。

命令：Xline/XL

指定点或 [水平（H）/ 垂直（V）/ 角度（A）/ 二等分（B）/ 偏移（O）]：O

指定偏移距离或 [通过（T）]< 通过 >：1260

选择直线对象：鼠标点击新偏移出来的构造线

指定向哪侧偏移：鼠标在新偏移出来的构造线下侧空白处点击一下

回车结束命令。

命令：Trim/TR

当前设置：投影 =UCS，边 = 无

选择剪切边 ...

选择对象或 < 全部选择 >：空格一次

选择对象或 < 全部选择 >：

选择要修剪的对象，或按住 Shift 键选择要延伸的对象，或

[栏选（F）/ 窗交（C）/ 投影（P）/ 边（E）/ 删除（R）/ 放弃（U）]：选中要修建的对象

回车结束命令。

删除构造线辅助线。

8. 厨房窗户。

命令：Xline/XL

指定点或 [水平（H）/ 垂直（V）/ 角度（A）/ 二等分（B）/ 偏移（O）]：O

指定偏移距离或 [通过（T）]< 通过 >：1220

选择直线对象：鼠标点击 C 号定位轴线

指定向哪侧偏移：鼠标在 C 号定位轴线的下侧空白处点击一下

回车结束命令。

命令：Xline/XL

指定点或 [水平（H）/ 垂直（V）/ 角度（A）/ 二等分（B）/ 偏移（O）]：O

指定偏移距离或 [通过（T）]< 通过 >：1260

选择直线对象：鼠标点击新偏移出来的构造线

指定向哪侧偏移：鼠标在新偏移出来的构造线下侧空白处点击一下

回车结束命令。

命令：Trim/TR

当前设置：投影 =UCS，边 = 无

选择剪切边 ...

选择对象或 < 全部选择 >：空格一次

选择对象或 < 全部选择 >：

选择要修剪的对象，或按住 Shift 键选择要延伸的对象，或

[栏选（F）/ 窗交（C）/ 投影（P）/ 边（E）/ 删除（R）/ 放弃（U）]：选中要修建的对象

回车结束命令。

删除构造线辅助线。

9. 分解多余墙线。

命令：explode

选择对象：总计 4 个

选择对象：单击鼠标右键结束命令。

删除多余短墙线。

命令：Trim/TR

当前设置：投影 =UCS，边 = 无

选择剪切边 ...

选择对象或 < 全部选择 >：空格一次

选择对象或 < 全部选择 >：

选择要修剪的对象，或按住 Shift 键选择要延伸的对象，或

[栏选（F）/ 窗交（C）/ 投影（P）/ 边（E）/ 删除（R）/ 放弃（U）]：选中要修建的对象回车结束命令。

最后效果如图 11-51 所示。

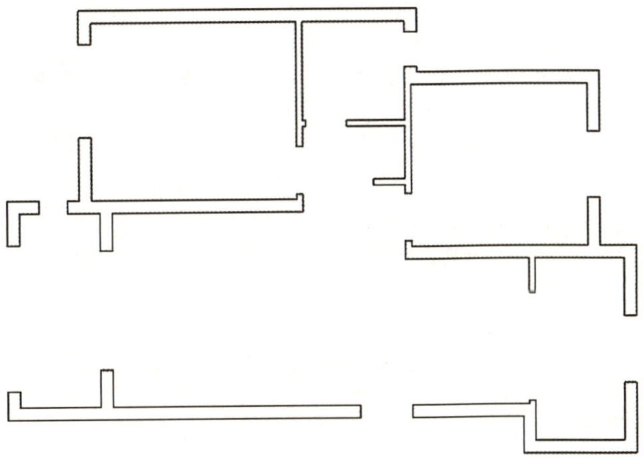

图 11-51

2.7 绘制、编辑门块

1. 设置“门窗”图层为当前层。

2. 绘制门样式

命令：Rectang/REC

指定第一个角点或 [倒角（C）/ 标高（E）/ 圆角（F）/ 厚度（T）/ 宽度（W）]：鼠标任意指定一点

指定另一个角点或[面积（A）/尺寸（D）/旋转（R）]：@50，1000

命令：ARC/A

指定圆弧的起点或[圆心（C）]：指定矩形左上角点为圆弧起点

指定圆弧的第二个点或[圆心（C）/端点（E）]：c

指定圆弧的圆心：指定矩形左下角点为圆心

指定圆弧的端点(按住Ctrl键以切换方向)或[角度(A)/弦长(L)]:a

指定夹角（按住Ctrl键以切换方向）：-90

门样式如图11-52所示。

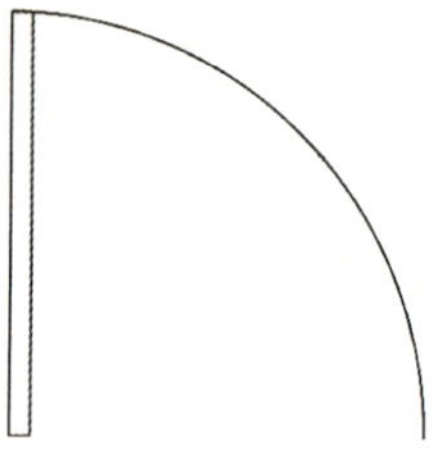

图 11-52

3. 编辑门块

命令：Block/B

弹出“块定义”对话框，“名称”为“门”，“拾取点”拾取在矩形左下角点，“选择对象”选中所有图形，如图11-53所示。

4. 插入门块

命令：Insert/I

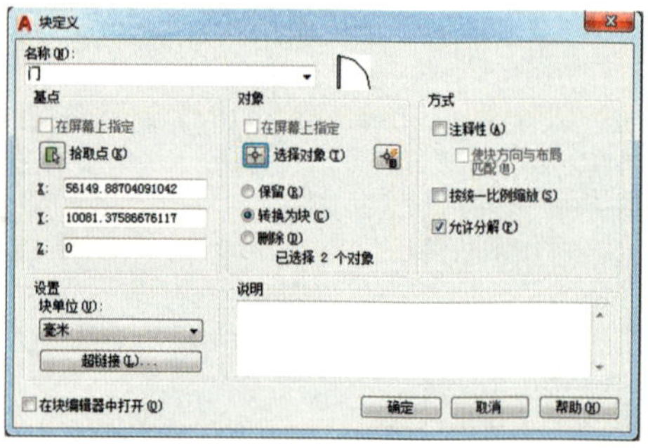

图 11-53

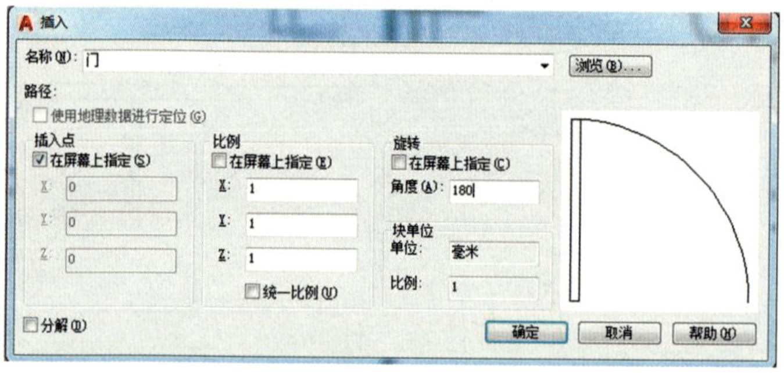

图 11-54

提示：门在编辑成块时只有一个比例大小及旋转角度，后期放入结构图中，需要自行修改比例大小及旋转角度。

指定插入点或[基点（B）/比例（S）/X/Y/Z/旋转（R）]：指定墙线中点为插入点

如图11-55所示。

5. 主卧室门

命令：Insert/I

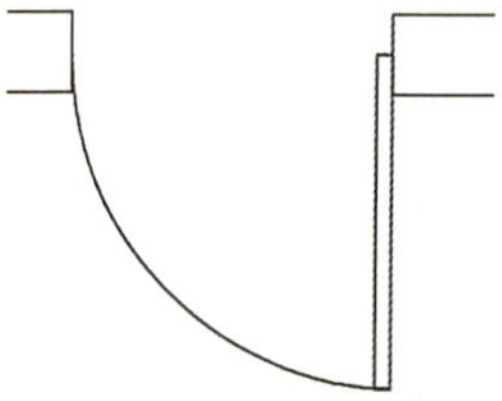

图 11-55

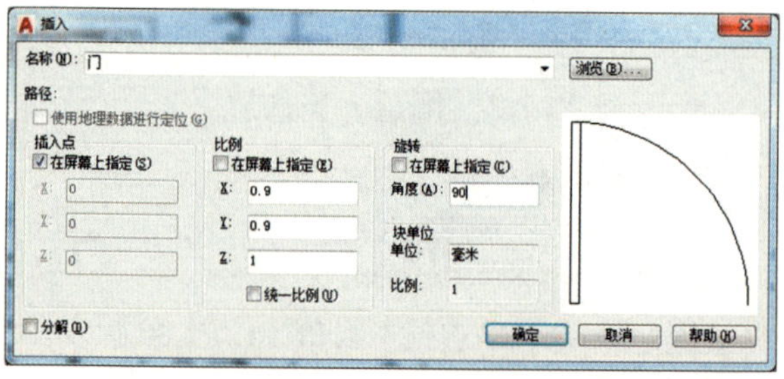

图 11-56

指定插入点或 [基点（B）/ 比例（S）/X/Y/Z/ 旋转（R）]：指定墙线中点为插入点

如图 11-57 所示。

6. 次卧室门

命令：Insert/I

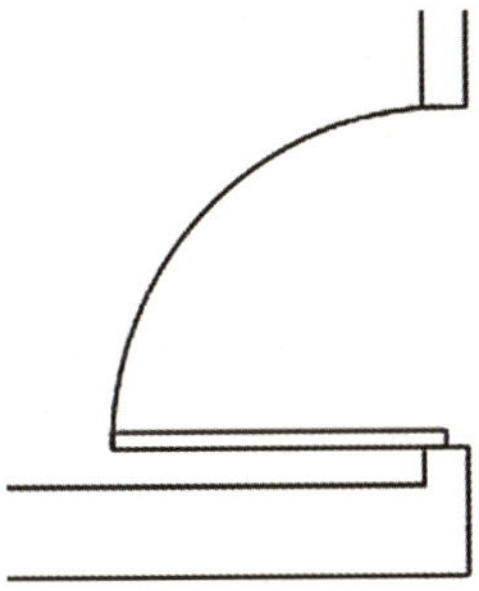

图 11-57

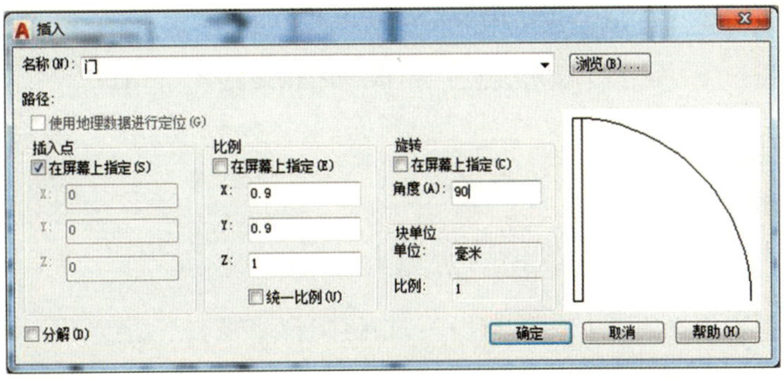

图 11-58

指定插入点或 [基点（B）/ 比例（S）/X/Y/Z/ 旋转（R）]：指定墙线中点为插入点

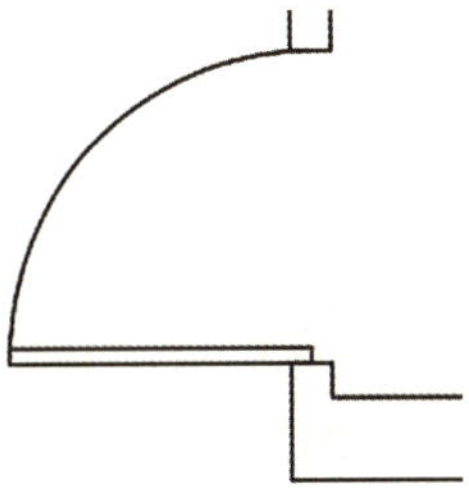

图 11-59

插入后门的转向需要调整至反向。

命令：MIRROR

选择对象：选择刚插入的门块

选择对象：单击鼠标右键结束当前选择命令

指定镜像线的第一点：选择下墙线的中点

指定镜像线的第二点：选择上墙线的中点

要删除源对象吗？ [是（Y）/ 否（N）]< 否 >：Y

回车结束命令。

如图 11-60 所示。

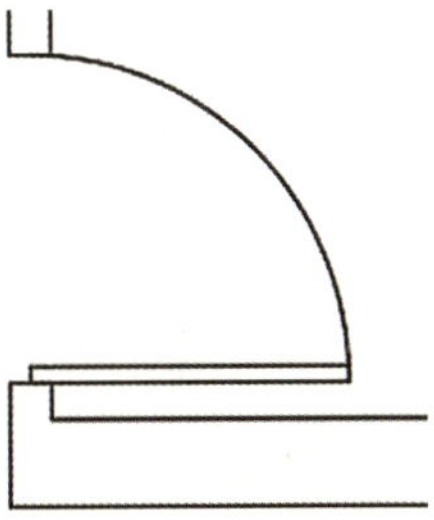

图 11-60

7. 卫生间门

命令：Insert/I

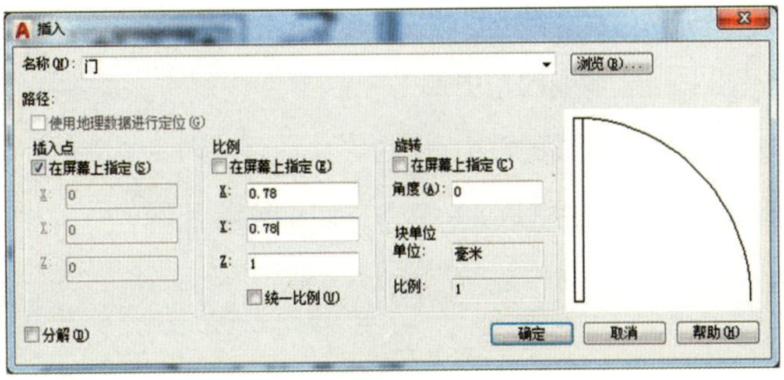

图 11-61

指定插入点或 [基点（B）/ 比例（S）/X/Y/Z/ 旋转（R）]：指定墙线中点为插入点

如图 11-62 所示。

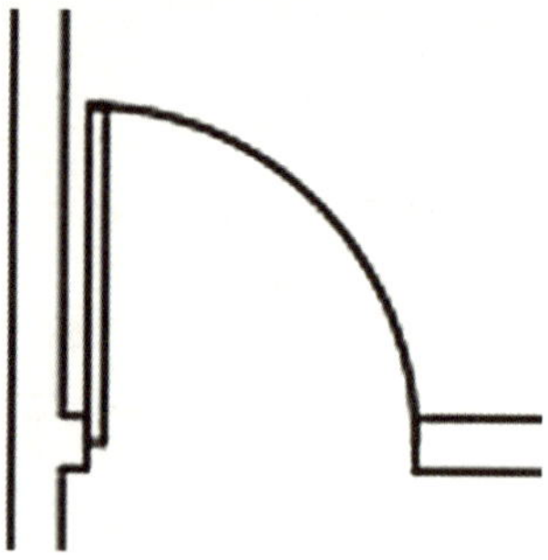

图 11-62

8. 阳台门。

命令：Line/L

指定第一个点：指定阳台墙线左上角点

指定下一点或 [放弃（U）]：指定阳台墙线左下角点

回车结束命令。

命令：Line/L

指定第一个点：指定阳台墙线右上角点

指定下一点或 [放弃（U）]：指定阳台墙线右下角点

回车结束命令。

命令：RECTANG/REC

指定第一个角点或 [倒角（C）/ 标高（E）/ 圆角（F）/ 厚度（T）/ 宽度（W）]：指定上墙线的中点

指定另一个角点或 [面积（A）/ 尺寸（D）/ 旋转（R）]：@40，-565

回车结束命令。

命令：COPY/CO

选择对象：选择矩形，单击右键结束当前命令

当前设置：复制模式 = 多个

指定基点或 [位移（D）/ 模式（O）]< 位移 >：指定矩形右上角点

指定第二个点或 [阵列（A）]< 使用第一个点作为位移 >：指定矩形左中点

指定第二个点或 [阵列（A）/ 退出（E）/ 放弃（U）]< 退出 >：回车结束命令

命令：MIRROR/MI

选择对象：指定对角点：找到两个

选择对象：单击右键结束当前选择

指定镜像线的第一点：指定墙线的左中点

指定镜像线的第二点：指定墙线的右中点

要删除源对象吗？ [是（Y）/ 否（N）]< 否 >：回车结束命令

如图 11-63 所示。

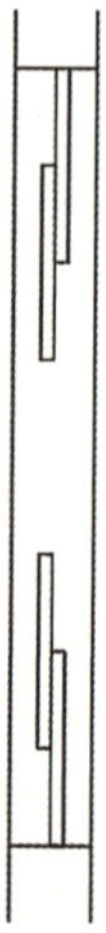

图 11-63

9. 厨房门

命令：Line/L

指定第一个点：指定厨房墙线左上角点

指定下一点或 [放弃（U）]：指定厨房墙线左下角点

回车结束命令。

命令：Line/L

指定第一个点：指定厨房墙线右上角点

指定下一点或 [放弃（U）]：指定厨房墙线右下角点

回车结束命令。

命令：RECTANG/REC

指定第一个角点或 [倒角（C）/ 标高（E）/ 圆角（F）/ 厚度（T）/ 宽度（W）]：指定上墙线的中点

指定另一个角点或 [面积（A）/ 尺寸（D）/ 旋转（R）]：@40，-515

回车结束命令。

命令：COPY/CO

选择对象：选择矩形，单击右键结束当前命令

当前设置：复制模式 = 多个

指定基点或 [位移（D）/ 模式（O）]< 位移 >：指定矩形右上角点

指定第二个点或 [阵列（A）]< 使用第一个点作为位移 >：指定矩形左中点

指定第二个点或 [阵列（A）/ 退出（E）/ 放弃（U）]< 退出 >：回车结束命令

命令：MIRROR/MI

选择对象：指定对角点：找到两个

选择对象：单击右键结束当前选择

指定镜像线的第一点：指定墙线的左中点

指定镜像线的第二点：指定墙线的右中点

要删除源对象吗？ [是（Y）/ 否（N）]< 否 >：回车结束命令

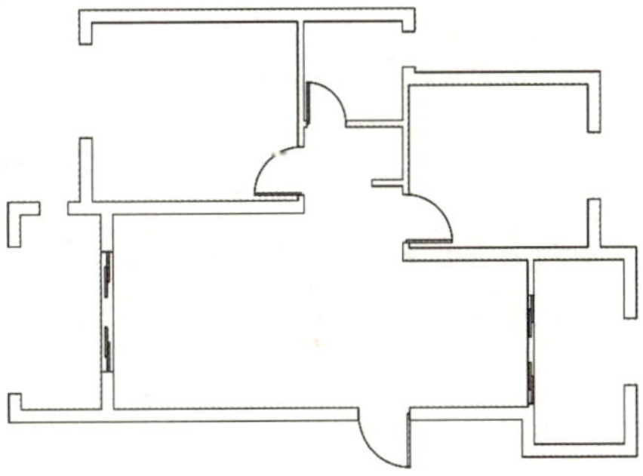

图 11-64

最终效果如图 11-64 所示。

2.8 画窗线

1. 设置“门窗”图层为当前层。

2. 绘制阳台窗户

命令：Mline/ML

当前设置：对正 = 无，比例 =1.00，样式 = 内墙线

指定起点或 [对正（J）/ 比例（S）/ 样式（ST）]：ST

输入多线样式名或 [？]：窗户

当前设置：对正 = 无，比例 =1.00，样式 = 窗户

指定起点或 [对正（J）/ 比例（S）/ 样式（ST)]：选择墙线下中点

指定下一点：选择墙线上中点

回车结束命令。

命令：Mline/ML

当前设置：对正 = 无，比例 =1.00，样式 = 窗户

指定起点或 [对正（J）/ 比例（S）/ 样式（ST)]：选择墙线左中点

指定下一点：选择墙线右中点

回车结束命令。如图 11–65 所示。

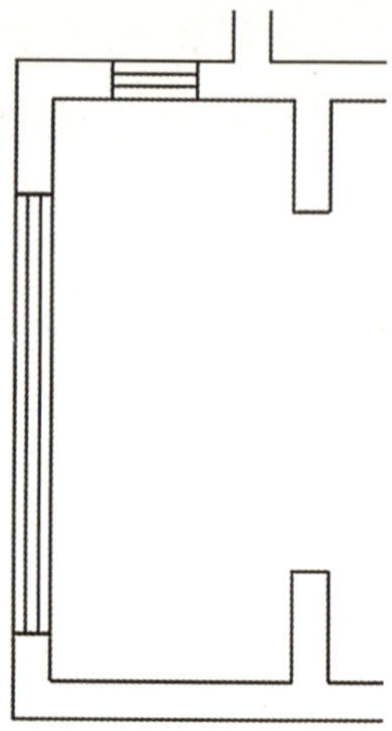

图 11-65

3. 其余窗线都可按照阳台窗线的绘制方式绘制。

4. 主卧室飘窗线

命令：Mline/ML

当前设置：对正 = 无，比例 =1.00，样式 = 窗线

指定起点或 [对正（J）/ 比例（S）/ 样式（ST）]：J

输入对正类型 [上（T）/ 无（Z）/ 下（B）]< 下 >：B

当前设置：对正 = 下，比例 =1.00，样式 = 飘窗

指定起点或 [对正（J）/ 比例（S）/ 样式（ST）]：ST

输入多线样式名或 [？]：飘窗

当前设置：对正 = 下，比例 =1.00，样式 = 飘窗

指定起点或 [对正（J)/ 比例（S)/ 样式 (ST)]: 选择墙线的左下角点

指定下一点：420（鼠标水平向左移动）

指定下一点或 [放弃（U）]：1760（鼠标水平向上移动）

指定下一点或 [闭合 (C)/ 放弃 (U)]: 选择墙线的左上角点

回车结束命令。

如图 11–66 所示。

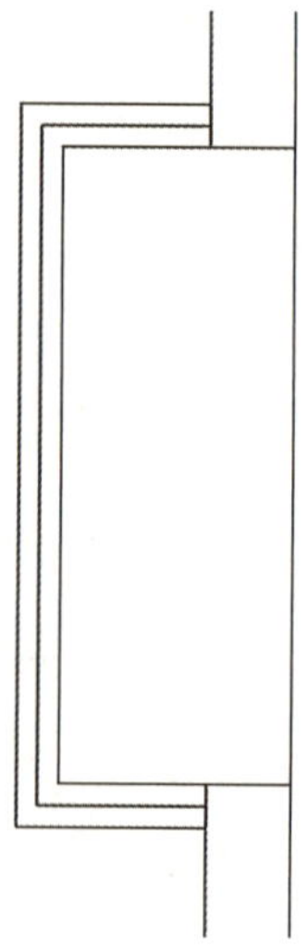

图 11-66

结构图最终效果如图 11–67 所示。

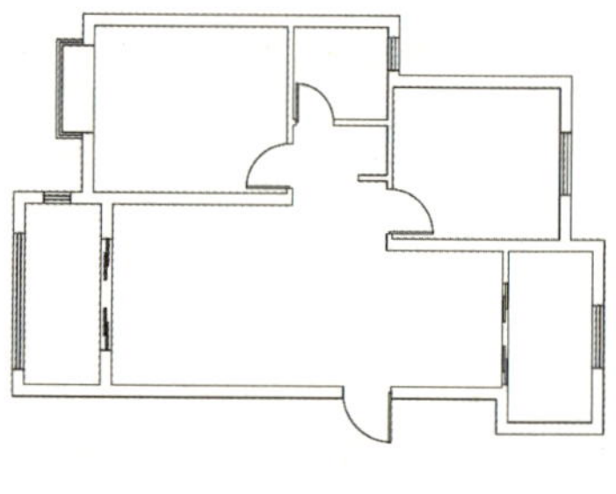

图 11-67

2.9 室内功能分区

1. 将“标注”图层设为当前图层。

2. 命令：Mtext/MT

当前文字样式：“说明文字”文字高度：100 注释性：否

指定第一角点：在主卧空间内任意单击一点

指定对角点或 [高度（H）/ 对正（J）/ 行距（L）/ 旋转（R）/ 样式（S）/ 宽度（W）/ 栏（C）]：点击第一点的对角点

弹出“多行文字”对话框，如图 11–68 所示。

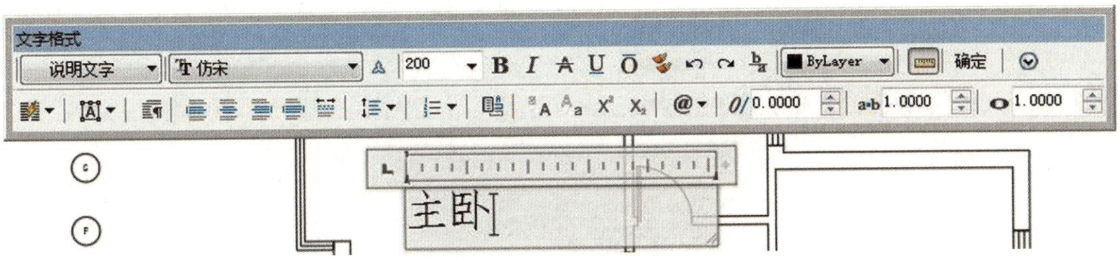

图 11–68

将“文字高度”改为 200，单击回车键执行，在文本框中输入“主卧”，点击“确定”按钮。

3. 命令：COPY/CO

选择对象：点击“主卧”文字

选择对象：单击鼠标右键结束当前命令

当前设置：复制模式 = 多个

指定基点或 [位移（D）/ 模式（O）]< 位移 >：在“主卧”文字处任意单击一点

指定第二个点或 [阵列（A）]< 使用第一个点作为位移 >：< 正交关 > 鼠标移动到次卧范围内中间部分单击一点

指定第二个点或 [阵列（A）/ 退出（E）/ 放弃（U）]< 退出 >：回车结束命令

4. 双击新复制的“主卧”文字，再次弹出“多行文字”对话框，在文本框中输入“次卧”，点击“确定”按钮。

5. 使用同样的方法将“客厅”“餐厅”“厨房”“过厅”“卫生间”“干区”“阳台”的文字放置好。如图 11–69 所示。

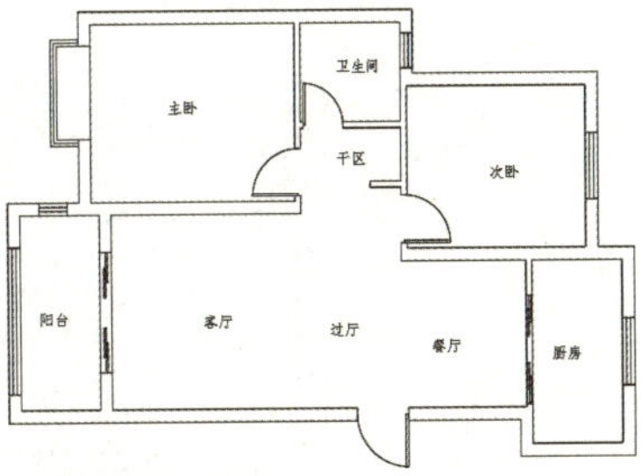

图 11–69

2.10 平面布局

1. 将“家具”图层设为当前图层。

2. 完成室内家具布局图。平面图内部设备的画法或尺寸请参见教材其他章节内容。

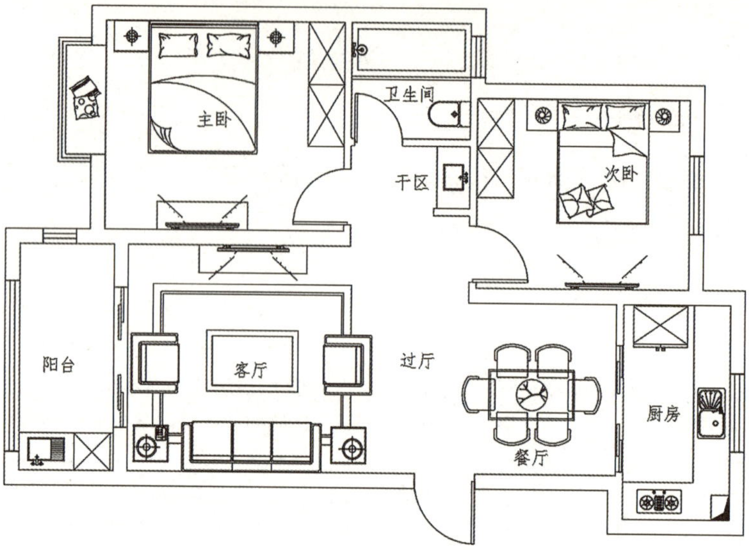

图 11-70

3. 完成后如图 11-70 所示。

2.11 尺寸标注

1. 将“标注”图层设为当前图层。

2. 在平面图外绘制一矩形，适当修短轴线，如图 11-71 所示。

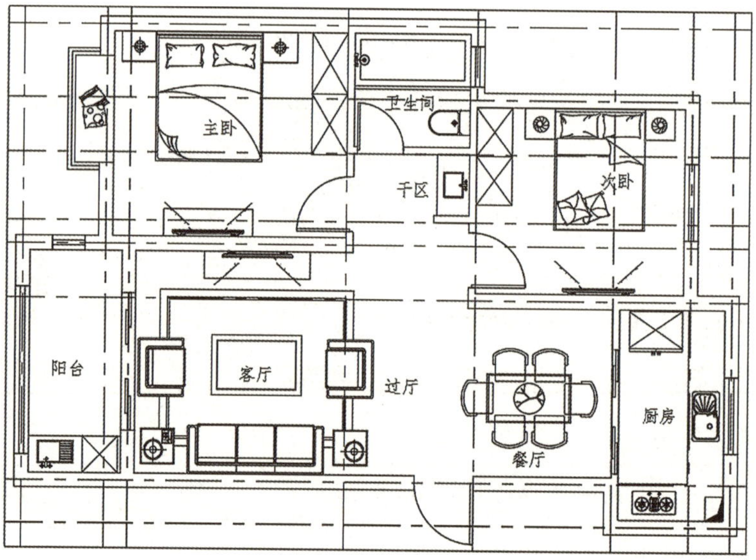

图 11-71

3. 删除矩形，从内至外绘制三道尺寸标注。分别为细部尺寸、定位尺寸、总尺寸。

4 首先标注细部尺寸。第一个尺寸用线性尺寸标注。

命令：DIMLINEAR/DLI

指定第一个尺寸界线原点或 < 选择对象 >：选择墙线左边

指定第二条尺寸界线原点：选择墙线右边

创建了无关联的标注。

指定尺寸线位置或

[多行文字（M）/ 文字（T）/ 角度（A）/ 水平（H）/ 垂直（V）/ 旋转（R）]：

标注文字 =240

5. 第二条尺寸开始用连续尺寸标注，如图 11-76 所示。

命令：dimcontinue

指定第二个尺寸界线原点或 [选择（S）/ 放弃（U）]< 选择 >：选择墙线端点

标注文字 =6580

指定第二个尺寸界线原点或 [选择（S）/ 放弃（U）]< 选择 >：选择墙线端点

标注文字 =1000

指定第二个尺寸界线原点或 [选择（S）/ 放弃（U）]< 选择 >：选择墙线端点

标注文字 =2180

指定第二个尺寸界线原点或 [选择（S）/ 放弃（U）]< 选择 >：选择墙线端点

标注文字 =2000

指定第二个尺寸界线原点或 [选择（S）/ 放弃（U）]< 选择 >：选择墙线端点

标注文字 =240

指定第二个尺寸界线原点或 [选择（S）/ 放弃（U）]< 选择 >：回车

选择连续标注：回车结束命令

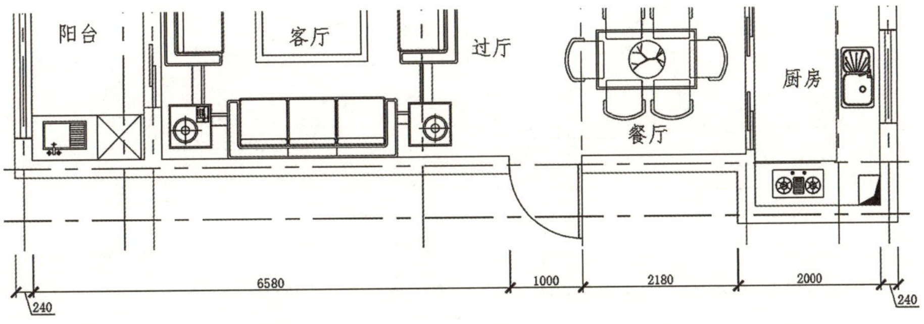

图 11-72

6. 第二道定位尺寸标注使用快速标注命令。

命令：QDIM

关联标注优先级 = 端点

选择要标注的几何图形：（用交叉窗口方式选择竖向轴线）指定对角点：找到 8 个

选择要标注的几何图形：单击鼠标右键

指定尺寸线位置或 [连续（C）/ 并列（S）/ 基线（B）/ 坐标（O）/ 半径（R）/ 直径（D）/ 基准点（P）/ 编辑（E）/ 设置（T）]< 连续 >：将定位尺寸标注放置与合适的位置

如图 11–73 所示。

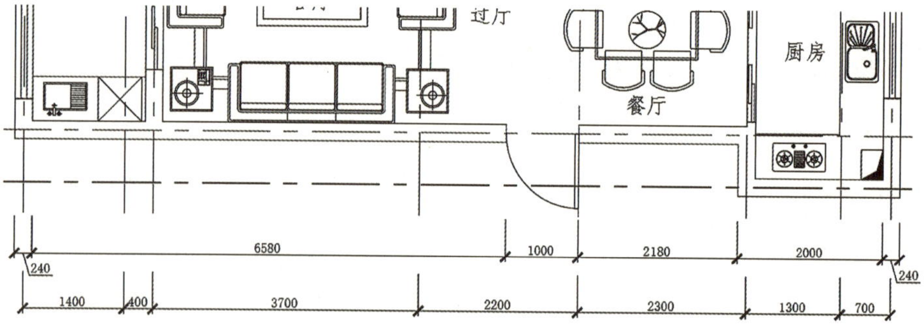

图 11–73

7. 第三道总尺寸使用线性尺寸标注命令。

命令：DIMLINEAR/DLI

指定第一个尺寸界线原点或 < 选择对象 >：选择 1 号轴线下端点

指定第二条尺寸界线原点：选择 8 号轴线下端点

指定尺寸线位置或 [多行文字（M）/ 文字（T）/ 角度（A）/ 水平（H）/ 垂直（V）/ 旋转（R）]：指定合适的为位置

标注文字 =12000

如图 11–74 所示。

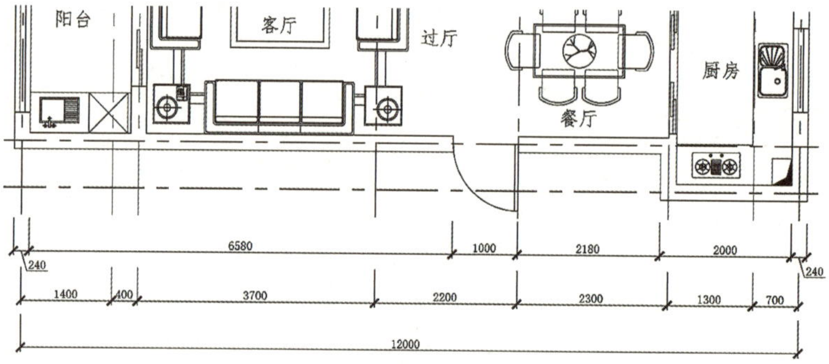

图 11–74

8. 平面图的左边、上边、右边用相同的方法也进行三道尺寸标注，效果如图 11–75 所示。

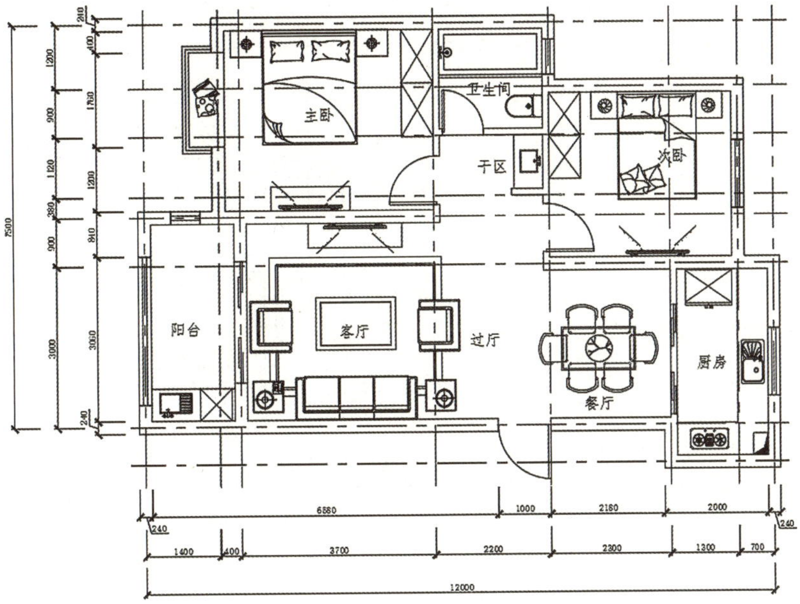

图 11–75

9. 平面图的上边、右边用相同的方法进行细部尺寸，效果如图 11–76 所示。

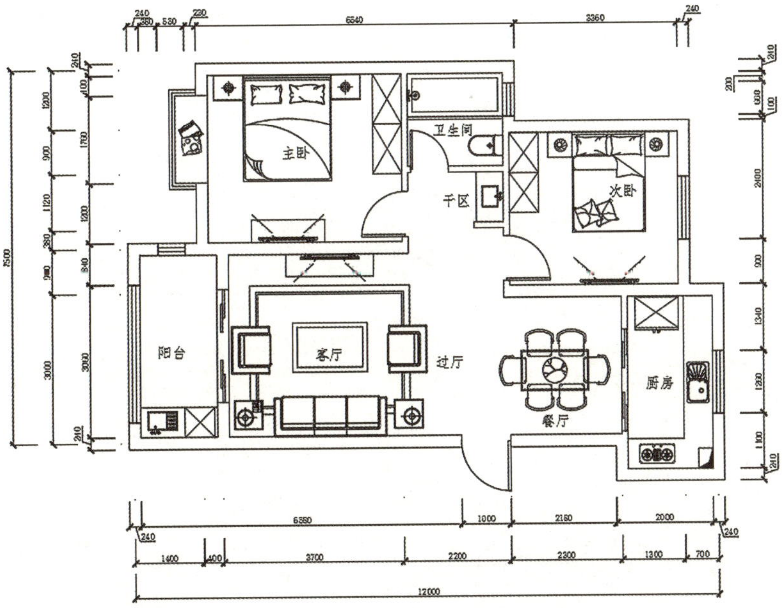

图 11–76

10. 标注必要的局部尺寸，如图 11-77 所示。

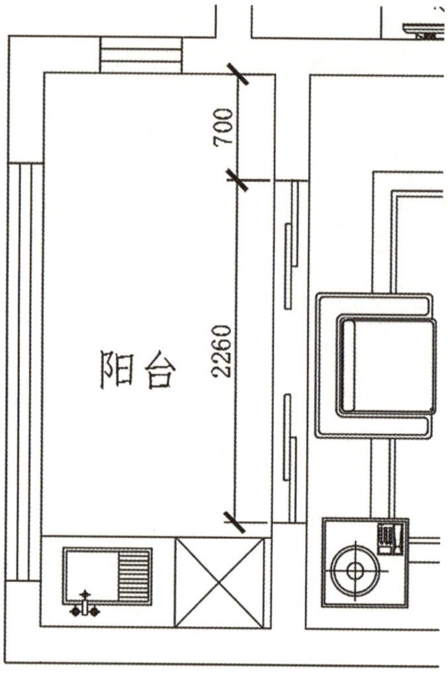

图 11-77

2.12 图名、比例注解

两居室平面布局图1：50

图 11-78

2.13 平面布局效果图

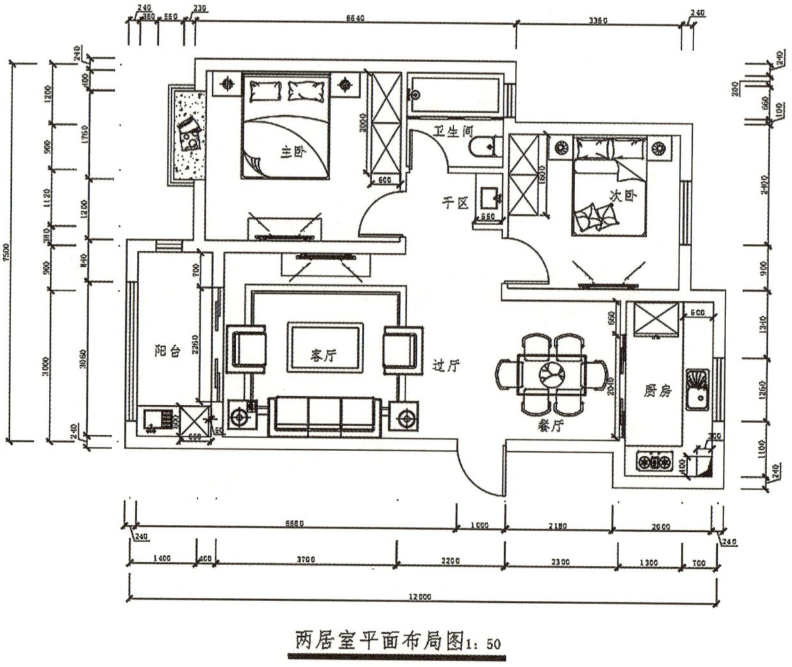

图 11-79

第十二章　图纸布局与打印

学习要点
1. 模型空间和图纸空间打印的页面设置
2. 模型空间的打印输出，图纸空间多比例和指定比例打印输出的方法
3. 发布图形集

1. 打印图形

用户绘制图形之后，就需要在打印机上输出图形，这是绘图工作最重要的组成部分之一。AutoCAD 的绘图窗口包含两种绘图环境：模型空间和图纸空间。图纸空间也称“布局”。在屏幕的左下方可以看到两种绘图环境的切换按钮，如图 12–1 所示。模型空间是默认的绘图环境，用于表示一个三维的空间，主要用来设计零件和图形的几何形状，设计者一般在模型空间完成其主要的设计构思，用于设计绘图；图纸空间代表图纸，专门用来进行出图，可以在上面排放图形，也就是最终打印出来的图纸。这两个空间都可以打印出图，并且在打印之前都必须进行页面设置。一般的简单图形可直接在模型空间打印出图；复杂二维图形需要多个局部视图或三维图形需多个视口表现时，可用图纸空间。

图 12–1

1.1 打印页面设置

页面设置就是对打印设备和其他影响最终输出外观以及格式的所有设置的集合。可以使用【页面设置管理器】将一个页面设置后取一个名称保存，这样就可以在以后随时调用，或者将这个命名的页面设置应用到多个布局中，也可以应用到其他的图形文件中。例如，在打印图形文件时，可以不进行打印页面设置，而是选择其他图形文件中已命名的页面设置，并将其应用

到当前图形中进行打印。这样直接调用已命名的页面设置，可以节约一些操作时间。

必须分别对模型空间和图纸空间进行打印页面设置，而且最终打印时，也只能使用自身的页面设置进行打印输出，模型空间无法选用图纸空间的页面设置进行打印；反之，图纸空间也无法选用模型空间的页面设置进行打印。

1. 在模型空间中创建新的页面设置

（1）打开一个图形文件（处于模型空间时），点击菜单命令【文件】—【页面设置管理器】，打开【页面设置管理器】对话框，如图 12–2 所示。当前布局显示置，为【模型】，这是默认的选项。

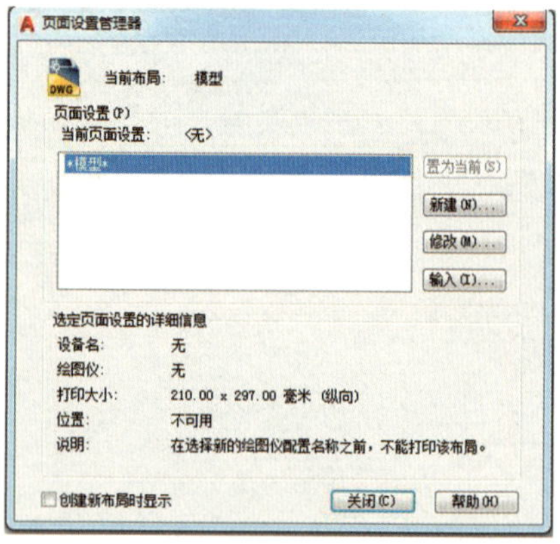

图 12–2

在页面设置列表中列出可应用于当前布局的页面设置，只包含一个“模型”页面设置名称，并处于选中状态，在下面显示的是选定页面设置的详细信息。

（2）点击【新建】按钮，打开【新建页面设置】对话框，如图 12–3 所示。

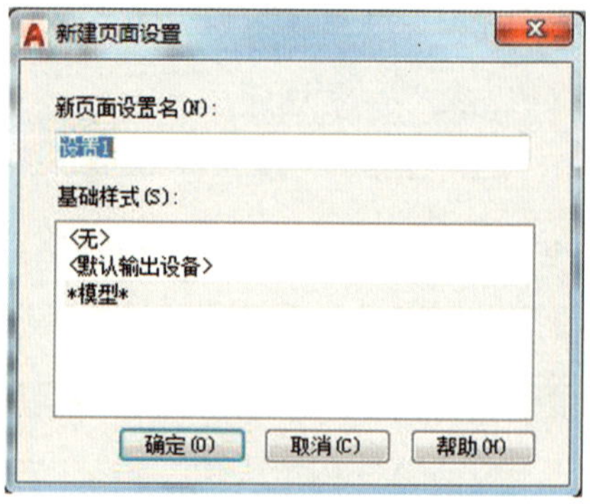

图 12–3

输入新建页面设置的名称为“设置 1”，并选择要使用的基础样式为“模型”。

【基础样式】：就是选择使用的基础页面设置。在选择一个基础样式名称之后，点击【确定】，将显示【新建页面设置】对话框，其中的参数与选择的基础样式相同，用户只需要对一些有差别的项目进行修改。

“无”：新建页面设置不使用任何基础页面设置。

“默认输出设备”：指定将【选项】对话框的【打印和发布】选项卡中指定的默认输出设备设置为【新建页面设置】的打印机。

如果前面进行过打印，则有【上一次打印】选项，指定新建页面设置使用上一个打印作业中指定的设置。

“模型”：“模型”是系统提供的默认页面设置名称。选择该项，新建的页面设置各项参数都将使用与其相同的设置，然后在此基础上进行修改。

（3）点击【确定】按钮，打开【页面设置】对话框，如图 12–4 所示。

（4）在【打印机 / 绘图仪】栏下，点击【名称】右侧的三角形下拉按钮，在弹出的列表中选择打印机或者绘图仪名称。

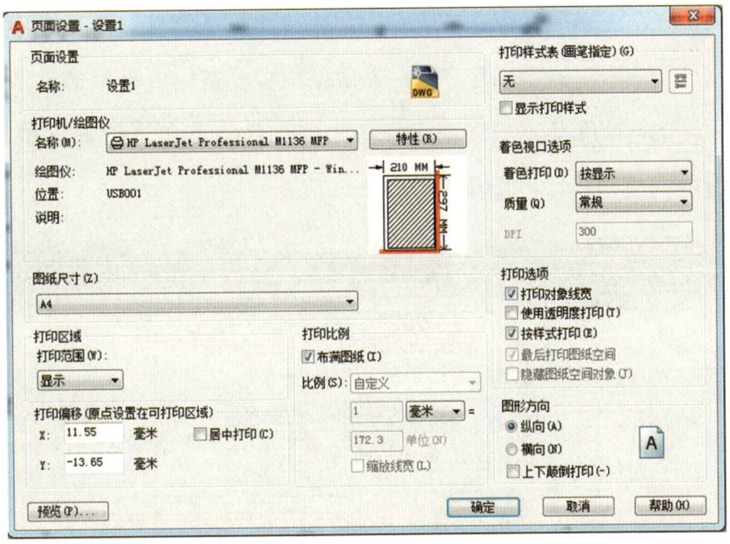

图 12-4

在选择打印设备之后，点击右侧的【特性】按钮，打开【特性】对话框，从中可以查看有关该设备名称和位置的详细信息，并可以修改设备的配置。

（5）在【图纸尺寸】栏下，点击三角形下拉按钮，在弹出的列表中选择图纸尺寸。

列表中可选择的图纸尺寸由当前所选的打印设备决定。如果配置绘图仪进行光栅输出，则必须按像素指定打印机，如果使用系统打印机，则图纸尺寸由 Windows 控制面板中的默认纸张设置决定。

（6）当选择一个打印图纸尺寸后，上面的局部预览图会精确显示图纸尺寸，如图 12-5 所示，其中的阴影区域是有效打印区域。

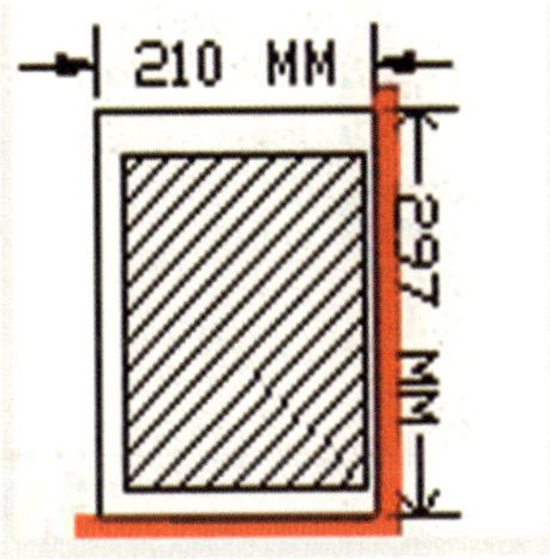

图 12-5

（7）在【打印区域】栏下，点击【打印范围】框右侧的三角形下拉按钮，弹出列表，如图 12-6 所示。

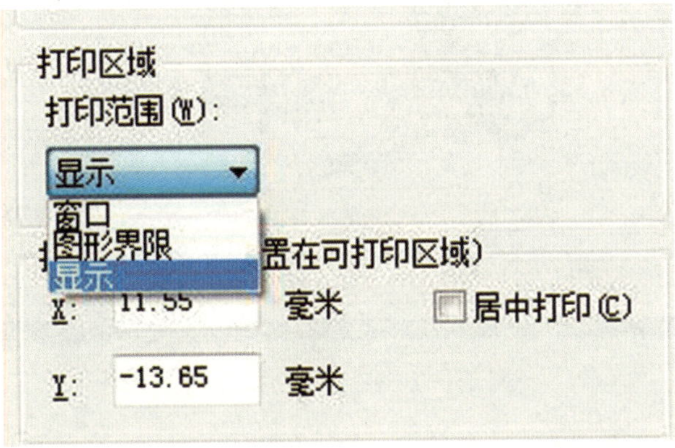

图 12-6

（8）选择打印范围为【窗口】，点击【确定】按钮，暂时关闭对话框，在界面的命令行中提示："指定第一个角点"，在视图中点击确定第一个角点位置，或输入坐标值。

命令行提示："指定对角点"，在视图中点击确定另一个角点位置，拉出一个矩形线框，如图 12-7 所示。线框内就是打印的范围。

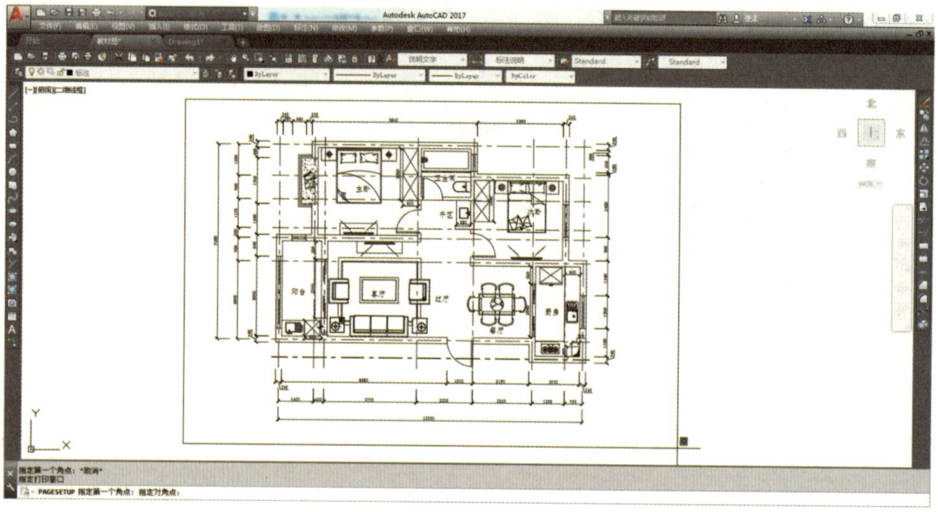

图 12-7

（9）此时重新打开对话框，在"打印区域"栏中增加一个【窗口】按钮，如图 12-8 所示。

图 12-8

（10）点击【窗口】按钮，在视图会看到打印区域以视图背景颜色显示，而其他非打印区域，会以灰色显示，如图 12-9 所示。

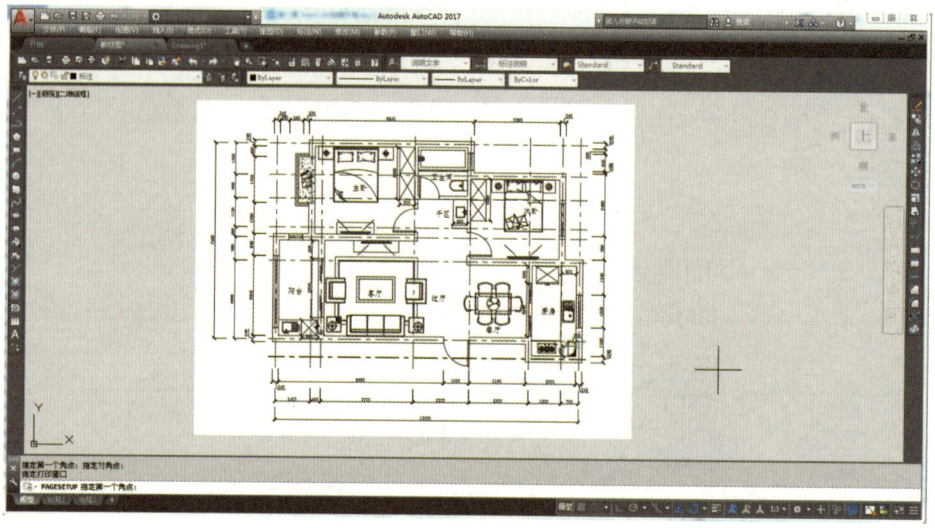

图 12-9

（11）在视图中点击并拖拽鼠标拖拉出一个新的矩形线框，线框内就是新的打印区域。

（12）新的打印区域设置完成之后，会重新打开对话框，在【打印区域】栏中点击三角形下拉按钮，在下拉列表中还可以重新选择打印范围为“范围”。

（13）选择【范围】选项之后，将打印图形中的所有对象。点击对话框左下角的【预览】按钮，打开预览窗口，其中显示的图形就是最终打印的外观效果，如图 12–10 所示。

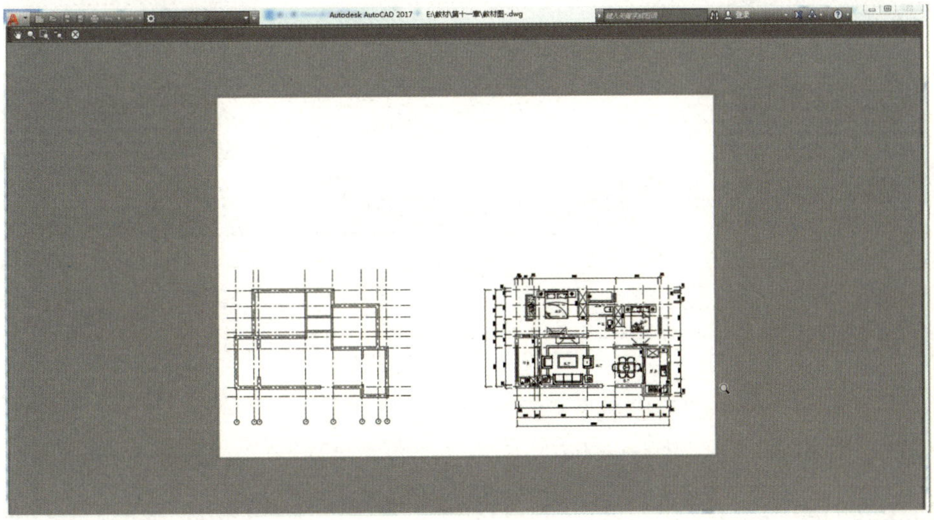

图 12-10

选择【范围】选项，能够打印当前空间内的所有几何图形，无论它们是否显示在视图中。一般情况下，我们会在视图中放大显示观察某一个对象，此时模型空间内的图形并没有全部显示在视图中，因此选择“范围”作为打印区域，可以保证将空间内所有的对象都打印出来。

预览窗口上端提供的工具栏包括【平移】按钮、【缩放】按钮、【缩放窗口】按钮、【缩放为原窗口】按钮和【关闭】按钮。

（14）点击【关闭】按钮（也可用右键退出），退出预览并返回到【页面设置】对话框。

（15）在【打印区域】栏中点击三角形下拉按钮，在下拉列表中还可以重新选择打印范围为【图形界限】。

（16）点击【预览】按钮，在预览窗口中检查最终打印的外观效果，如图 12–11 所示。

可以看到只打印了视图中的一部分图形对象。

这是因为选择的【图形界限】是要系统只打印栅格界限定义的图形区域，栅格界限以外的区域不打印。

栅格区域的界限是可以改变的，使用菜单命令【格式】→【图形界限】，设置了图形界限之后，栅格就会显示在该界限内。

如果在【布局】选项卡中显示一个矩形虚线框，虚线就是图形的界线。

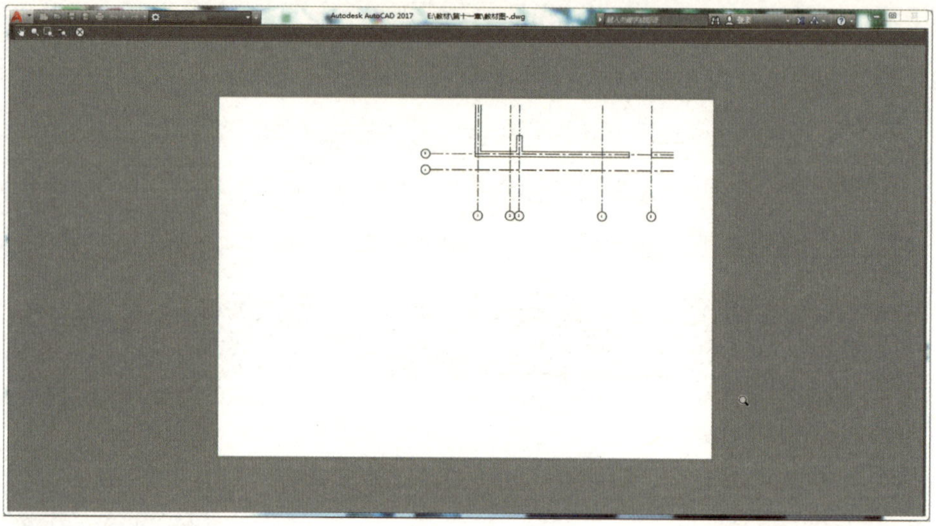

图 12-11

（17）点击【关闭预览窗口】按钮，退出预览并返回到【页面设置】对话框。

（18）在【打印区域】项目下点击三角形下拉按钮，在下拉列表中还可以重新选择打印范围为“显示”，即设置打印区域为绘图窗口中显示的所有对象，没有显示的对象将不打印。

（19）在【打印偏移】栏中勾选【居中打印】，点击【预览】按钮，在预览窗口中检查最终打印的外观效果，如图 12-12 所示。此图也是选中了【范围】的打印效果，勾选【居中打印】后，与图 12-10 相比较，图形已居中放置。

勾选【居中打印】，系统会自动计算 X 偏移值和 Y 偏移值，在图纸上将指定的打印区域放置在图纸的中间位置进行打印。

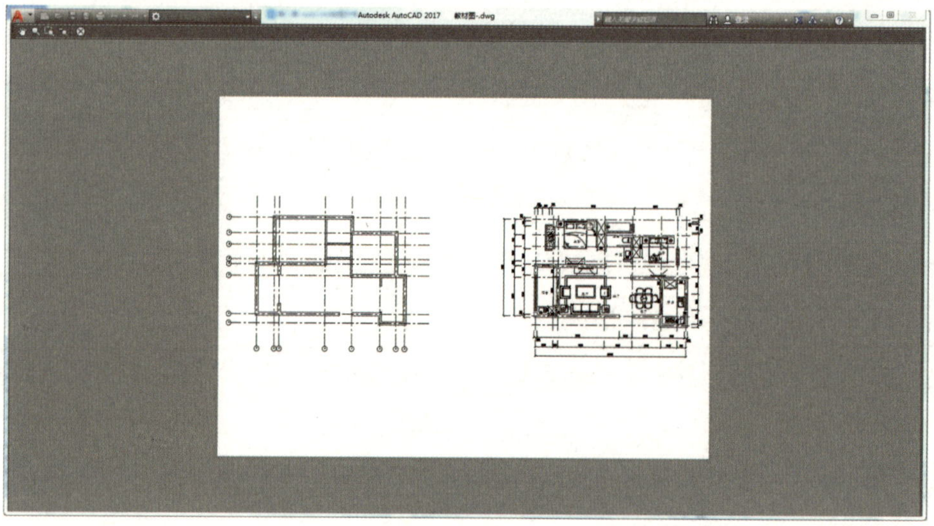

图 12-12

（20）点击右键，选【退出】，退出预览并返回到【页面设置】对话框。

（21）在【打印偏移】项目下，取消【居中打印】的勾选，输入 X 轴偏移“100”，Y 轴移偏值为“50”。

（22）点击【预览】按钮，在预览窗口中检查最终打印的外观效果，如图 12–13 所示。由于输入了较大的 X 和 Y 偏移数值，选择的打印区域有一部分超出了图纸范围，因此被裁剪掉了。

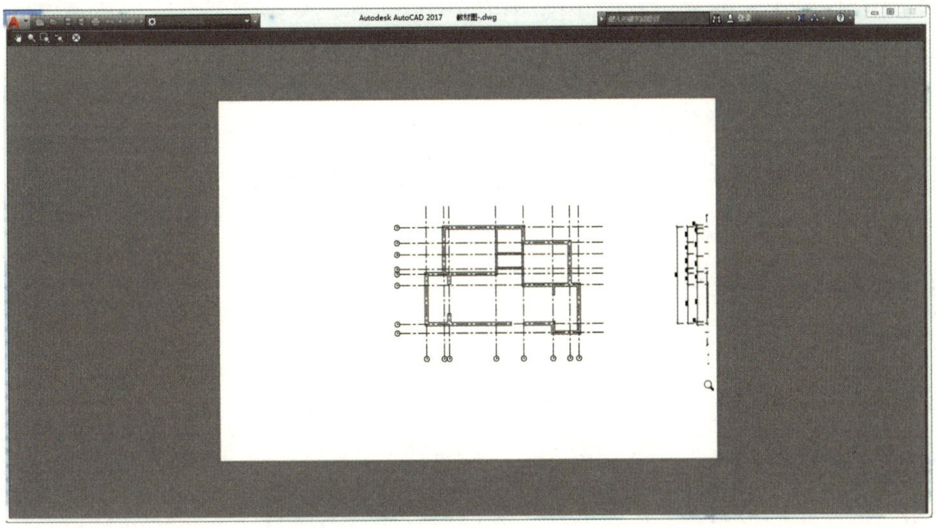

图 12–13

注意：

打印偏移值 X 和 Y，可以输入正值或负值。

X 和 Y 是指定打印区域从图纸左下角位置的偏移值。X=100，表示打印区域从图纸左下角的位置向右移动 100mm；Y=50，表示打印区域从图纸左下角的位置向上移动 50mm。

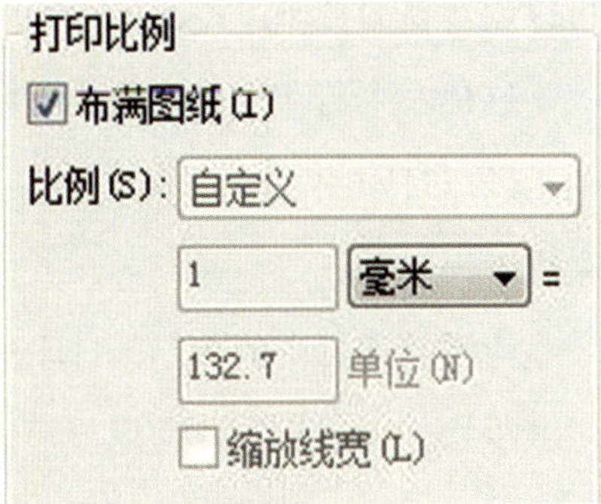

图 12–14

（23）退出预览并返回到【页面设置】对话框，勾选【居中打印】。

（24）在【打印比例】项目下，默认为勾选【布满图纸】，此时系统会缩放打印图形将其布满所选图纸尺寸，同时下面会显示出缩放的比例因子，如图 12–14 所示（比例因子为 66.13）。

注意：

如果取消了“布满图纸”的勾选，则可以点击“比例”右侧的三角下拉按钮，在弹出的列表中选择一个比例，或输入比例。

“英寸（毫米、像素）= 单位”，用于设置图纸中的英寸数、毫米数或像素数等于多少绘图单位。英寸（毫米、像素）是指图纸上的尺寸单位，单位是指在模型空间中的绘制尺寸单位。

例如：以毫米为单位绘制的图，打印设置是 1mm=1 图形单位时，就是指图纸上打印的 1mm 等于模型空间中绘制的 1mm，打印出来的图纸比例就是 1：1，属于不进行放大、缩小的打印。以毫米为单位绘制的图，打印设置为 2mm=1000 图形单位时，打印出来的图纸比例是 1：1000，是缩小打印，即图纸中打印出来的 1mm 等于模型空间中绘制的 1000mm 的长度。将图形缩小至 1/1000 倍打印在图纸上。通常，我们在模型空间中以实际尺寸绘制图形，如建筑图纸，在打印时缩小一定的比例，使图形能够打印在很小的一张图纸上；有时机械零件很小，就需要放大比例，以 2：1 或更高的比例将图形放大打印出来。

【缩放线宽】选项只在【布局】选项卡中进行页面设置时才有效。勾选时，将与打印比例成正比缩放线宽。

（25）在对话框的【打印样式表】栏下，点击三角形下拉按钮，在下拉列表中选择打印样式表名称。

一般情况下由于我们使用的是黑白打印机，因此应当选择一个黑白打印样式“monochrome.ctb”，如图 12-15 所示。

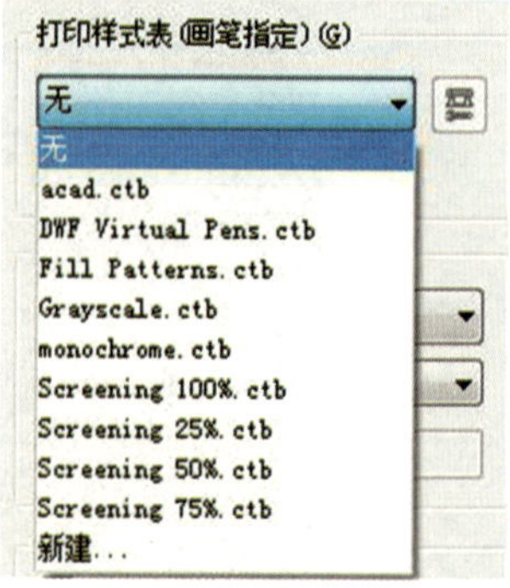

图 12-15

如果用户的打印机是黑白的，而选择了彩色的打印样式或者没有选择打印样式，打印机会将彩转化为灰色，那么打印出来的图形颜色虽然是黑色，但会有深有浅，效果就会模糊。

打印样式表是指定给布局选项卡或模型选项卡的打印样式的集合。与线型和颜色一样，打印样式表也是对象特性。可以将打印样式指定给对象或图层。打印样式控制对象的打印特性。可以创建新的打印样式表，或修改现有的打印样式表。

选择一个打印样式之后；可以点击右侧的编辑按钮，打开对话框，如图 12-16 所示，显示的是黑白打印颜色块，样式“monochrome. ctb”，点击列表中的任意颜色块，右侧的特征颜色都会设置为黑色。

为了打印黑白的图形，打印样式表中的每一种打印格式都必须将打印颜色更改为黑色。为了减少操作，AutoCAD 为用户提供了用于 monochrome.ctb 的文件，这两个文件都是黑白打印的打印样式，用户不需要再去更改打印样式表中的内容，只需要选中它就行了。

如果选择一个彩色打印样式表，如选择“acad.ctb”，点击右侧的“编辑”按钮，打开对话框，如图 12-17 所示，点击列表中的任意颜色块，右侧的特征颜色显示为“使用对象颜色”。

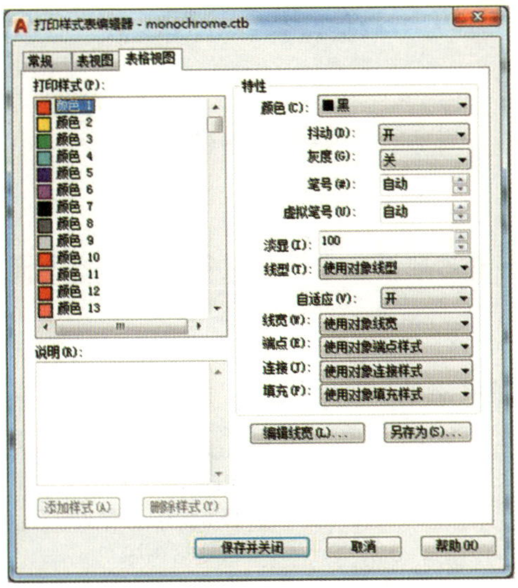

图 12-16

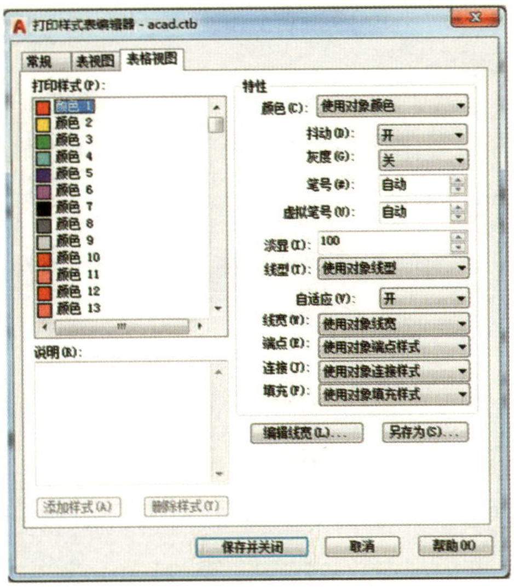

图 12-17

（26）回到【页面设置】对话框。

（27）在【着色视口选项】栏下，选择【着色打印】方式“按显示”，如图 12–18 所示。【质量】方式选择“常规”，如图 12–19 所示。

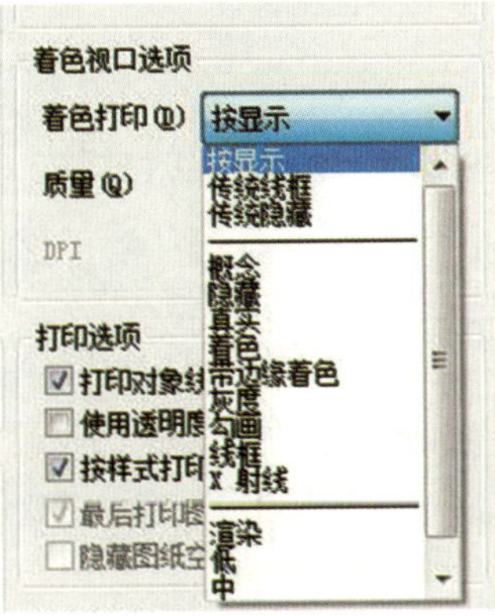

图 12–18

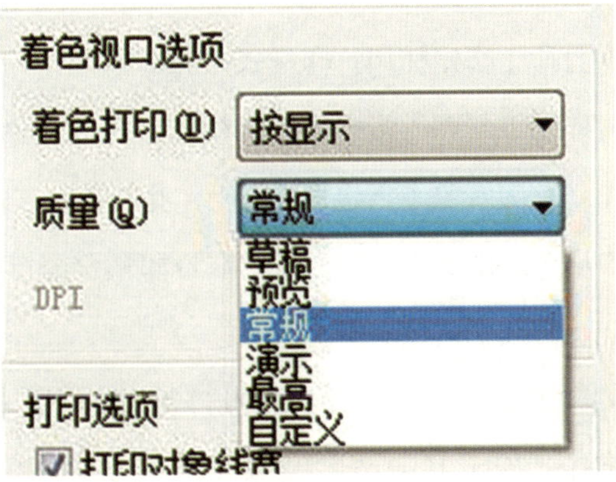

图 12–19

注意：

着色打印用于指定视图的打印方式，

按显示　按对象在屏幕上的显示方式打印。

传统线框　不考虑图形在屏幕上的显示方式，全部以线框方式打印对象。

传统隐藏　打印对象时消除隐藏线，不考虑其在屏幕上的显示方式。

渲染　按渲染的方式打印对象，不考虑其在屏幕上的显示方式。

质量　指定着色和渲染视口的打印分辨率。

草稿　将渲染和着色模型空间视图设置为线框打印。

预览 将渲染模型和着色模型空间视图的打印分辨率设置为当前设备分辨率的四分之一，最大值为“150dpi”。

常规 将渲染模型和着色模型空间视图的打印分辨率设置为当前设备分辨率的二分之一，最大值为“300dpi”。

演示 将渲染模型和着色模型空间视图的打印分辨率设置为当前设备的分辨率，最大值为“600dpi”。

最高 将渲染模型和着色模型空间视图的打印分辨率设置为当前设备的分辨率，无最大值。

自定义 将渲染模型和着色模型空间视图的打印分辨率设置为“DPI”框中指定的分辨率设置，最大可为当前设备的分辨率。

（28）在【打印选项】栏下，根据需要选择一种打印方式，默认状态下勾选【按样式打印】，如图 12-20 所示。

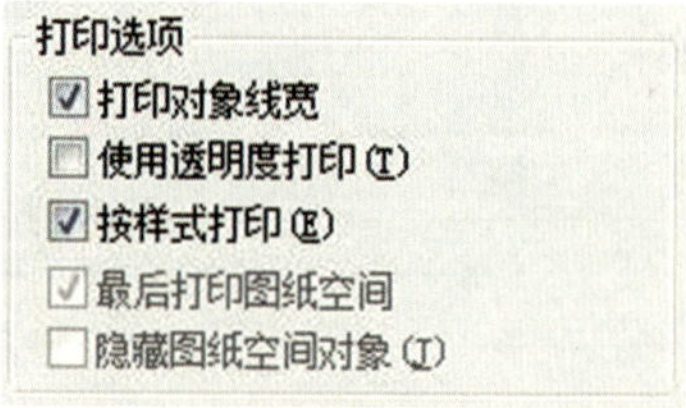

图 12-20

选项含义：

【打印对象线宽】勾选该项将以对象或图层指定的线宽打印对象。

【使用透明度打印】勾选该项可以设置成透明的填充。

【按样式打印】指定使用打印样式来打印图形。

【最后打印图纸空间】指定先打印模型空间的对象，后打印图纸空间的对象。

【隐藏图纸空间对象】指定 HIDE 操作是否应用于图纸空间视口中的对象。此选项仅在【布局】选项卡中可用。该设置效果会显示在打印预览窗口中，但不会显示在【布局】选项卡中。

（29）在【图形方向】项目下，选择打印的方向为【横向】或【纵向】，如图 12-21 所示。如选择【纵向】，使图纸的短边位于图形页面的顶部。

图 12-21

要将图形旋转 180°，先选择【纵向】或【横向】，然后选择【上下颠倒打印】，即可上下颠倒地将图形放置在图纸上并打印出图。

（30）至此页面设置完成，点击【确定】按钮，关闭【页面设置】对话框。

（31）在【页面设置管理器】话框中，刚才新建的“设置 1”页面设置名称显示在列表中，点击它，再点击【置为当前】按钮，如图 12-22 所示。

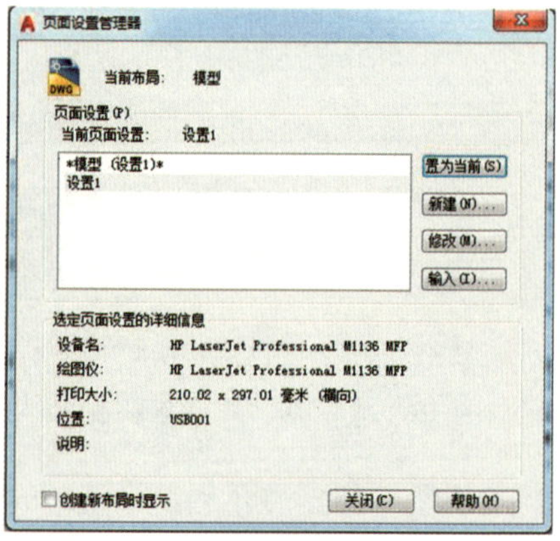

图 12-22

（32）点击【关闭】按钮，结束新建页面设置工作。

2. 页面设置的不同文件互用

（1）打开新文件，打开【页面设置管理器】对话框，如图 12–2 所示。

（2）点击【 】输入（I）…] 按钮，出现【从文件选择页面设置】对话框，如图 12–23 所示。

（3）从对话框中选择一个已进行了的页面设置，并且符合当前文件想要的页面设置要求的文件，按【打开】按钮，出现如图 12–24 所示的【输入页面设置】对话框。

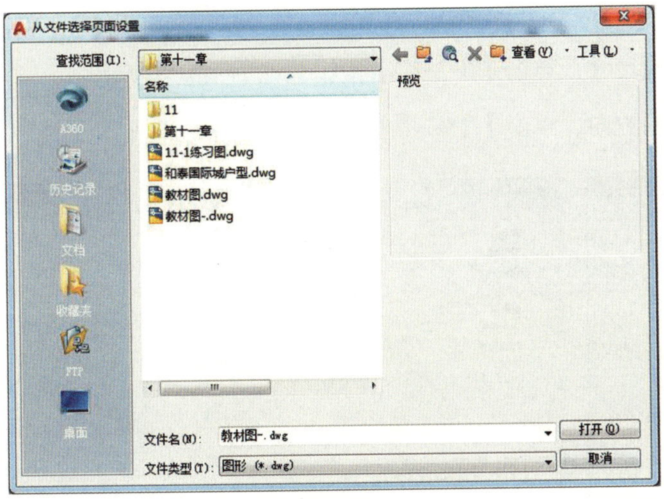

图 12–23

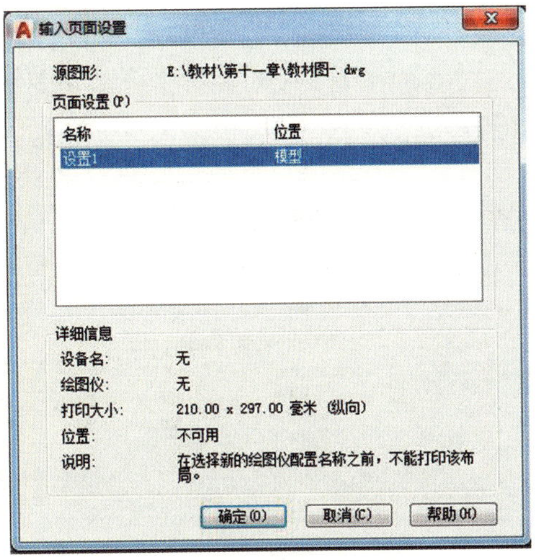

图 12–24

（4）选中需要的页面设置，比如此例中的“设置 1”，按【确定】。

（5）回到【页面设置管理器】，可见到“设置 1”已进入当前文件。与 12–22 完全一样。

（6）将“设置 1”设置为【置为当前】，关闭对话框，完成设置。

3. 在图纸空间中创建新的页面设置

在绘图窗口底部点击【布局】选项卡，进入图纸空间，在图纸空间中创建新的页面设置，与前一节的方法和设置内容基本相同。下面我们讲解创建一个新的【布局】选项卡，并在创建【布局】选项卡的同时，创建其应用的页面设置。

（1）打开一个图形文件，建立新层“BK”。以“BK" 为当前层。

（2）选择菜单命令【插入】→【布局】→【创建布局向导】，打开对话框，输入布局的名称“平面图”，点击【下一步】按钮，如图 12–25 所示。

（3）在【创建布局—打印机】面板中选择打印机名称，点击【下一步】按钮，如图 12–26 所示。

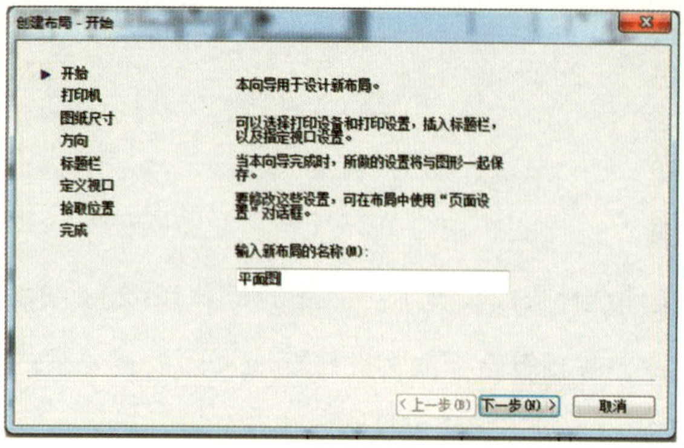

图 12-25

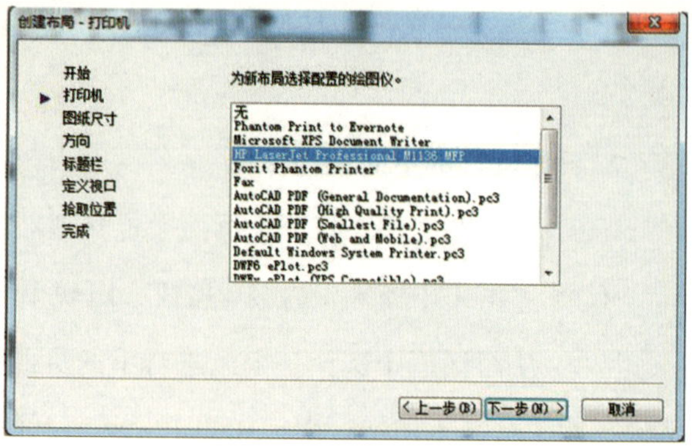

图 12-26

（4）在下一个对话框中，选择图纸的尺寸，点击【下一步】按钮，如图 12–27 所示。

（5）在下一个对话框中，选择图纸的方向，点击【下一步】按钮，如图 12–28 所示。

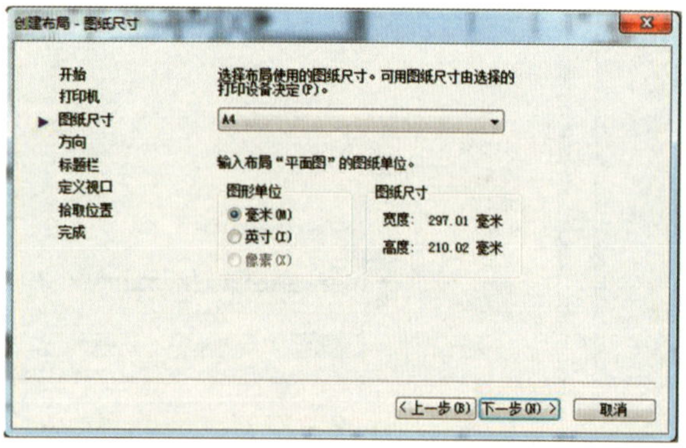

图 12–27

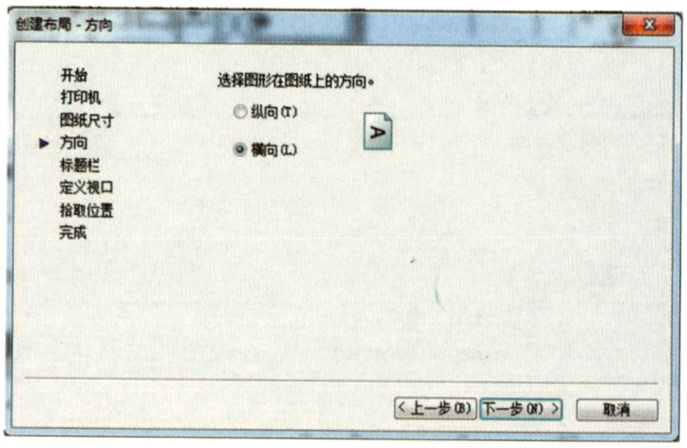

图 12–28

（6）在下一个对话框中，选择图纸的标题栏，可以选择系统提供的标题栏，也可以由用户自己定制，用块的形式插入，如果直接打印在有标题栏的工程图纸上，也可选择“无”，点击【下一步】按钮。

（7）在下一个对话框中，选择图纸空间中有几个视口，以及视口的比例，按默认选项，点击【下一步】按钮。

（8）在下一个对话框中，点击【拾取位置】按钮，如图 12–29 所示。

在视图中点击并拖拽出一个矩形框，点击鼠标左键，一个视口创建完成。

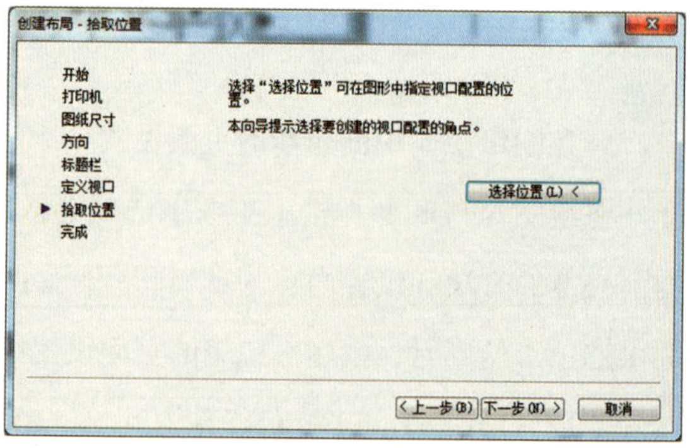

图 12–29

（9）在对话框中点击【完成】按钮，如图 12–30 所示。

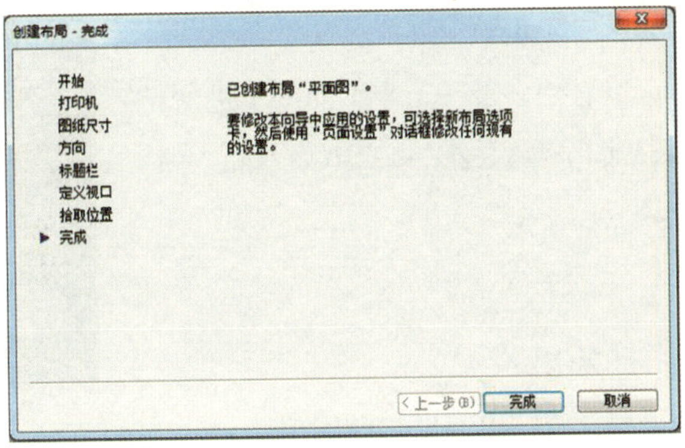

图 12-30

（10）一个新的平面图布局布局显示在视图中，如图 12-31 所示。

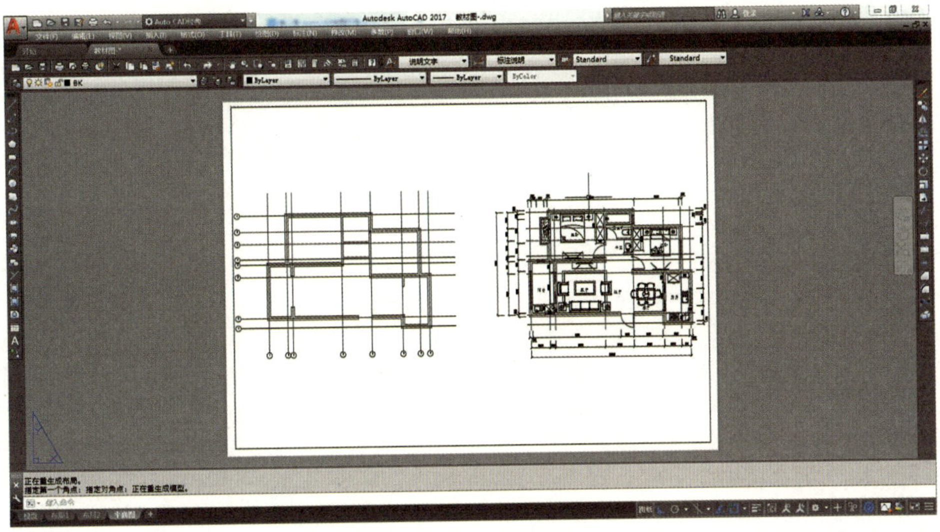

图 12-31

（11）以“0”层为当前层，冻结“BK”层，隐藏了拖拽出的矩形，如图 12-32 所示。

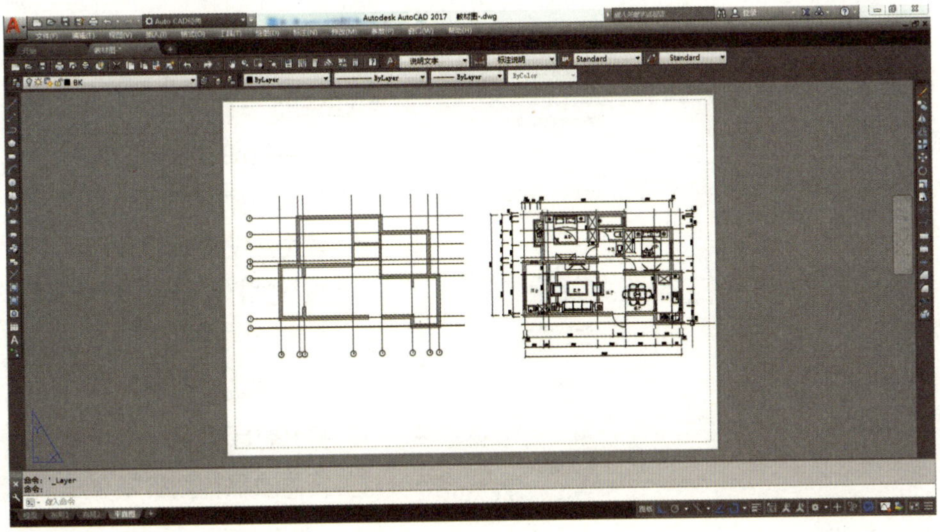

图 12-32

（12）下面可以开始在平面图布局中标注尺寸了。

（13）在绘图区下方可以看到多了一个【平面图】进项，如图 12–33 所示。而且图纸空间的坐标显示也与模型空间不同，是一个三角形，如图 12–33 左边所示。

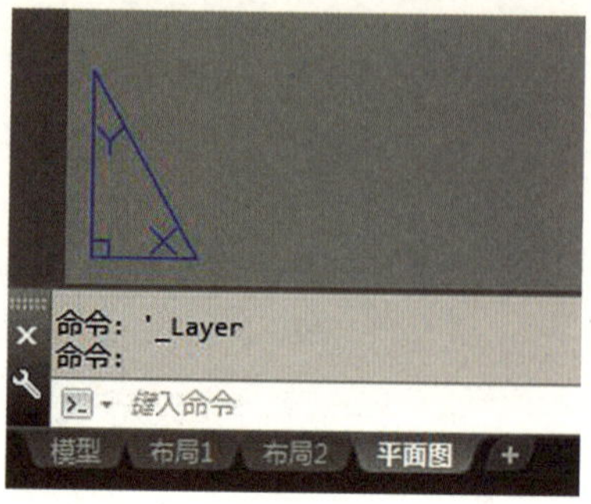

图 12–33

1.2 在模型空间中打印输出

在打印页面设置完成之后，就可以开始打印图形了。

1. 命令格式

（1）下拉式菜单：【文件】→【打印】。

（2）命令行：命令：PLOT。

（3）工具栏：在默认界面上方的标准工具栏内，点击打印按钮。

2. 操作步骤

（1）输入命令后，打开【打印】对话框，默认情况下，对话框中隐藏了部分内容，点击右下角的更多按钮打开对话框全部内容，会发现【打印】对话框与【页面设置】对话框基本相同，如图 12–34 所示。

在打印的页面设置名称中已经选择前面创建的“设置 1”样式，用户可以继续对这个页面设置进行修改，或者点击【添加】按钮，创建新的页面设置样式。

（2）【打印】对话框中比【页面设置】对话框增加了【打开打印戳记】和【将修改保存到布局】两个选项。勾选【打开打印戳记】，右侧显示出【打印戳记设置】按钮，如图 12–35 所示。

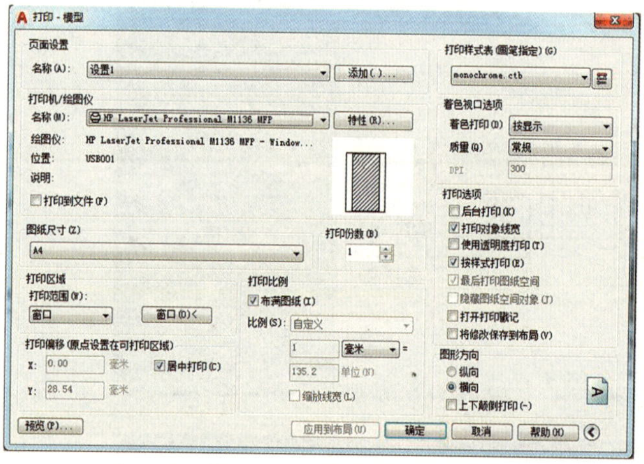

图 12–34

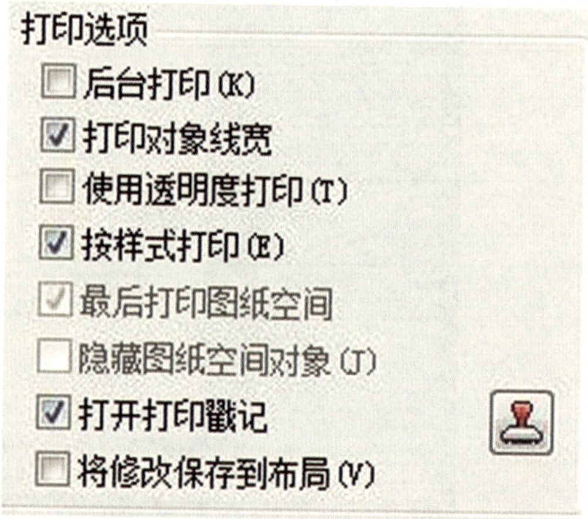

图 12–35

打印戳记，就是在每个图形的指定角点处放置打印戳记或将戳记记录到文件中。

（3）点击【打印戳记设置】按钮，打开【打印戳记】对话框如图 12-36 所示。选择【打印戳记】中包含的信息项目，例如图形名称、日期和时间、打印比例等。

在【用户定义的字段】中提供打印时可选作打印、记录或既打印又记录的文字。例如，用户可能在一个列中列出介质类型或价格，而在另一个列表中列出工作名。如果用户定义值设为 < 无 >，则不打印用户定义信息。

点击【添加 / 编辑】按钮，显示【用户定义的字段】对话框，从中可以添加、编辑或删除用户定义的字段。

（4）点击【高级】按钮，打开【高级选项】对话框，如图 12-37 所示，设置打印戳记的位置和字体、大小等，点击【确定】按钮。

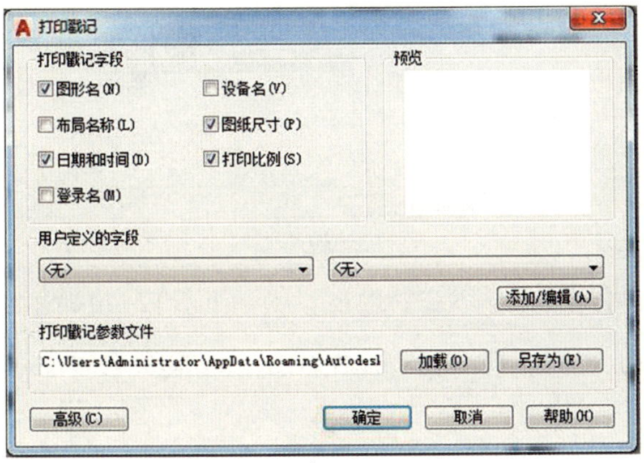

图 12-36

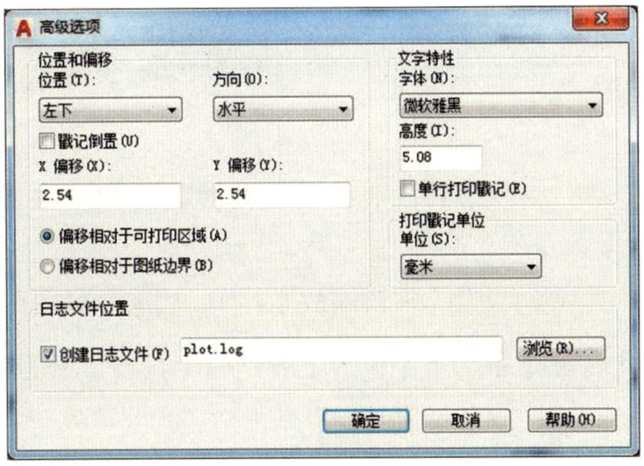

图 12-37

（5）在【打印】对话框中，点击【确定】按钮，打印出图，则图纸的下方会有打印戳记。

1.3 在图纸空间中多比例打印输出

图纸空间中的打印方法与模型空间中的打印方法基本相同，下面讲述在图纸空间中多视口多比例打印输出的方法。

一般情况下用户在模型空间绘制图形时使用的是真实尺寸，如果是一张建筑图，在进行标注时，会发现标注尺寸的文字和箭头都很小，看不清楚。这是由于图形的尺寸非常大，标注的尺寸与图形相比太小了。因此，就必须将标注尺寸的全局比例设置大一些，使其与图形相适合。但用户在图纸空间中打印时，会在图纸上创建多个视口，并且各视口会以不同的比例显示图形，这时模型空间中创建的尺寸标注，也会因为视口的比例不同，使标注显示的比例产生大小差异，导致打印出来的一张图纸中有多种标注尺寸。为了使一张图纸中的尺寸标注相同，就不应当在模型空间中创建标注，而应当在【布局】选项卡中测量并标注尺寸。

（1）打开图形文件，点击【平面图】选项卡，进入图纸空间，如图 12-31 所示。

打开“BK”图层（是视口线框所在图层），默认情况下布局选项卡中会有一个视口，在页面中虚线表示实际可打印区域，也就是图形界限。

（2）点击视口线框，线框显示出点，点击下面夹点，该夹点呈红色显示，向上拖拽夹点并点击，缩小视口尺寸，如图 12-38 所示。

（3）选择菜单命令【视图】→【视口】→【一个视口】，在图纸上点击并拖拽出一个线框，点击鼠标左键，即可创建个新的视口，如图 12-39 所示。

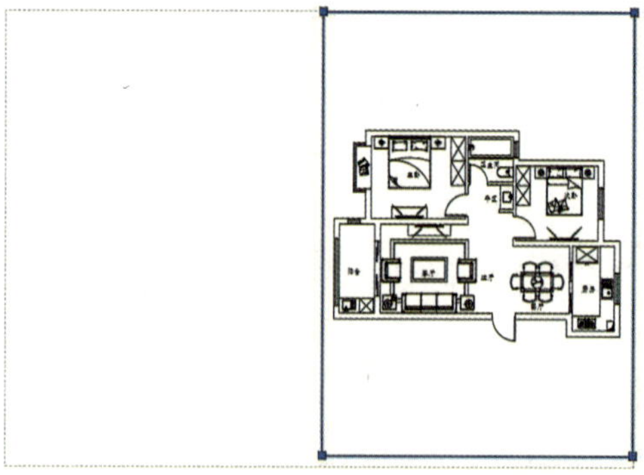
图 12-38

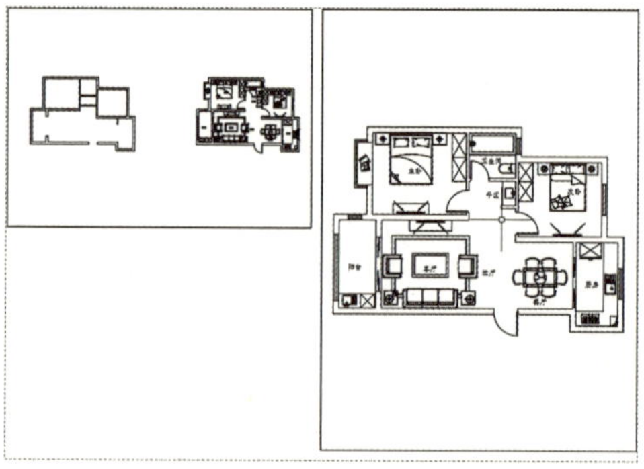
图 12-39

（4）使用【窗口缩放】工具，框选窗口图形，将其放大显示在新建视口中，如图 12-40 所示。此时在【布局】选项卡上看到两个视口，并且由于它们的视图显示比例不同，在模型空间中创建的标注尺寸也不同。

（5）选择菜单命令【标注】→【标注样式】，在打开的面板中选择样式名称，点击【修改】按钮，在打开的修改面板中点击【调整】选项卡，在【标注特征比例】栏下，勾选【将标注缩放到布局】，点击【确定】。此时就会根据当前模型空间视口和图纸空间之间的比例确定比例因子。

（6）在两个视口之外的空白处双击，取消对【布局】选项卡中的视口选择。

（7）回到“标注”层。点击【线性】标注按钮，点击状态栏中的【对象捕捉】按钮，开始捕捉图形上的【端点】标注尺寸，尺寸标注完成后的效果，如图 12-41 所示。

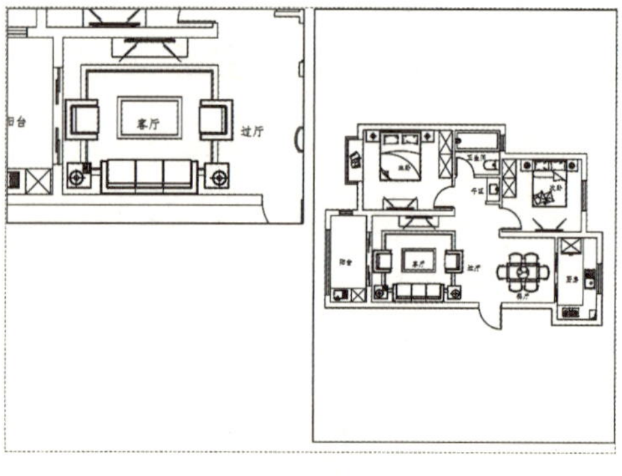

图 12-40

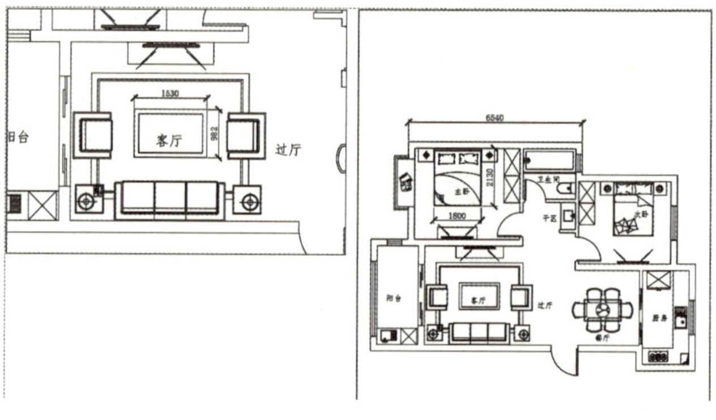

图 12-41

可以看到虽然我们没有选择任何一个视口，但可以捕捉图形上的端点创建标注对象，并且两个不同显示比例的视口标注的比例相同，如果选择一个视口，在这个视口中进行标注，效果将与图 12-41 没有区别。

（8）视口的边框不需要打印，关闭“BK”层。此时视图取消了视口线框的显示，如图 12-42 所示。

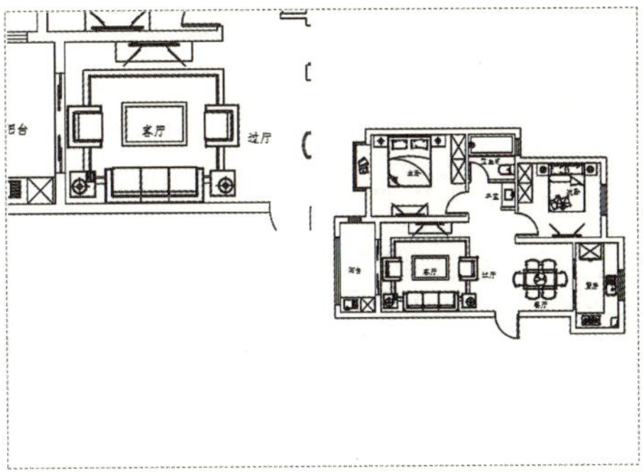

图 12-42

（9）在图纸空间中不仅可以创建并放置视口对象，还可以添加标题栏以及文字等对象。

（10）点击【打印】按钮，打开【打印】对话框，【布局打印】对话框与【页面设置】对话框的设置选项基本相同，选择一个页面设置名称，或设置打印机、打印比例、打印尺寸和打印区域等，如果用户是使用向导创建的【布局】选项卡，那么这些打印设置已完成了。

（11）点击【预览】按钮，预览满意后，点击【确定】按钮，打印输出图纸。

2. 发布电子图集

图形可以通过物理打印机输出，如果没有安装物理打印机，可以选择电子打印方式，将图形打印到一个 DWF 电子文件中，任何人都可以使用 DWF 浏览器打开、查看和打印 DWF 文件，在浏览器中可以看到最终的打印结果，与从物理打印机上打印的效果相同。DWF 文件是二维矢量文件，用户还可以使用这种格式在 Web 或 Internet 网络上发布图形，每个 DWF 文件可包含一张或多张图纸，称为单页 DWF 文件和多页 DWF 文件。

2.1 打印单页 DWF 文件

当需要输出含有一张图纸的 DWF 文件时，可以直接使用【打印】命令，方法如下：

（1）打开一个图形文件，在【模型】或【布局】选项卡中，点击【打印】按钮，打开【打印】对话框。

（2）在打印对话框中，【打印机 / 绘图仪】栏中选择“DWF6 ePlot.pc3”，根据需要为 DWF 文件选择打印设置，点击【确定】按钮后，打开【浏览打印文件】对话框，选择一个路径并输入打印的电子文件名称为“*.dwf”形式，点击【保存】按钮。

（3）当界面右下角提示打印完成之后，就可以在右下角点击【打印信息】按钮，打开对话框，查看打印的一些信息，例如查看文件打印的路径位置，如果有错误而使打印未成功，也可在此对话框中查看错误的原因。

（4）在打印完成之后，用鼠标右键点击【打印信息】按钮，在弹出的快捷菜单中选择【查看已打印的文件】选项，如图 12-43 所示。

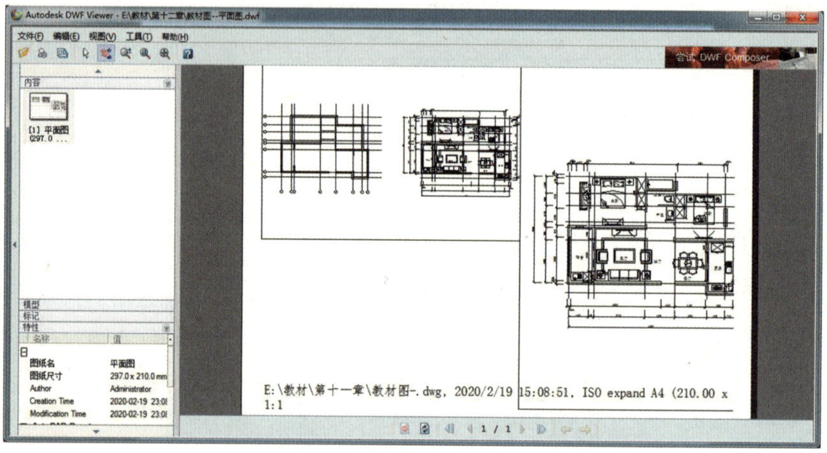

图 12-43

（5）此时打开 Autodesk DWF Viewer 浏览器，显示出刚打印的图形集，在浏览器中看到的图形和真实打印的效果是一样的。

用户也可以在文件夹中找到打印的 DWF 电子文件，双击它也可以打开浏览器，因为在安装 AutoCAD 时就同时安装了这个浏览器。

2.2 打印多页 DWF 文件

用户可以一次就将多个图形打印到一个 DWF 文件中去，在浏览器中就可观察多页图纸的打印效果了，这种操作称为发布电子图形集。

发布电子图形集是通过图纸集管理器，合并图形集合，以图纸图形集的形式或以 DWF 文件的形式发布整个图纸集。操作方法如下：

（1）打开一个图形文件，页面设置完成之后，点击【发布】按钮，打开对话框，在【发布到】栏下，选择“DWF 文件”。

对话框列表中显示的是要发布的图纸的名称，包含当前文件中的模型和布局选项卡名称，点击一个名称，再点击【删除图纸】按钮，可从图纸列表中删除当前选定的图纸。

点击【添加图纸】按钮，显示【选择图形】对话框，从中可以选择要添加到图纸列表的图形文件，所选文件中的【模型】和【布局】选项卡都会作为一张图纸名称添加到列表中。这样就可以将其他图形文件中的图纸与当前图形文件图纸一同打印到一个 DWF 文件中，如图 12-44 所示，加入了 3 个文件，【发布】列表选“DWF”。

（2）点击【发布选项】按钮，打开【发布选项】对话框，如图 12-45 所示。

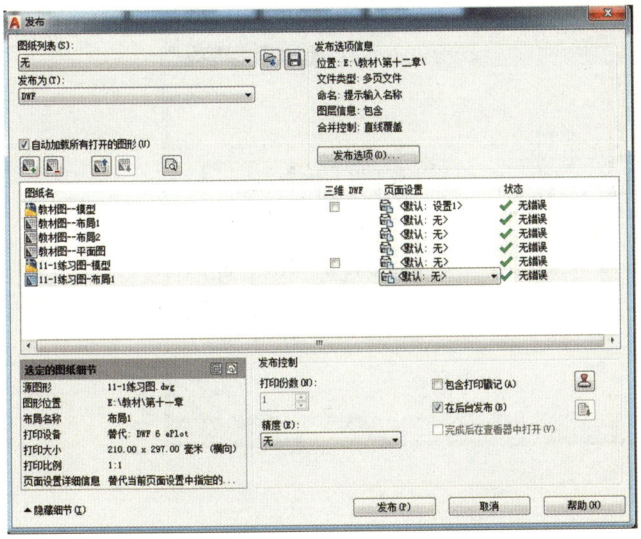

图 12-44

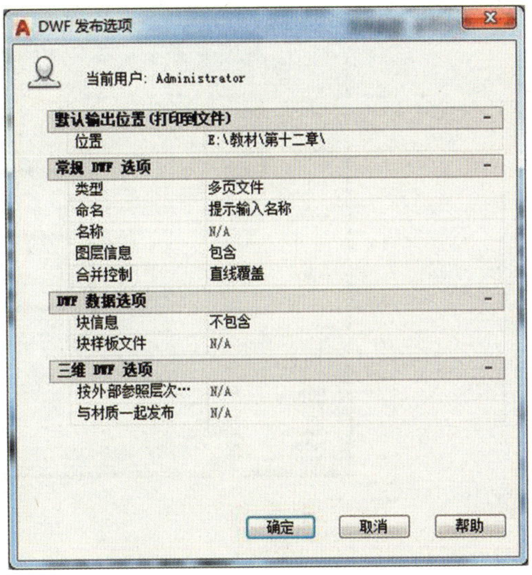

图 12-45

从中可以指定输出文件夹的位置，发布图纸时 DWF 文件和打印文件将保存在该位置中。还可以指定其他的发布选项，最后点击【确定】按钮。

（3）在【发布】对话框中，点击【发布】按钮，打开对话框，选择一个文件夹，或重新找路径，创建文件夹。文件名称的形式为“*.dwf”，点击【选择】按钮，开始创建电子图形集。

（4）此时状态栏右侧显示打印图标在上下浮动，表示发布作业正在进行中。

（5）当发布作业完成之后，就会在右下角显示完成信息，如图 12-46 所示。

（6）点击【打印信息】按钮，打开对话框，如图 12-47 所示，显示打印的一些信息。

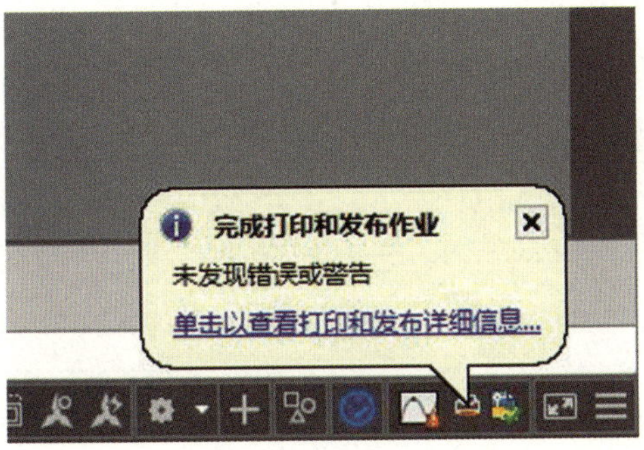

图 12-46

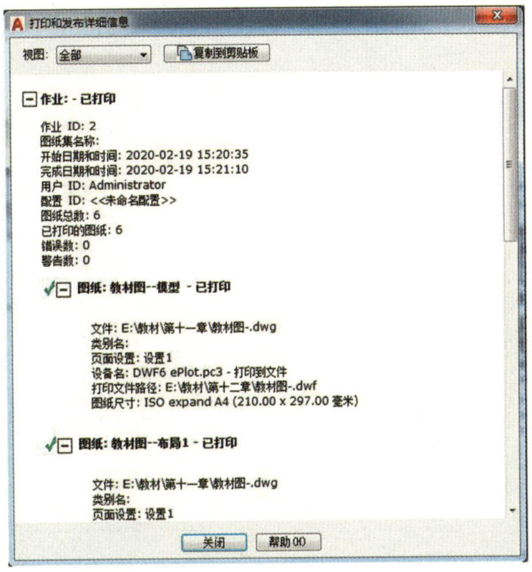

图 12-47

（7）用鼠标右键点击【打印信息】按钮，在弹出的快捷菜单中选择【查看已打印的文件】命令。

（8）此时打开 Autodesk DWF Viewer 浏览器，如图 12-48 所示。

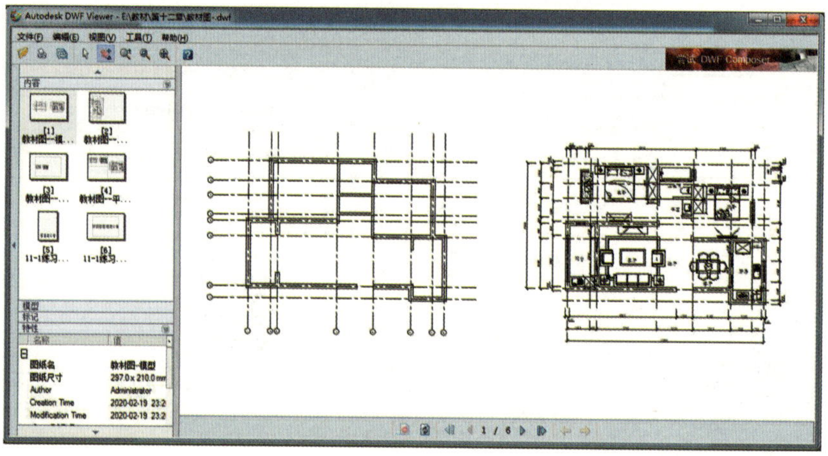

图 12-48

浏览器显示出刚打印的图形集，在浏览器中看到的图形就和真实打印的效果是一样的。在左侧显示的是多页图纸缩略图，点击某个图纸的缩略图，右侧就显示该图纸的放大效果，左下角显示该图纸的一些信息。在浏览器中点击【打印】按钮，也可以打印输出图纸。

视频课程资源

扫码观看视频课程
界面认识、新建、保存

扫码观看视频课程
对象捕捉

扫码观看视频课程
点样式绘制

扫码观看视频课程
直线

扫码观看视频课程
圆的绘制

扫码观看视频课程
其他图形绘制（多段线 PL）

扫码观看视频课程
修改工具（删除、复制 CO、移动 M）

扫码观看视频课程
修改工具（偏移 O）

扫码观看视频课程
修改工具（旋转 RO、缩放、夹点）

扫码观看视频课程
修改工具（镜像 MI）

扫码观看视频课程
修改工具（修剪 TR）

扫码观看视频课程
修改工具（延伸 EX）

扫码观看视频课程
修改工具（倒角、圆角）

扫码观看视频课程
图案填充

扫码观看视频课程
定义文字

扫码观看视频课程
尺寸标注

扫码观看视频课程
定义标注样式

扫码观看视频课程
创建块、插入块

扫码观看视频课程
图层的运用

扫码观看视频课程
对象特性